主要粮经作物水肥一体化理论与实践

全国农业技术推广服务中心　编著

U0395049

中国农业出版社

北　京

编 委 会

前言
FOREWORD

　　水是生命之源、生产之要、生态之基。我国水资源严重紧缺，总量仅为世界的6%，人均不足世界平均水平的1/4，时空分布不均，每年农业用水约3 700亿米^3，缺口为300亿米^{3}左右。肥料是作物的"粮食"，对粮食等重要农产品的生产发挥了重要的支撑作用。我国化肥年用量超过5 000万吨（折纯），居世界首位，但化肥利用率偏低。应用新技术、新装备大幅提升水肥利用效率是发展现代农业的迫切要求。水肥一体化是指将肥料溶解在水中，借助管道灌溉系统，灌溉与施肥同时进行，适时适量地满足作物对水分和养分的需求，实现水肥一体化管理和高效利用。水肥一体化技术节水、节肥、省工、省力，增产、增收效果突出，是保障粮食安全、促进农业绿色发展的关键技术。

　　"十三五"期间，我国水肥一体化技术发展迅速。在应用范围上，已由棉花、果树、蔬菜等经济作物扩展到小麦、玉米、马铃薯、大豆等粮食作物，到2020年底全国水肥一体化技术应用面积超过1.5亿亩，在新疆、内蒙古、辽宁、山东、河北、广西等地发展较快，面积迅速增加。随着水肥一体化技术的推广应用，基础工作不断夯实，技术产品不断完善。通过在不同区域、不同作物上开展系列试验研究，取得了大量灌溉和施肥技术参数，优化了技术模式，为水肥一体化技术的推广应用提供了科学依据。各种喷滴灌管（带）及过滤、施肥等设备日趋成熟，适用范围扩大，耐用性不断提高，有力地支撑了水肥一体化的发展。水溶肥、液体肥研发方面取得突破，面向喷微灌的水溶肥产品不断涌现，为水肥一体化技术的推广应用提供了配套农资。此外，通过集中攻关灌溉和施肥设备、优化水肥一体化系统设计、开发微灌用水溶肥料，基本实现了水肥一体化设施、设备和产品的国产化，大幅降低了成本。

为推进水肥一体化技术在粮食等重要农产品生产中的大面积应用，我们总结了近年来的工作成效和经验，编著了《主要粮经作物水肥一体化理论与实践》一书，希望能够为水肥一体化技术推广应用相关人员提供参考。因水平有限，书中难免有疏漏之处，敬请广大读者批评指正。

编著者

2022 年 12 月

目录
CONTENTS

前言

第一章　水肥一体化与农业生产

我国是人口大国，粮食生产是经济社会稳定发展的基础。"农业丰则仓廪实，仓廪实则天下安"，粮安天下，解决好 14 多亿人的吃饭问题，始终都是治国安邦的头等大事。虽然我国粮食总产量连续 7 年保持在 1.3 万亿斤*以上，2021 年再创历史新高，但粮食供需总体上仍处于紧平衡状态，"靠天吃饭"还没有根本改变，粮食需求还将刚性增长。在"人多地少水缺"矛盾不断加剧的背景下，必须依靠科技将过多的资源投入降下来，将较低的水肥资源利用效率提上来，才能突破资源瓶颈，大幅提高粮食单产，实现粮食稳定增产和农业绿色高质量发展。其中，在主要粮食和经济作物上发展水肥一体化是促进增产增收、节本增效、资源高效利用最有效、最具潜力的发展方向。

第一节　水资源与农业生产

水是生命之源、生产之要、生态之基，农业因水而生、因水而兴。自古以来，水就是我国耕地分布、农业生产和人口聚集的重要因素。中华农耕史同时也是一部与旱涝灾害不断抗争的奋斗史。进入新的历史阶段后，随着人口不断增长和人民生活水平的不断提高，农业生产对水的需求越来越大，农业生产缺水问题成为摆在我们面前的严峻现实。西北地区长期资源性缺水，十年九旱；华北地下水严重超采，长此以往将难以为继；东北旱涝并发，地表水难以维系；南方虽然降水总量较多，但区域性、季节性缺水频现，特别是丘陵山地季节性干旱加重，水质性缺水日益突出。因此，高效用水不仅是一个需要长期坚持的、全国性的战略方向，而且是关系到农业的可持续发展的关键课题。农业用不好水、管不好水，将从根本上动摇农业乃至整个社会发展的根基。我国是世界上水资源严重缺乏的国家之一，发展节水农业、促进高效用水在保障国家粮食安全和农业绿色高质量发展大局中具有重要的战略地位。

---

* 斤为非法定计量单位，1 斤＝0.5 千克。——编者注

一、农业水资源总量不足，粮食增产面临缺水瓶颈

我国干旱缺水十分严重，人均水资源占有量仅为 2 200 米³，仅为世界平均水平的1/4左右。我们要用占世界9%的耕地、6.4%的淡水资源生产出世界25%的粮食，养活世界近20%的人口。对于粮食安全而言，"缺水"像"地少"一样有很大的影响。随着工业化、城镇化进程的加快，工农之间、城乡之间的争水矛盾进一步加剧，农业用水比例持续下降，从20世纪的80%以上降到62%左右。目前农业灌溉用水量约 3 600 亿米³，每年农业灌溉缺水300亿~450亿米³。当前我国每年进口粮食超过1亿吨，其中主要是大豆。按照我国当前粮食和大豆的水分生产率水平，生产这些粮食需要耗水超过1 000亿米³。《全国农业可持续发展规划（2015—2030年）》提出农业用水红线，即到2030年不超过 3 730 亿米³，农业用水基本没有增量。我国人口规模还在进一步扩大，粮食和重要农产品生产对灌溉的需求越来越大，保障粮食安全底线和水资源紧缺的矛盾会越来越突出。

二、降水不确定性增加，粮食生产受干旱洪涝威胁

我国是干旱灾害频发的国家，随着全球气候变暖加剧，降水不确定性增加，极端性天气及灾害发生频繁。根据《气候变化国家评估报告》，2020年，与1961—1990年的平均气温相比，全国年平均升温1.3~2.1℃，导致黄河和内陆河地区的蒸发量约增长15%，水资源短缺和农业干旱将更加严重。近20年来，全国每年旱灾发生面积平均为3亿~4亿亩*，是20世纪50年代的1.5亿亩的2倍以上，平均每年因干旱损失粮食500亿斤以上。2006年我国经历了川渝大旱，全年损失粮食449亿斤；2007年东北地区发生夏伏旱，全年损失粮食667亿斤；2009年华北地区春旱、东北地区夏伏旱，全年损失粮食666亿斤；2010年，西南地区遭遇了百年一遇的特大干旱。近年来，气候变化日渐加剧，南涝北旱、东涝西旱等变化趋势日益明显，尤其是2021年，以河南、山西为重点的华北暴雨洪涝灾害造成巨大损失，罕见的北方秋汛波及面宽且影响较大，全国冬小麦晚播1.1亿亩，对来年夏粮生产造成直接威胁。重大特大干旱和洪涝灾害频繁发生，对农业生产的影响日益加重，为国家粮食安全敲响了警钟。如不采取有力措施，短期将影响粮食生产的稳定性，长期将对我国粮食生产能力造成巨大的影响。

三、地下水依存度过高，粮食安全存在重大隐患

我国一些粮食主产区（如华北平原、三江平原）存在严重的地下水过度开

---

* 亩为非法定计量单位，15亩＝1公顷。——编者注

发问题，粮食生产对地下水灌溉的依存度过高。华北平原的冬小麦在正常年份平均要抽取地下水灌溉 3～4 次，玉米需要抽取地下水灌溉 2～3 次，否则难以维持目前的高产水平。由于长期超采地下水灌溉，华北平原已形成约 12 万千米^{2}的世界最大地下水开采漏斗区（包括浅层地下水和深层承压水），三江平原近 10 年地下水位平均下降了 2～3 米，部分区域下降了 3～5 米。长期不合理开发利用导致地下水位连年下降，一旦地下水资源枯竭，华北平原、三江平原等粮食主产区的生产能力将出现突然性下降，这无疑是一颗定时炸弹，成为我国粮食生产的重大隐患。

四、田间水分管理欠缺，浪费水就是浪费粮食

由于长期重工程建设、轻节水技术，重渠道输水、轻农田用水，对田间水分管理一直缺少投入，传统粗放型灌溉方式仍然被广泛应用，导致每亩实际灌水量达到 450～500 米^3，连同自然降水超过了作物需水量的 1～2 倍。在内蒙古河套灌区、宁夏引黄灌区、新疆青海绿洲灌区等极度缺水地区，每亩灌溉量高达 700～1 000 米^3，造成严重的浪费。据测算，2019 年我国每立方米水平均只能够生产 1.87 千克玉米或 0.95 千克水稻，仅为美国的 70% 和 57%，反映了目前我国农业用水方式落后、用水效率较低的现状。这意味着与节水农业发展较好的国家相比，在水资源上我们还有较大的浪费，节水增粮还有较大的潜力可挖。

第二节　肥料与农业生产

肥料是作物的"粮食"，是农业生产的基本要素，是农产品产量和品质的物质基础，也是资源高效利用和生态环境保护的关键因子。国家高度重视科学施肥工作，多次强调要改善农业投入品结构、降低化肥农药使用量、增加有机肥使用量。2017 年中央 1 号文件对化肥减量增效、绿色种养循环等做出了安排。2017 年 9 月，中共中央办公厅、国务院办公厅印发《关于创新体制机制推进农业绿色发展的意见》，明确提出健全农业投入品减量使用制度，完善秸秆和畜禽粪污等资源化利用制度，继续实施化肥使用量零增长行动，推广有机肥替代化肥、测土配方施肥。2021 年 8 月，农业农村部、国家发展和改革委员会、科技部、自然资源部、生态环境部、国家林业和草原局联合印发《"十四五"全国农业绿色发展规划》，再次明确"十四五"期间要持续推进化肥减量增效、测土配方施肥、有机肥替代化肥、绿色种养循环等。科学施肥是我国农业发展的现实需求，也是一项长期而艰巨的任务。

一、肥料对农业的重要意义

（一）肥料是我国粮食安全的重要保障

据联合国粮食及农业组织（FAO）统计，20 世纪 60—80 年代，发展中国家通过施肥提高粮食作物单产 55%～57%，肥料对于我国来说意义更加重大，通过肥料的施用，我国逐渐形成了生产力不断上升的现代农业体系。

1. 提高粮食产量　长期以来，我国一直采用传统农业生产方式，即利用作物秸秆、人畜粪尿、绿肥等培肥地力，粮食产量长期处于较低水平，增长极其缓慢。如秦汉时期至清朝的 2 000 多年间，我国小麦和水稻的每亩产量仅从106 斤和 80 斤增长到 195 斤和 291 斤。而中华人民共和国成立至今的 70 多年间，我国小麦平均单产达到 700～800 斤/亩，高产地区达到 1 300 斤/亩以上。粮食产量的大幅提高既有新品种、基础设施建设、农业机械化的贡献，又有肥料的贡献。戴景瑞院士研究证明，玉米单产增长的贡献因素中品种占 36%、肥料占 52%，其他为管理因素。全国大量的田间试验证明，如果停止施用肥料，3 年内作物产量就会降低一半甚至更多。

施用肥料可以提高产量的稳定性。农业生产极大地受制于土壤条件和气候条件，气候条件的年际变化可导致产量降低，甚至绝收。肥料可以极大地提高作物抗逆性，从而实现稳产。例如，江苏是我国的"鱼米之乡"，但是水稻生产常年受灾害天气影响，10 月中下旬常有台风，此时正好是水稻灌浆后期，台风往往造成水稻大面积倒伏，减产可达 40%，通过氮肥与硅肥的科学施用，能够有效地防止水稻倒伏；黑龙江北大荒是我国重要的粮仓，五常大米享誉全国，但在恶劣气候条件下，只有通过精准的肥料调控才能保障水稻正常生长。水稻生长早春容易受低温影响（温度低于 15℃），此时水稻发根慢，分蘖和生长受影响，严重的会使水稻贪青晚熟、减产 20%以上。在分蘖期施用锌肥能够促进水稻早发根，早生长；在抽穗期施用镁肥可促进水稻灌浆，保证水稻正常成熟。

2. 保障农产品质量　农产品质量安全是人民身体健康的基本前提和根本保障，事关"健康中国"战略的实施。人民生活水平不断提高，健康意识不断增强，不仅想要吃得饱，还想要吃得好、吃得健康。影响农产品质量的因素很多，肥料是其中之一。合理施用肥料可以促进农产品品质提升，如氮肥施用量提高 13%以上可以提高小麦以及其他农产品的蛋白质含量；合理施用肥料还可改善蔬菜、水果的品质，合理施肥的水果品相较为均一、色泽较为鲜亮、内在品质（如风味、口感）也相对较好。如果肥料施用不合理，会导致农产品品质指标（稻谷出米率等）下降，威胁农产品质量安全。

（二）肥料施用提高了土壤肥力

1. 增加土壤养分　土壤养分是农业生产的基本保障。传统农业中耕地养分含量主要由成土母质决定，人类对土壤的改良是非常困难和缓慢的，经常会出现土壤退化现象。我国经过了上千年的农业生产，由于投入少，绝大部分土壤出现了不同程度的养分缺乏。例如 20 世纪 80 年代开展的第二次土壤普查结果表明，我国土壤有效磷含量相对较低，平均含量仅为 7.4 毫克/千克（玉米生长最适宜的土壤有效磷含量应不低于 8 毫克/千克）。通过施用磷肥，近30 年来我国土壤有效磷含量上升到 23 毫克/千克。另外，随着肥料的施用，作物产量增加，留在土壤中的根系也增加，为土壤输入的碳等养分也增加，从而提高了土壤肥力。

2. 促进土壤改良　施肥让过去很多不能耕种的土地恢复了生产力。我国中低产田面积为 13.91 亿亩，根据调查，典型中低产田包括东北瘠薄黑土2.1 亿亩、三江平原白浆土 0.4 亿亩，华北沙化潮土 1.2 亿亩，沿淮地区砂姜黑土 0.5 亿亩，南方酸化红黄壤 2.6 亿亩、丘陵区冷浸田 0.4 亿亩、贫瘠和耕层浅薄水稻土 0.6 亿亩，以及分布在东北、华北、西北及东部沿海地区的盐碱地 1.1 亿亩。通过高标准农田建设等工程措施，我国低产田面积由 2008 年的5.85 亿亩减少到 2019 年的 4.44 亿亩，减少了 1.41 亿亩。这些低产田在工程改良后逐步转变为中产田。如南方地区的潜育性稻田，因长期淹水等原因，土壤有效磷含量低，水稻产量仅为 200 千克/亩左右，许多地方出现了弃耕、撂荒等现象。然而这类土壤经过工程措施改良后，每亩施用钙镁磷肥 30～50 千克，水稻产量可提高到 300 千克，产量提高了，原来撂荒的耕地也实现了复耕。

3. 提高基础生产力　施用肥料的几十年来，我国大部分地区土壤基础生产力有了明显提高。20 世纪 80 年代初期，我国主要粮食作物的土壤基础生产力仅为 260 千克/亩，而现在达到了 340 千克/亩，通过长期施用肥料，我国基础土壤小麦、玉米和水稻的产量增加了 50～120 千克/亩。以河北曲周冬小麦生产为例，20 世纪 70 年代基础土壤的产量只有 50 千克/亩，经过几十年的施肥，目前基础土壤的产量可以达到 200 千克/亩，而施用肥料土壤的产量则达到了 500 千克/亩。随着肥料的长期施用，我国农田土壤基础生产力总体呈现上升趋势，单位土地可以产出更多的农产品，既可以种植两季或者三季粮食，又可以种植两季或者三季蔬菜，不仅提高了作物单产、满足了粮食需求，还利用了空闲土地生产蔬菜、水果、中药材等，提高了农民的收入水平，推进了农业的现代化发展。

（三）肥料施用促进了农业的可持续发展

1. 支撑农业系统多样化　在我国化肥工业发展之前，种地主要是用农家肥。1959 年，毛主席提出"一头猪就是一个小型有机肥工厂"，要实现"一人一猪，一亩一猪"。全国上下大力发展养猪业，但是传统农业施用的化肥少，生产的粮食少，粮少了就没有足够的饲料来养猪，猪少了农家肥也就少了，这样就形成了一个依赖农家肥的小循环农业，难以满足我国人口不断增长的需求。因此国家花大力气发展化肥工业，化肥的施用促进了粮食的增产，使饲料数量得以增加，进一步促进了养殖业的发展，人民也有了更为丰富的食物来源。同时，养殖业的发展产生更多的农家肥，还田后提升了耕地质量，这样就形成了一个良性循环，使人民的食物越来越丰富、吃得越来越好，能够养活更多人。

2. 推进农业固碳 肥料施用促进土壤固碳，可减少温室气体的排放。有研究发现，增加 1 吨氮肥（纯氮）的施用，可以固碳 2 吨。大量田间试验表明，我国土壤有机质含量不断增加，20 世纪 80 年代至 21 世纪初，我国 53%～59% 的农田土壤有机质含量呈现增长的趋势，农田土壤碳库（0～20 厘米）从 1980 年的 28.6 千克/公顷（纯碳）增长到 2010 年的 32.9 千克/公顷，表土有机碳储量增加明显。土壤每增加 1 皮克有机碳，能抵消 0.47 毫克/升大气 CO_2 浓度的增加。此外，通过施用肥料提高作物单产，为城市建设、交通、工业和商业发展提供了广阔的土地空间。

3. 促进绿色发展 肥料还可以增加农作物生物量，提高地表覆盖度，减少水土流失。过去黄土高原没有化肥，农家肥也很少，生产大量的粮食主要依靠开垦林地，植被覆盖特别差，随着化肥的施用，粮食产量提高了，不仅不需要毁林种地了，还开始了退耕还林，保护了当地生态环境。美国国家航空航天局在 2019 年公布的一份研究报告显示，2000—2017 年，我国的绿叶净增长面积全球最高，对全球的贡献达 25%，其中 42% 的贡献来自植树造林工程，其余 32% 来自农业集约化生产。

二、我国化肥生产使用情况

(一) 我国化肥生产现状

1. 氮肥 2000 年我国氮肥实现自给自足，2003 年我国成为氮肥净出口国，2007 年我国成为世界最大氮肥出口国。2010 年以来，特别是"十三五"期间，我国氮肥工业发展实现了巨大技术进步，在先进煤气化技术的开发应用、气体净化技术创新、企业规模化和装置大型化、产品能耗和污染排放降低等方面取得了突出成绩，形成了拥有 20 多家百万吨级企业集团、200 多家生产企业的格局，与国际生产水平接轨。据中国氮肥工业协会统计，2020 年全国合成氨产能 6 676 万吨，尿素产能 6 634 万吨，累计生产合成氨 5 884.4 万吨、氮肥 4 032.7 万吨、尿素 5 622.8 万吨。

2. 磷肥 "十五"期间，磷肥（P_2O_5）产量以前所未有的速度增长，总产量由 2000 年的 663 万吨升至 2005 年的 1 125 万吨，其中，高浓度磷肥增加 443 万吨，占比从 35％增长到 60％。2006 年我国磷肥自给率高达 99.8％，2007 年我国磷肥产量达到 1 351 万吨，位居世界第一，首次实现了磷肥净出口。据中国磷复肥工业协会统计，2020 年我国磷肥（P_2O_5）产能总体呈下降态势，年产能降至 2 170 万吨，磷肥产量为 1 589.1 万吨，表观消费量为 1 139.3 万吨。我国以占全球 5％的磷资源生产了全球 39％的磷酸、49％的磷酸铵，出口了近 40％的磷肥产品。

3. 钾肥 1990 年，氯化钾产能达到 25 万吨，但由于我国可溶性钾资源缺乏，国产钾肥不能满足农业发展的需要，进口钾肥仍是我国钾肥市场的重要组成部分。1980—1990 年，我国氯化钾进口量由 61 万吨快速增长至 200 万吨，钾肥进口量占表观消费量的 90％以上，氯化钾的平均对外依存度达到 95.1％。2008 年，我国钾肥产量突破 200 万吨，世界排名第四。2020 年，我国资源型钾肥总产量为 967 万吨，折 K_2O 量约 553 万吨，同比减少 6.27％。钾肥对外依存度已经下降到 40％～50％。

4. 复合（混）肥料 2000 年前后，团粒法、添加部分料浆的各种改进型团粒法工艺、低温转化喷浆造粒工艺、熔体法高塔造粒工艺开始发展，单系列复合肥料装置年产能达到 10 万～30 万吨。"十三五"期间，复合肥料产能、产量和消费量达到顶峰，均居世界首位。2011—2019 年，我国复合肥料实际产量为 5 500 万～6 500 万吨，约占全国当年直接施肥量的 60％，2015 年达最高峰约 6 500 万吨，2020 年降至 5 700 万吨左右。截至 2019 年底，规模以上复合肥料企业 864 家，有生产许可证的企业 3 000 多家，年产能约 2 亿吨。

（二）我国化肥施用现状

随着化肥生产能力的提升和农业生产发展的需要，我国化肥施用量逐年增加。2010 年我国已成为世界第一大化肥生产国和消费国。国际肥料工业协会统计数据显示，我国化肥消费量占世界的 28.8％，氮肥、磷肥、钾肥消费量分别占世界的 31.2％、29.6％和 18.8％。2000—2003 年，我国粮食产量处于低谷期，保障国家粮食安全、提高粮食产量成为"三农"工作的首要任务。国家通过全面取消农业税、建立粮食省长负责制、加大种粮补贴力度等方式调动农民粮食生产的积极性，推动粮食稳定发展。2005 年开始，我国农作物播种面积增加，化肥施用量持续增加，到 2015 年达到峰值。根据国家统计局数据（图 1-1），2015 年我国农用化肥施用量达 6 022.6 万吨（折纯），是自 1978 年以来的最高值，分别是 1985 年、1995 年、2005 年的 3.4 倍、1.7 倍、1.3 倍，其中氮肥、磷肥、钾肥、复合肥分别达到 2 361.6 万吨、843.1 万吨、642.3 万吨、2 175.7 万吨。2015 年，国家开始实施《到 2020 年化肥使用量零增长行动方案》。2017 年，在全国范围内启动化肥减量增效行动，通过以测土配方施肥技术为基础的科学施肥技术的推广应用，化肥施用量逐年降低。值得注意的是，尽管这一时期化肥施用量降低了，但是粮食产量增加了。与此同时，这一时期的播种面积也呈增加趋势，化肥施用量依然在持续降低，这充分说明了化肥利用率得到有效提升，化肥施用更加合理。2020 年，我国农用化肥施用量为 5 250.7 万吨，比 2015 年减少 12.8%，年均减少约 154 万吨（图 1-1）。

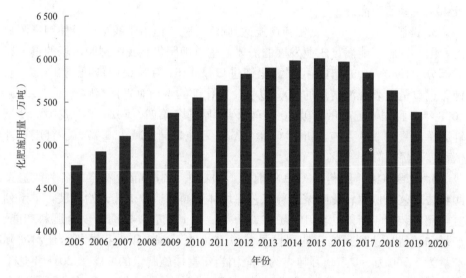

图 1-1　我国农用化肥施用量

（三）国内外化肥施用量对比分析

我国化肥施用量总体偏高。以我国化肥施用量最高的年份来看，2015 年全国农用化肥施用量为 6 022.6 万吨，当年农作物播种面积为 25.02 亿亩，亩均化肥施用量约为 24.7 千克。根据国际肥料工业协会（IFA）和联合国粮食及农业组织（FAO）的资料，我国农作物的亩均化肥施用量普遍高于世界主要国家水平。在亚洲，比日本高 1.7 千克；在美洲，比美国和巴西均高 8.6 千克；在欧洲，比德国高 2.5 千克，比法国高 6.2 千克，比荷兰高 1.4 千克。2015 年以来，化肥施用量逐年降低，单位面积施用量也逐年减少，但是仍然高于世界平均水平。

三、科学施肥的历史演变

（一）国外科学施肥的发展

1840 年，德国化学家李比希（Justus von Liebig，1803—1873 年）在英国伦敦有机化学年会上发表了题为《化学在农业和生理学上的应用》的著名论文，提出了矿质营养学说，为植物营养科学和化肥工业的兴起奠定了理论基础，被公认为农业化学的奠基人。李比希提出的矿质营养学说、养分归还学说、最小养分律等成为植物营养的基础理论，至今仍然指导着科学施肥技术的发展。1842年，英国人劳斯取得骨粉加硫酸制造过磷酸钙的专利权，标志着第一种人造肥料的诞生。1905年，德国化学家哈伯提出了合成氨工艺，而后于1913年在德国建立了世界上第一个合成氨工厂，结束了人类完全依靠天然氮肥的历史，揭开了化肥工业的序幕，他也因此于1918年获得诺贝尔化学奖。1843年，劳斯创立了洛桑试验站，英国的科学家开始布置长期定位试验，开展科学施肥技术的探索。此后，植物营养学科快速发展，确定了植物生长所必需的营养元素及其生理作用，研究了养分吸收机理及土壤养分有效性，不断总结创新，形成了多种科学施肥技术方法。

（二）我国科学施肥的发展

我国从原始农业开始就有施肥技术，长期以来积累了丰富的有机肥料施用经验。1901年，化学氮肥首次输入我国。1909年，清政府所设的北京农事试验场开始进行化肥肥效试验，结果表明施用氮肥可使水稻增产20%、使小麦增产30%。1936—1940年，张乃凤、姚归耕等首次进行全国规模的氮、磷、钾三要素肥效试验，在苏、皖、赣等14个省份的68个试验点、7种土壤、8种作物上开展了156个试验。结果表明：作物对氮肥的需要程度约占80%，其中水稻为93%、小麦为66%、油菜为81%、棉花为53%、玉米为100%，表明当时的土壤普遍缺氮；施用磷肥显著增产20%，钾肥一般无增产效果。试验结果被总结形成《地力之测定》一文。同期，孙羲、黄瑞采、何文骥等也陆续开始水稻、棉花、甘蔗等的施肥研究。

1950年在北京召开了全国土壤肥料工作会议，提出中低产田分区与整治对策，评估耕地后备资源，将科学施肥作为发展粮食生产的重要措施，拟定了土壤调查研究、荒地合理利用、水土保持及肥料施用等各项具体实施计划。这次会议的召开标志着我国科学施肥事业的开始。1957年，农业部印发文件，建立全国化学肥料试验网，研究氮、磷、钾化肥肥效及提高肥效的措施。1958年，中国农业科学院土壤肥料研究所主编《肥料研究》，系统总结了我国对化学肥料、有机肥料、绿肥以及泥炭等肥料的研究结果，详细阐述了当时的施肥技术进展。1958—1960年，开展了全国第一次土壤普查，摸清我国耕地类型、利用状况等，提出了全国第一个农业土壤分类系统。1959—1962年，组织开展了第二次全国氮、磷、钾三要素化肥肥效试验。试验结果表明，当时我国农田土壤约有80%缺氮、50%缺磷、30%缺钾，对氮肥和磷肥的大面积推广应用起到了重要的推动作用和良好的示范效果。

1979—1994年，由全国土壤普查办公室、全国土壤肥料总站组织，由中国科学院南京土壤研究所提供技术支撑，开展了全国第二次土壤普查。这次普查历时 16 年，约 8 万人参加，查清了我国土壤类型、数量分布、基本性状、利用现状、障碍因素等，形成了一系列土壤图集、《中国土壤》《中国土种志》《中国土壤普查数据》及各地种志等成果，建立了 160 多项、2 000 万个以上的土壤资源数据资料库，采集制作了中国土壤典型剖面标本。1981—1983 年，开展第三次全国规模的化肥肥效试验，对氮、磷、钾及中微量元素的协同效应进行了系统研究。5 000 多个试验资料统计分析结果表明，20 世纪 80 年代我国肥效氮肥＞磷肥＞钾肥的总趋势没有改变。根据试验及调查结果，于 1986 年完成了中国化肥区划。从"七五"期间起，全国土壤肥料总站在 16 个省 81 个县 18 种主要耕地土壤类型上设置国家级监测点 142 个、省级点 800 多个、地县级点 6 800 多个，初步形成全国土壤肥力监测网，编制了《全国土壤监测技术规程》和《土壤监测资料集》等技术资料。

20 世纪 80 年代初，针对以往施肥工作中出现的"三偏"施肥（偏施氮肥、用量偏多、施肥偏迟）和氮、磷、钾比例失调等问题，广大土肥工作者从实际出发，在科学施肥技术方面进行了有益的探索，提出了"测土施肥""计量施肥""配方施肥"等一系列方法。1983 年，农牧渔业部在广东湛江召开了配方施肥会议，将各地采用的施肥方法统一定名为"配方施肥"。1986 年 5 月，农牧渔业部在山东沂水召开配方施肥工作会议，系统总结各地配方施肥方法和经验，提出《配方施肥技术工作要点》，建立以"三类六法"为核心的配方施肥技术体系。1991 年，全国土壤肥料总站在山东荣成召开了配方施肥工作会议，总结了各地开展配方施肥、技物结合和社会化服务的工作经验。会后在 15 个省份开展了"测土-配方-配肥-供肥-施肥"一体化技术服务试点。1992—1998 年，全国土壤肥料总站组织实施 UNDP 平衡施肥项目。该项目由联合国计划开发署（UNDP）无偿援助，在黑龙江、陕西、河北、江苏、浙江、四川、湖南建立了 7 个项目区。1996 年，平衡施肥技术被农业部列入"九五"十大重点技术，年推广面积达到 4 000 万亩次。

（三）测土配方施肥项目实施情况

2004 年，我国化肥价格大幅度上涨，导致农业生产成本增加。中央领导对此高度重视，多次做出重要批示。国家采取了一系列临时措施，包括对肥料流通领域进行财政补贴、全额即征即退尿素增值税、增加生产计划、降低运输价格等。这些临时性措施取得了一定的成效，但化肥价格依然高位运行，对农业生产的负面影响很大，成为粮食增产、农民增收的重要限制因素。2004 年 6 月 9 日，温家宝总理在湖北考察时，枝江市桑树河村村民曾祥华表达了实施测土配方施肥、提高施肥效益的迫切愿望。温家宝总理十分重视，指示农业部做好这项工作。2005 年的中央 1 号文件明确提出，要努力培肥地力，推广测土配方施肥，增加土壤有机质。2005年初，农业部决定把测土配方施肥作为科技入户工程的第一大技术在全国推广，作为为农民办的15件实事之一，先后组织开展了测土配方施肥春季行动和秋季行动。在财政部等有关部门的大力支持下，2005年中央财政投资2亿元，在200个县启动实施了测土配方施肥试点补贴资金项目。通过采取一系列措施全面开展测土配方施肥工作，大力推进测土配方施肥技术入户，努力提高农业科学施肥水平。此后，测土配方施肥项目不断扩大，一直延续下来，到2020年已经实施了15年，为保障国家粮食安全、促进农业绿色可持续发展作出了重要贡献。

1. 启动扩大阶段（2005—2009年）　2005年7月，为推广科学施肥技术、促进农民增产增收，农业部印发《关于下达2005年测土配方施肥试点补贴资金项目实施方案的通知》，标志着国家测土配方施肥工程的正式启动。2007—2008年，受国际金融危机导致的煤炭等原材料价格上涨的影响，我国化肥产量出现波动下降，化肥价格大幅走高。我国主要化肥产品尿素、磷酸二铵、氯化钾和复合肥价格分别从2003年的1 394元/吨、1 762元/吨、1 263元/吨和1 163元/吨上涨到2008年的2 172元/吨、3 923元/吨、2 491元/吨和3 147元/吨，涨幅分别达到55.8%、122.6%、97.2%和170.6%。农业生产成本增加，农民收益下降，在"提产量、降成本、增收益"的压力下，扩大测土配方施肥补贴项目实施范围的需求空前强烈。这一阶段，测土配方施肥项目试点县的数量从2005年的200个增加到2009年的2 498个，实现了从无到有、由小到大、由"试点"到"全覆盖"的历史性跨越。

2. 整建制推进阶段（2010—2014年）　在2009年完成农业县全覆盖后，测土配方施肥项目的重心由"测土"和"配方"转移到了"施肥"上，目标是全面提高技术服务能力，标志着项目进入整建制推进阶段。这一阶段，国家出台农村土地"三权分置"政策，鼓励适度规模经营，农民生产积极性大幅提高。肥料产业进入调整期，产能过剩矛盾日益突出，企业利润开始下滑，肥料价格逐步走低。在追求高产和低肥价的双重影响下，农户化肥用量迅速增加，过量施肥现象开始出现，施肥的资源环境代价问题逐渐引起人们的重视。2012年，为更好服务"三农"发展，国家将强化基层公益性农技推广服务写入中央1号文件，此时测土配方施肥项目经过实践，积累了大量的技术成果，具备了全面推广的基础。在内外因素的共同作用下，解决技术推广"最后一公里"问题成为该时期项目发展的核心。

3. 绿色发展阶段（2015—2019年）　2015年2月，农业部印发《到2020年化肥使用量零增长行动方案》，测土配方施肥项目作为促进化肥减量增效、实现农用化肥施用量零增长的重要措施，继续发挥基础性作用。这一阶段，我国种植业结构调整稳步推进，水果、蔬菜等经济作物种植面积不断扩大，全国农用化肥施用量首次超过了 6 000 万吨。肥料产业供给侧结构性改革步伐加快，产能稳步下降，肥料产品的复合化、专用化程度不断提高，新型肥料占比不断上升，为实现化肥减量提供了产品保障。2015 年，国家提出"五大发展理念"，大力推进农业绿色发展，为科学施肥技术发展指明了方向。

（四）测土配方施肥项目成效

自 2005 年农业部启动测土配方施肥补贴项目以来，各地按照"统筹规划、分级负责、逐步实施、技术指导、企业参与、农民受益"的原则，突出重点区域、重点作物和重点环节，狠抓取土化验、农户调查、试验示范、肥料配方及施肥方案制定、配方肥推广、技术指导服务等基础工作，持续推进农企合作，为农民提供测土配方施肥服务，取得了显著的经济效益、社会效益和生态效益。主要体现在 5 个方面。

1. 夯实了科学施肥工作基础 2005 年以后，全国测土配方施肥项目实施区域不断扩大，技术内容逐渐丰富。各地按照农业部测土配方施肥技术规范和每年下发的测土配方施肥工作要求，围绕"测、配、产、供、施"五大环节，认真组织开展取土化验、田间试验、施肥指标体系构建、配方制定与配方肥推广等工作，15 年累计采集土壤样本 2 046.7 万份，采集植株样本 152.6 万份。

（1）取土化验。截至 2020 年，各地累计分析土壤养分数据近 1 833.9 万份，分析植株养分数据近 129.9 万份，平均每个县级行政区累计测试土壤样品 6 446 个、植株样品 456 个，基本摸清了我国县域土壤理化性质状况和不同作物养分含量。建立了测土配方施肥数据管理和县域耕地质量管理信息系统，形成了国家、省、市、县四级数据管理模式，实现了对全国施肥信息、耕地地力信息的有效管理和数据共享，进一步提升了服务耕地质量建设和农业生产决策的能力，为全国及区域实现化肥减量增效奠定了坚实的基础。

（2）田间试验。田间试验是获取施肥参数的重要手段，大田示范则是展示推广施肥方案的有效方法。20 世纪 80 年代开始，围绕促进农民用肥、提高作物产量，农业科研单位、农技推广单位、肥料企业等陆续开展了一些区域性的田间试验及大田示范工作，但在土壤类型、种植制度、试验处理、结果分析等方面缺乏全国层面的统筹与规范。2005 年项目实施以来，依托各级土壤肥料技术推广体系，分区域、分作物完成"3414"试验 14.4 万个，完成配方校正试验超过 18 万个，全国累计开展小区试验 40.3 万个、大田示范 76.7 万个，为研究最佳肥料品种、施肥时期、施用方式、肥料用量积累了大量的一手资料，推动了施肥技术的进步。组织制定化肥利用率测算实施方案及田间试验规范，安排部署化肥利用率田间试验和数据采集汇总相关工作，组织以院士为首的专家团队，科学测算化肥利用率，每两年向社会公开发布，营造了全社会关注化肥的良好氛围。

（3）施肥指标体系构建。基于根际活化、根层养分调控、不同养分资源特征和土壤-作物系统综合管理等植物营养学理论研究，在全国建立了以"氮肥总量控制、分期调控"和"磷钾恒量监控"为核心的养分资源综合管理技术路径，充分协调品种、播期、播量、收获日期和土壤管理等生产要素，进一步提高了科学施肥精度，实现了从单纯的增产施肥向"增产施肥、经济施肥、环保施肥"三者结合的转变。截至 2020 年，已在全国建立了 12 种主要农作物的科学施肥技术指标体系，大量试验示范结果表明，该技术在增产 12% 的同时，可使高投入体系的氮肥用量平均降低 24%，使损失降低 40%。

（4）配方制定。全国各级农技推广部门在汇总分析土壤测试和田间试验数据结果的基础上，依据辖区内土壤养分供应能力、作物需肥规律和肥料效应，采用专家会商的方法累计设计并发布主要作物肥料配方 31.1 万个，基本覆盖了全国三大粮食作物和主要经济园艺作物种植区域，推进了施肥配比的合理化。

（5）配方肥推广。各地充分利用多年来测土配方施肥的重要成果，加快配方肥的推广应用。在农业生产关键季节，及时公布所在区域肥料配方信息，引导企业加快研发肥料新产品，改善和优化原料结构，推动产品质量升级，加强氮、磷、钾配合和中微量元素补充。2006 年农业部选择一批基础高、实力强、信誉好、机制活的配方肥推广企业，分层次开展农企合作和配方肥产需对接。各地本着"双方自愿、优势互补、公平公开、择优推荐"的原则，根据配方肥推广应用目标任务、供肥企业状况、配方肥推广应用基础，最终筛选确定 200 多家企业。企业根据发布的大配方生产区域作物专用配方肥，利用土壤测试结果开展现场混配 BB 肥和定制供肥等多种形式的配方肥推广模式。经过十多年的努力，累计在全国推广应用配方肥 2 200 多万吨，目前配方肥用量占三大粮食作物施肥总量的 60% 以上，探索形成了农企合力推进、定点供销服务、农化服务组织带动等合作模式，逐步完善了统一测土、统一配方、统一供肥、统一施用"四统一"的技术路径，加快了配方肥推广下地。

2. 促进了粮食高产稳产　肥料是粮食生产的物质基础，农作物产量的一半来自化肥，而科学施肥则是稳固国家粮食安全的基础保障。测土配方施肥项目实施以来，通过大力开展"建议卡"入户、"示范片"到村、"培训班"进田、"施肥方案"上墙、"配方肥"下地、"触摸屏"进店等技术推广组合措施，测土配方施肥技术和知识得以向千家万户传播，使农户不合理施肥的比例逐年降低、施肥不足和过量施肥导致的产量损失不断减少。测土配方施肥技术可以直接增加粮食产量，试验结果表明，与常规施肥相比，测土配方施肥水稻、小麦、玉米等主要粮食作物单产平均增加 6%～10%。2009 年农业部对 3 000 多个田间试验和示范数据进行分析，得知与不施肥相比，施用化肥小麦、水稻和玉米亩增产均在 110 千克以上，增产率在 40％以上，每千克养分增产 5.5～7.5 千克粮食；测土配方施肥技术可以提高产量的稳定性，降低极端气候导致产量降低的风险。2004 年我国粮食产量仅为 4.7 亿吨，2007 年超过 5 亿吨，到 2012 年超过了 6 亿吨。粮食总产量从不足 5 亿吨到超过 6 亿吨的快速增长时期，正是测土配方施肥整建制推进、大面积推广的阶段。到 2015 年，粮食产量达到 6.6 亿吨，农用化肥施用量超过 6 000 万吨，达到顶峰。2015—2020 年，化肥施用量减少了 770 万吨，但粮食产量一直在 6.0 亿吨以上，同期化肥利用率则提高了 5 个百分点。由此可以看出，测土配方施肥对促进粮食增产稳产、保障国家粮食安全发挥了重要作用。

3. 促进了农业节本增效　当前，我国农业生产遇到了价格"天花板"和成本"地板"的双重挤压，国内粮食等农产品的价格普遍高于国际市场。与此同时，农业生产的成本居高不下，农民增收缓慢。我国是化肥的施用大国，化肥施用量占世界化肥施用量的三分之一，大量的化肥投入不仅增加了成本，还降低了农业生产的效益。

测土配方施肥项目实施以来，针对我国长期存在的亩均化肥施用量偏高、施肥结构不合理和施肥方式落后等问题，示范推广了一批高产高效技术模式，助力农业节本增效。①推广机械深施。加快集成农机农艺融合的施肥技术，研发专用施肥机械和专用肥料，重点推广水稻侧深施肥、玉米种肥同播和小麦机械深施。至 2020 年，三大粮食作物机械施肥面积达 6.5 亿亩次，占播种面积的 45％。②推广水肥一体化。以玉米、马铃薯、棉花、蔬菜、果树等作物为重点，推广喷灌、滴灌等水肥一体化技术，促进水肥耦合，推广面积每年超过 1.5 亿亩次。③推广有机肥替代化肥。结合实施果菜茶有机肥替代化肥行动，大力推广"配方+有机肥""果（菜、茶）-沼-畜""自然生草+绿肥"等技术模式，有机肥无机肥配合施用，促进种养循环和畜禽粪污资源化利用。2020 年全国有机肥施用面积 5.5 亿亩次，绿肥种植面积超过 5 000 万亩次。据统计，测土配方施肥区主要粮食作物亩节本增效 30 元以上，经济作物亩节本增效 80 元以上。通过一系列高效施肥技术的推广应用，提升了农作物产量，降低了化肥用量，在增加农民收入的同时降低了生产成本，促进了效益的增加。

4. 促进了生态环境保护　近些年，为保障粮食等农产品的有效供给，使用了大量的化肥。然而过量的化肥投入也造成了资源的浪费和面源污染的加重，使农业生态环境面临巨大压力。由于利用率不高，不少化肥通过挥发、淋洗、径流等途径流失，加重了对土壤、水体、大气的负担，威胁生态环境的安全。

测土配方施肥项目实施 15 年以来，有效减轻了面源污染、节约了资源、保护了农业生态环境，总体上促进了农业可持续发展。目前，全国测土配方施肥技术推广面积超过 20 亿亩次，技术覆盖率达到 90% 以上，通过测土配方施肥技术的推广应用，农民的科学施肥意识逐渐增强，重化肥、轻有机肥、偏施氮肥、"一炮轰"、施肥越多越增产等传统施肥观念发生深刻变化，测土配方施肥技术已被越来越多的农民接受。经科学测算，2020 年我国水稻、玉米、小麦三大粮食作物化肥利用率为 40.2%，比 2005 年提高 12.7 个百分点，相当于减少尿素投入 1 900 万吨，减少氮排放 97.7 万吨，节省燃煤 2 950 万吨或天然气 19.1 亿米^3。

5. 创建了科学施肥服务模式　通过测土配方施肥项目的实施，项目县围绕提升农民科学施肥水平探索形成了一批高效服务模式。①社会化服务。各地采取政府购买服务等方式，大力发展和培育社会化服务组织，开展统测、统配、统供、统施的"四统一"服务。目前全国科学施肥社会化服务组织 1.5 万个，服务面积达 1.2 亿亩次。建立智能配肥站和液体加肥站 2 300 多个，智能化配肥 200 多万吨。②信息化指导。各地组织科研、教学、推广等专家力量，因地制宜制定科学施肥技术方案，充分利用电话、网络、触摸屏、手机 App 等开展施肥推荐服务。③农企深度对接。选择 200 多家企业开展农企合作推广配方肥活动，破解肥料规模化生产、批量化供应与配方肥区域性较强、个性化需求的矛盾，促进配方肥进村入户下地。④农民技术培训。农民技术培训是促进传统农业转型升级、提高农民种植水平、实现农业现代化目标的重要手段。项目实施以来，各级农技推广人员围绕普及测土配方施肥技术、提升农民土壤肥料知识水平，采取现场授课、田间观摩、参观考察、远程教学等形式，累计培训农民 3.26 亿人次，有效提升了农民的施肥管理水平。

第三节　水肥一体化在农业生产上的应用

水肥一体化是集成高效灌溉、科学施肥、自动控制、信息化等多种技术的现代农业新技术。根据多年的大面积示范结果，在玉米、小麦、马铃薯、棉花等大田作物和设施蔬菜、果园上应用水肥一体化技术可节约用水 40% 以上，节约肥料 20% 以上，能大幅度提高肥料利用率。

一、粮食作物水肥一体化的特点和作用

水肥一体化就是先将肥料对水溶解，再加入管道灌溉系统，在灌溉的同时将肥料输送到作物根部，可适时适量、方便快捷地满足作物的水肥需求。为什么粮食作物水肥一体化能实现粮食大幅稳定增产呢？因为水肥一体化从根本上改变了灌溉和施肥的方式，既能大幅提高粮食单产，又能有效扩大粮食生产面

积，内涵式增长与外延式增长齐头并进，实现依靠科技提高单产增粮、利用后备耕地资源扩大播种面积增粮、扩大灌溉面积抗旱减灾增粮。

水肥一体化从根本上改变了灌溉和施肥方式，可有效满足作物的水肥需求。与传统模式相比，水肥一体化实现了水肥管理的革命性转变，即渠道输水向管道输水转变、浇地向浇庄稼转变、土壤施肥向作物施肥转变、水肥分开向水肥一体转变。相比于传统地面灌溉和土施肥料，水肥一体化优势非常明显：①保证作物中后期充足的水分、养分供应。传统种植注重生长前期忽视生长中后期，注重底墒水和底肥，作物中后期的灌溉和施肥操作难以进行，如冬小麦拔节期后、夏玉米大喇叭口期后，田间封行封垄基本不再进行灌水和施肥。应用水肥一体化，人员无须进入田间，封行封垄后也可通过管道很方便地进行灌水施肥。②养分供应更加全面高效。传统土施肥料，氮肥常因淋溶、反硝化等而损失，磷肥和中微量元素容易被土壤固定，肥料利用率只有30%左右，浪费严重的同时作物养分供应不足。在水肥一体化模式下，肥料溶解于水中通过管道以微灌的形式直接输送到作物根部，大幅减少了肥料淋失和土壤固定，磷肥利用率可提高到40%～50%，氮肥、钾肥利用率可提高到60%以上，作物养分供应更加全面高效。

水肥一体化能提供全面高效的水肥供应，尤其是能满足作物中后期对水肥的旺盛需求，非常有利于作物产量要素的形成，进而可大幅提高粮食单产。近年来的试验结果表明，与常规模式相比，水肥一体化使冬小麦成穗率提高，每亩有效穗数由40万穗增加到50万穗，且穗大穗匀，单穗粒数增加2～3粒，千粒重增加3～5克，亩增产100～150千克，增幅为15%～20%。应用水肥一体化技术后，玉米密度由每亩4 000株增加到5 000株，很少出现空秆、凸尖等现象，棒子大、长且均匀，夏玉米每亩增产200千克，春玉米每亩增产300千克，增幅为30%～50%。

水肥一体化有利于开发后备耕地资源、扩大粮食种植面积。水资源与耕地问题密切联系，有水就有地，有地就有粮。因此，从粮食生产的角度来说，缺地的本质还是缺水。沙地、河滩地、坡薄地甚至沙漠等通过传统种植模式难以利用的土地，通过应用水肥一体化技术解决水肥问题，成为了高产高效的好地。如河北省藁城市在滹沱河河滩地上利用水肥一体化技术种植马铃薯，亩产达到4 000多斤，昔日没人愿意种植的低产田变成了高产田，让沙地也能生"黄金"。我国新疆北部、东北西部和三江平原地区有大片类似的后备耕地资源，光热条件优越，受水资源制约而难以利用。应用水肥一体化技术，解决好水肥问题，就能充分发挥生产潜能。据专家测算，合理利用好现有水资源，三江平原粮食生产可增加350亿斤，新疆北部地区可增加200亿斤，东北西部可增加60亿斤。

水肥一体化有利于扩大灌溉面积，提高抗旱减灾能力。随着全球气候的变化，农业旱灾发生频率不断增大，受灾面积呈扩大趋势，灾害损失逐年加重。干旱发生频率增加对农业生产的影响加重。大力发展水肥一体化，用现代节水灌溉设备装备农业，以现有的农业灌溉水量可以扩大灌溉面积 3 亿～4 亿亩，可有效提高农业抗旱减灾能力。

二、粮食作物水肥一体化的应用效果

近年来，粮食作物水肥一体化从试验示范开始，推广规模逐渐扩大，资金投入不断增加，节水增产效果日益凸显。实践证明，在"人多地少水缺"的大背景下，集成创新粮食作物水肥一体化技术、转变用水用肥方式、提高水肥资源利用效率、大幅提高粮食单产已成为实现粮食稳定增产和农业可持续发展的现实选择和迫切需要。

（一）粮食单产大幅提高

近年来的大面积示范结果表明，在玉米、小麦、马铃薯等粮食作物上应用水肥一体化技术，水分生产率可提高到 2 千克/米^3 以上，节水 40%，节肥 20%，粮食单产提高 20%～50%，甚至增产 1 倍。应用水肥一体化技术后：内蒙古东部和吉林、黑龙江西部等地春玉米产量达到 900 千克，增产 300 千克；河北夏玉米产量达到 750 千克，亩增产 200 千克；内蒙古马铃薯产量达到 3 500 千克以上，亩增产 1 500～2 000 千克。新疆春小麦亩增产 150 千克；河北冬小麦亩产超过 650 千克，亩增产 80～150 千克。难能可贵的是，以上增产都是在万亩、十万亩的种植规模上取得的，是真正的生产水平的提升，是依靠科技提高水肥利用效率的内涵式增长。

（二）示范推广成效显著

近年来粮食作物水肥一体化技术示范推广成效显著，得到各级党委和政府的高度重视。国务院印发《国家农业节水纲要（2012—2020 年）》，强调积极发展水肥一体化。农业农村部将粮食作物水肥一体化作为节水骨干技术列入旱作节水财政项目，印发《水肥一体化技术指导意见》提出了重点在粮食作物上加快水肥一体化技术示范推广的具体要求。据不完全统计，2012 年全国粮食作物水肥一体化达到 1 230 万亩，其中玉米 800 万亩、小麦 130 万亩、马铃薯 300 万亩，粮食总增产约 30 亿斤，粮食亩均增产 250 多千克。

（三）技术模式逐渐成熟

通过不断的试验示范和集成创新，粮食作物水肥一体化技术模式逐渐成熟，形成了小麦微喷水肥一体化、春玉米膜下滴灌水肥一体化、夏玉米微喷水肥一体化、马铃薯滴灌/喷灌水肥一体化等针对不同作物的技术模式。对管道灌溉条件下如何进行灌溉和施肥也进行了大量研究，初步形成水肥一体化的灌溉制度和施肥方案，筛选和优化了一批针对不同作物的水溶肥料配方。同时集成了系列配套技术，如小麦、玉米采用水肥一体化技术，要选用耐密、抗倒、丰产的优良新品种，提高整地和播种质量，保证田间出苗均匀度和密度等。

（四）投入成本大幅降低

通过集中攻关相关设备，优化粮食作物水肥一体化系统设计，开发灌溉施肥专用水溶肥料，基本实现水肥一体化相关设施、设备和产品的国产化，大幅降低了水肥一体化投入成本，设施设备从每亩 2 000～3 000 元降到每亩 800～1 000 元，高效水溶肥料从每吨 2 万多元降到约 1 万元，水肥一体化开始由高端贵族技术向平民技术发展，从设施农业走向大田应用，从蔬菜、果树、棉花等经济作物发展到小麦、玉米、马铃薯等粮食作物。

三、加快发展粮食作物水肥一体化的措施建议

经过近几年的集成研究与示范推广，粮食作物水肥一体化已经取得明显成效，技术模式成熟，发展潜力巨大。据测算，我国适宜发展水肥一体化土地面积超过 5 亿亩，其中主要是小麦、玉米、马铃薯等粮食作物。我国农业主要应用固体肥料，在一些发达国家，水溶性肥料的应用超过 50％，水溶肥料将是肥料的发展方向，水肥一体化和水溶肥料在我国有着巨大的发展前景。当前要切实提高认识，强化领导，抢抓机遇，推进粮食作物水肥一体化健康快速发展，重点做好以下几方面的工作。

（一）进一步完善技术模式

在主要粮经作物上做好技术模式集成创新，开展田间试验示范，摸索技术参数，制定水肥一体化技术方案，提高技术的针对性和实用性。水肥一体化条件下，农田环境、作物形态、种植模式等都发生了很大变化，对灌水、施肥、农机、品种、栽培等提出了新的要求。要以水肥一体化为核心，开展高产模式攻关，集成配套适合不同地区、不同生产水平、不同规模的水肥一体化技术模式，为农民提供套餐服务。

（二）进一步研发技术产品

进一步加强水溶肥料、灌溉设备、监测仪器等相关水肥一体化新设备新产品的试验示范，为大规模推广提供依据。研发微灌用肥料，提高肥料水溶性，优化肥料配方，降低生产成本。研究物联网技术在水肥一体化上的应用，研制自动控制灌溉与施肥系统，使水肥一体化技术成为农业信息化和农业现代化的典范。

（三）进一步加大示范力度

将水肥一体化作为实现粮食稳定增产和建设现代农业的战略措施，切实加大示范力度，增加资金投入，在小麦、玉米、马铃薯等粮食作物上每年新建

1 000万亩水肥一体化技术示范区。示范区设立统一标牌，方便农民学习。逐级开展技术培训，重点培训省、县级水肥一体化技术骨干。

（四）进一步构建推广机制

积极争取各级政府支持，充分发挥行政推动作用。引导科研教学、相关企业、农民专业合作组织等力量参与，形成合作推广的工作机制。充分发挥土、肥、水推广部门的技术优势，强化服务，提高专业技术水平和服务指导能力。充分发挥企业自主研发和服务主体作用，使其积极参与水肥一体化示范建设。

第二章　水肥一体化理论知识

第一节　水分需求与吸收

一、水与作物生长

水是生命之源、生产之要、生态之基，是农业生产必不可少的基本要素之一。"粮即水"，生产和消费农产品的过程就是消耗水资源的过程；"水即粮"，有水才有粮，只有满足农业用水需求，才能切实保障国家粮食安全。自古以来，我国农谚中就有"有收无收在于水、收多收少在于肥"的说法，充分说明了水对于保证作物正常生长和农业丰收的重要意义。

土壤水是作物中水的最主要来源，是自然界水循环的重要环节，对作物生长和土壤肥力具有重要影响。自有农业以来，人类对土壤水就极为重视，并日益加深了对它的认识。我国是农业古国，古籍中称湿润的土壤为"墒"，并有丰富的关于蓄墒、保墒、散墒等调节土壤水状况的技术和方法，至今仍有现实意义。此外，土壤水还关系到人类生存的生态环境和整个生物圈。

土壤水的分布和运动与农业生产密切相关。在"水、肥、气、热"四大因子中，土壤水是构成土壤肥力的重要因素，不仅影响土壤的物理性质，还制约土壤生物的活动，影响作物的生长发育。土壤水影响作物根系大小、数量及分布，通过灌溉方法人为控制土壤水分状况可对根系大小和分布起到一定调节作用，进而影响冠层生长发育和籽粒产量。土壤水分状况还直接影响土壤中养分的运移和分布，是土壤发育和肥力演变的重要影响因素。因此，对土壤水含量及其动态变化规律的研究是农业科学工作中极为重要的组成部分，研究了解土壤水分，在理论上和生产上都有着重要意义。

二、土壤水的类型

根据土壤水所受力的作用把土壤水分为以下几类：①吸附水，或称束缚水，受土壤吸附力的作用保持，包含吸湿水和膜状水；②毛管水，受毛管力的作用保持；③重力水，受重力支配，容易进一步向土壤剖面深层运动。上述各种水分类型密切交错连接，很难严格划分。在不同的土壤中，其存在的形态也不尽相同。如粗沙土中毛管水只存在于沙粒与沙粒之间的触点上，称为触点水，彼此呈孤立状态，不能形成连续的毛管运动，含水量较低。在无结构的黏质土中，非活性孔多，无效水含量高；而在质地适中的壤质土和有良好结构的黏质土中，孔隙分布适宜，水、气比例协调，毛管水含量高，有效水含量也高。

土壤中粗细不同的毛管孔隙连通起来形成复杂的毛管体系。在地下水较深的情况下，降水或灌溉水等地面水进入土壤，借助毛管力保持在上层土壤的毛管孔隙中的水与由地下水上升的毛管水有时并不相连，好像悬挂在上层土壤中，故被称为毛管悬着水。土壤毛管悬着水是山区、丘陵、岗坡地等地势较高处植物水分的主要来源。

土壤毛管悬着水达到最多时的含水量称为土壤田间持水量。土壤田间持水量在数量上包括吸湿水、膜状水和毛管悬着水。一定深度的土体储水量达到田间持水量时，若继续供水，就不能使该土体的持水量再增大，而只能进一步湿润下层土壤。土壤田间持水量是确定灌水量的重要依据，是农业生产上十分有用的水分常数。土壤田间持水量的大小主要受土壤质地、有机质含量、结构、松紧状况等的影响。

当土壤含水量达到田间持水量时，土面蒸发和作物蒸腾损失的速率起初很快，而后逐渐变慢；当土壤含水量降低到一定程度时，较粗毛管中悬着水的连续状态出现断裂，但细毛管中仍然充满水，蒸发速率明显降低，此时的土壤含水量称为毛管联系断裂含水量，简称毛管断裂含水量。在壤质土壤中它大约相当于该土壤田间持水量的 75% 左右。借助毛管力由地下水上升进入土壤中的水称为毛管上升水，毛管上升水所能达到的相对高度为毛管水上升高度。毛管水上升的高度和速度与土壤孔径的粗细有关，在一定的孔径范围内，孔径越粗，上升的速度越快，但上升高度低，孔径越细，上升速度越慢，上升高度则越高。不过孔径过细的土壤，毛管水上升速度极慢，上升的高度也有限。沙土的孔径粗，毛管水上升快，上升高度低；无结构的黏土孔径细，非活性孔多，毛管水上升速度慢，上升高度也有限；壤土的毛管水上升速度较快，上升高度最高。

在毛管水上升高度范围内，土壤含水量也不相同。靠近地下水面处，土壤孔隙几乎全部充水，称为毛管水封闭层。从封闭层至某一高度处，毛管水上升快，含水量高，称为毛管水强烈上升高度，再往上，只有更细的毛管中才有水，所以含水量就降低了。

毛管水上升高度特别是强烈上升高度对农业生产有重要意义，如果它能达到根系活动层，则能为作物源源不断利用地下水提供有利条件。但是若地下水矿化度较高，盐分随水上升至根层或地表，也极易引起土壤的次生盐碱化，危害作物。

三、土壤水的有效性

土壤水的有效性是指土壤水能否被植物吸收利用及其难易程度。不能被植物吸收利用的水称为无效水，能被植物吸收利用的水称为有效水，根据吸收难易程度又可将有效水分为速效水和迟效水。土壤水的有效性实际上是用生物学的观点来划分土壤水的类型。

通常把土壤凋萎含水量看作土壤有效水的下限，植物因根无法吸水而发生永久萎蔫时的土壤含水量称为土壤凋萎含水量、萎蔫系数或萎蔫点，土壤凋萎含水量因土壤质地、作物和气候等的不同而不同。一般土壤质地越黏重，土壤凋萎含水量越大。低于土壤凋萎含水量的水分，无法被作物吸收利用，属于无效水。

一般把田间持水量视为土壤有效水的上限，田间持水量与土壤凋萎含水量之间的差值即土壤有效水最大含量。土壤质地与有效水最大含量的关系见表 2-1。

表 2-1　土壤质地与有效水最大含量的关系（％）

项目	沙土	沙壤土	轻壤土	中壤土	重壤土	黏土
田间持水量	12	18	22	24	26	30
萎蔫系数	3	5	6	9	11	15
有效水最大含量	9	13	16	15	15	15

随着土壤质地由沙变黏，田间持水量和土壤凋萎含水量也逐渐增加，但增加的比例不大。黏土的田间持水量虽高，但土壤凋萎含水量也高，所以其有效水最大含量并不一定比壤土高。因而在相同条件下，壤土的抗旱能力反而比黏土强。

一般情况下，土壤含水量低于田间持水量，所以有效水含量就不是最大值，而只是土壤含水量与土壤凋萎含水量之差，在有效水范围内，其有效程度也不同。在田间持水量至毛管联系断裂含水量之间的含水量高，土壤水势高、水吸力低，水分运动迅速，容易被植物吸收利用，所以这部分水被称为速效水。当土壤含水量低于毛管断裂含水量时，粗毛管中的水分已不连续，土壤水吸力逐渐加大，土壤水势进一步降低，毛管水移动变慢，根吸水难度增加，这一部分水属迟效水。

可见土壤水是否有效及其有效程度的高低在很大程度上取决于土壤水吸力和根吸力的对比。一般土壤水吸力大于根吸力则为无效水，反之为有效水。但是从 SPAC（土壤植物大气连续体）中可以知道，土壤水的有效性不仅取决于土壤含水量或土壤水吸力与根吸水力的大小，还取决于由气象因素决定的大气蒸发力以及植物根系的密度、深度和根伸展的速度等。例如，在同一含水量或土壤水势条件下，大气蒸发力弱、根系分布密而深时，植物也可能得到一定的水分而不发生永久萎蔫。反之，大气蒸发力强，根系分布浅而稀，根伸展的速度慢，植物虽然仍能吸收一部分水，但因入不敷出，就会发生永久萎蔫。因此，加深根层、培肥土壤、促进根系发育也是提高土壤水有效性、增强抗旱能力的重要途径，在旱作区这些措施尤为重要。

第二节　养分需求与吸收

一、植物生长必需的营养元素

植物生长需要各种营养元素。通过化学分析得知，植物灰分中有多种化学元素。生物试验证明，植物体内所含的化学元素并非全部都是植物生长发育所必需的。判定必需营养元素有3条标准：①必要性，即这种化学元素是植物生长发育不可缺少的，缺少这种元素植物就不能完成其生命周期；②不可替代性，即缺少这种元素植物会出现特有的症状，而其他元素均不能代替这种元素，只有补充这种元素后症状才会减轻或消失；③直接性，即这种元素直接参与植物的新陈代谢，对植物起直接的营养作用，而不是起改善环境的间接作用。

目前，国内外公认的高等植物必需的营养元素有17种，分别是碳、氢、氧、氮、磷、钾、钙、镁、硫、铁、硼、锰、铜、锌、钼、氯、镍。非必需营养元素中的一些元素对特定植物的生长发育有益，或对某些种类植物而言是必需的，这些元素称为有益元素，如硅、钠、钴、硒。

各种必需营养元素在植物体内的含量相差很大，一般可根据植物体内元素含量的高低划分大量营养元素、中量营养元素和微量营养元素。碳、氢、氧、氮、磷、钾的平均含量占干物质重的0.5%以上，称为大量营养元素，其中碳、氢、氧可以从空气和水中获得，一般不需要以肥料的形式提供。氮、磷、钾在作物体内含量较高，作物生长吸收得也较多，通常需要以肥料的形式补充，在施肥中被称为大量元素，又被称为肥料三要素。钙、镁、硫一般被称为中量元素。铜、锌、铁、锰、硼、钼等元素作物需要量少，称为微量元素。在产量较低的时候，土壤中含有的中量、微量元素一般能够满足作物的需要，但对于某些对中量、微量元素特别敏感的作物和某些中微量元素缺乏较严重的土壤，则必须施用相应的中量、微量元素肥料。在产量不断提高、连年高强度种植、土壤障碍因素存在的情况下，中量、微量元素的施用变得越来越重要。

二、必需营养元素的作用

碳、氢、氧是作物有机体的主要组分。由于碳、氢、氧一般不利用人工手段加以补充，在此重点介绍其他营养元素的作用。

1. 氮 氮是蛋白质的主要组成元素，在蛋白质内的平均含量为 16%～18%。氮既是许多酶和叶绿素的组成元素，也是核酸、激素、生物碱等物质的组成成分。氮可以促进作物生长发育、养分吸收和光合作用，参与植物体内各种代谢活动。作物缺氮很容易从生长状况上观察判断。例如，苗期缺氮会影响叶绿素合成，使叶色发黄或呈淡绿色，植株生长缓慢、矮小，根系发育细长、瘦弱，籽实减少、品质变劣。植株缺氮症状一般先出现在老叶上，先从老叶下部黄化，逐渐向上部扩展。氮过多时造成营养生长过旺，出现贪青晚熟的现象。

2. 磷 磷多存在于作物种子、果实和幼嫩的生长点等处，是多种重要有机化合物的组分，在核酸、核蛋白、磷酸腺苷、磷脂、酶中都有磷的存在。这些有机物对作物生长起着重要的调节作用，有些直接参与氮代谢、呼吸作用和光合作用。磷酸腺苷（AMP、ADP、ATP）在植株体内的能量代谢中起着重要作用。磷对作物的生长、分蘖、开花结果有重要作用。作物缺磷时，生长过程受阻，植株矮小、生长缓慢，叶片细小而无光泽，叶色呈暗红色、暗紫色或深绿色，分蘖显著减少，开花结果延迟，根系不发达，根毛粗大发育不良。作物缺磷首先出现在下位叶，然后扩展到上位叶。作物苗期和种子成熟期都需大量磷。缺磷的临界期一般在苗期，苗期一旦缺磷，对整个生育期都有影响，后期再补充也难以矫正。

3. 钾 钾参与一系列的代谢过程，如光合作用、碳水化合物的累积、硝酸根的吸收和还原、蛋白质的合成等。钾离子可以调节细胞膨压，增强植株的抗寒性。充足的钾供应可增强作物对氮的吸收，有利于光合作用，提高作物抗倒伏、抗旱、抗病虫害的能力，钾常被称为"抗逆元素"。钾对提高农产品品质具有明显的作用，也被称为"品质元素"。作物缺钾的主要特征是叶缘出现灼烧状，叶片小，叶色渐变为黄绿色，后期脉间失绿，并在失绿区出现斑驳，直至叶片坏死。作物缺钾一般在生长中后期出现症状，并从老叶向上发展，若新叶也出现症状，说明缺钾十分严重。

4. 钙 钙是细胞壁的成分，与果胶结合能够增加组织的硬度。钙可中和代谢过程中的有机酸，促进根系生长，提高植物的抗病性，延迟衰老。缺钙会影响细胞壁的形成和分裂。缺钙症状为幼叶叶缘失绿、叶片卷曲、生长点死亡，但老叶仍保持绿色。缺钙时番茄出现脐腐病，苹果出现苦痘病，果实不耐储藏。

5. 镁 镁是叶绿素的组成元素之一。镁可促进呼吸作用及磷酸根的吸收转运。

镁在磷和蛋白质的代谢中也起着重要作用。缺镁首先表现为叶片失绿，叶片脉间及小的侧脉失绿。禾本科植物呈条状失绿，阔叶植物呈网状黄化，有些形成密集的黄色斑点。缺镁一般从老叶开始，向脉间发展，严重时老叶枯萎，全株呈黄色。

6. 硫　硫是蛋白质、氨基酸等的组成成分。此外，辅酶 A、硫胺素、生物素等中也含硫，很多代谢次生物质也含有硫。硫间接地参与碳水化合物的代谢和叶绿素的形成。作物缺硫时幼叶失绿，植株矮小，结实率低。

7. 铁　铁是多种酶的组成成分，对作物体内的氧化还原过程有重要的影响。铁与叶绿素结合参与光合作用，同时铁也是固氮酶的组成成分。作物缺铁的典型症状是植株上部叶片变黄，但叶脉失绿轻，生长受阻。

8. 锰　锰是许多酶的活化剂，能提高呼吸强度。锰能促进淀粉酶的活性、促进淀粉水解和糖类转移。锰可降低铁的活性，因此植株内锰、铁的比例要适宜。作物缺锰往往也是以失绿开始的，严重时叶脉间出现坏死，并扩大为斑块。

9. 锌　锌在作物体内参与生长素的合成，又是多种酶的组成部分。作物缺锌时光合作用受阻，芽和茎中生长素的含量降低，表现为植株矮小、节间缩短、叶色褪绿。果树缺锌时出现小叶病，玉米缺锌时出现白苗病，水稻缺锌时出现僵苗病、不分蘖。

10. 铜　铜是多种酶的组成成分，也是 B 族维生素的组成成分，对蛋白质、脂肪和碳水化合物的合成有很大影响。铜参与作物体内的氧化还原过程，还能提高作物抗真菌病害的能力。果树缺铜时枝条枯萎，叶片出现黄斑。蔬菜缺铜时叶片颜色发生变化，失去韧性而发脆、发白。

11. 硼　硼不是作物的组成部分，但它对作物的某些生理过程有重要作用，如在糖的合成和运输中起重要作用，还可提高作物的抗逆性。作物缺硼时会影响授粉受精过程，出现"花而不实"现象。缺硼同样会导致生长点坏死，使植株矮小、根系不发达。十字花科植物对硼敏感。

12. 钼　钼是固氮酶的组成成分，也是硝酸还原酶的组成成分，因此对固氮酶的活性和促进蛋白质的生成及对叶绿素和根瘤菌的形成有良好的作用。钼还有促进作物体内无机磷转变为有机磷的能力。作物缺钼时植株矮小，叶片边缘坏死、叶卷曲等。豆科植物需钼较多。

13. 氯　氯与作物体内淀粉、纤维素、木质素的合成有密切关系。氯也可能参与渗透调节和离子平衡调节。缺氯时叶片枯萎和失绿。但在田间极少观察到缺氯症状。

三、作物吸收养分的过程

（一）土壤中养分的形态与转化

1. 氮在土壤中的形态和转化　农业生产中，氮肥是施用最普遍的肥料，了解氮在土壤中的行为特征对正确施用氮肥非常重要。氮在土壤中和作物体内都非常活跃，能从一种形态转化为另一种形态。土壤中的氮有两种形态，即有机态氮和无机态氮。有机态氮占土壤全氮量的 99%，存在于土壤腐殖质中，大部分是不能被直接吸收的，因此称为迟效态氮。腐殖质经过矿化作用释放无机养分，供作物利用。无机态氮仅占土壤全氮量的 1% 左右，易溶于水，可被作物直接吸收。无机态氮在土壤中主要有铵态氮和硝态氮，因易于吸收又被称为速效氮。氮在土壤中的转化主要有下面几个过程：①矿化作用。在土壤微生物的作用下，存在于蛋白质、氨基酸中的有机氮被微生物分解，释放铵根。②硝化作用。硝化作用是铵态氮转化为硝态氮的过程。第一步是在亚硝化细菌的作用下，铵态氮被氧化为亚硝态氮。第二步是在硝化细菌的作用下，亚硝酸根被继续氧化为硝酸根。③反硝化作用。在厌氧条件下，铵态氮或硝态氮转化为气态氮（主要是氮气和一氧化二氮气体）挥发到空气中而损失。④挥发作用。铵态氮在碱性介质中（如碱性土壤）形成氨气而挥发到大气中。⑤生物吸收。指矿质态氮（铵态氮或硝态氮）被作物或微生物吸收而合成氨基酸和蛋白质的过程。⑥生物固氮。根瘤中的固氮菌将大气中的氮气固定而生成有机氮，最终被作物吸收利用。有机残体进入土壤经过矿化作用转化为无机氮。生物固氮主要发生在豆科植物上（如大豆、花生、豆科牧草、豆科绿肥等）。对土壤来讲，生物固氮、硝化作用和矿化作用可以增加土壤氮，而反硝化作用和挥发作用则使土壤损失氮。铵根带正电荷，可以被土壤胶体吸附，因此很少发生铵的淋溶损失。吸附在土壤胶体表面的铵根可以被其他阳离子置换（如钙、镁、钾、氢离子）。被置换的铵根进入土壤溶液而被根系吸收。

很多肥料为铵态氮肥。施入肥料后，会使土壤中有较高浓度的铵根。微灌系统中常用的铵态氮肥有硝酸铵、硫酸铵、磷酸一铵、磷酸二铵、氨水等。尿素虽然是有机氮肥，但施入土壤后在脲酶的作用下会转化为碳酸铵。

硝酸根带负电荷，不被土壤胶体吸附，因此极易随水流动。过量灌溉后，硝酸根会随水淋溶到底层土壤，最后进入地下水。硝态氮肥有硝酸钾、硝酸铵、硝酸钙等。合理灌溉是减少硝酸根淋失的有效措施。

在灌溉施肥中大量施用的尿素含氮量高，溶解性好。由于不带电荷，也不被土壤胶体吸附，但施用过量且水分过多时同样会发生淋溶损失。施入土壤的尿素在微生物产生的脲酶的作用下水解，最后形成碳酸铵。碳酸铵分解为铵根和碳酸根。在大部分土壤条件下，尿素的水解反应可以在几个小时内完成。

2. 磷在土壤中的形态和转化　磷分为有机磷和无机态磷两大类，其中有机态磷占土壤全磷的 10%～20%，作物不能直接吸收有机磷。无机磷占土壤全磷的 80%～90%，以磷酸盐的形式存在。土壤中的磷酸盐根据其溶解特点又分为水溶性磷酸盐、枸溶性磷酸盐和难溶性磷酸盐，后两种不溶于水。枸溶性磷酸盐多分布在中性土壤中，可被作物根部分泌物溶解，转化为作物可吸收的水溶性磷酸盐。难溶性磷酸盐是无机磷的主要部分，很难被作物吸收。作物能利用的磷称为有效磷，一般少于土壤全磷的 1%。磷在土壤中的化学行为非常复杂，可以与各种离子反应而形成复杂的化合物。在微酸性环境中，磷酸根离子与 Fe^{3+}、Al^{3+}、Mn^{2+} 形成磷酸盐而使磷失效。当 pH>6.5 时，磷酸根与钙镁离子形成沉淀。理想的土壤 pH 在 6.5 左右。土壤中磷的强烈固定作用与磷肥的形态、施用浓度和土壤性质有关，一般在几小时至几天内完成。由于固定作用，磷在土壤中的移动性很小，通常在 6～10 厘米。移动的具体距离与土壤质地关系很大。磷在沙壤土中的移动距离远大于在壤土和黏土中的移动距离。由于土壤中磷的移动距离短，大部分情况下磷肥被作为基肥施用，作追肥时通过滴灌或微喷系统施用。但对于沙壤土或轻壤土，仍用微灌施用磷肥。国外广泛施用的聚磷酸铵液体肥料溶解性好，微灌施用聚磷酸铵肥料，可以提供磷源和增强磷的移动性。

3. 钾在土壤中的形态和转化 土壤中的钾有 4 种形态：矿物态钾、缓效性钾、水溶性钾和可交换态钾。后两种可快速被作物吸收利用，故合称速效钾，占全钾的 1%～2%；前两种占土壤全钾的 97% 左右。缓效性钾是矿物态钾风化的产物或呈零散状分布在矿物层状结构中，是速效钾的来源。矿物态钾不能被作物直接利用，土壤风化后钾被释放出来，成为有效态。速效性钾以水溶态存在或吸附于土壤胶体上，是作物可直接吸收的形态。

不同形态的钾可以相互转化。缓效性钾在适宜的条件下可以逐渐风化、分解和释放，成为有效钾。某些条件下钾又可被固定成为缓效钾。

虽然钾可以被土壤胶体吸附，当吸附量达到饱和时，钾在土壤中的移动性相当好。有研究表明，利用 190 毫克/千克的钾溶液滴灌土壤，钾横向移动达 90 厘米，纵向移动达 60 厘米。在应用滴灌的条件下，钾的施用深度不是问题，但在微喷或喷灌系统中，钾的移动距离要短得多，纵向移动 5～15 厘米。

4. 其他营养元素在土壤中的形态和转化 中量元素（钙、镁、硫）和微量元素（铁、锰、锌、硼、钼）的有效性与土壤 pH 有密切关系。土壤 pH 高（往碱性方向）时，金属微量元素的溶解性大幅度下降，对作物的有效性显著降低。相反，硼、钼、钙、镁在 pH 略高时（中性至微碱性）有效性较强。土壤通常很少有缺钙问题（有些沙质土壤除外），植株缺钙主要是体内的转运问题。但钙与镁、钾和铵根会竞争吸附位，影响其他离子的吸收。钙在土壤中的良好移动性和溶解性足以为作物提供充足的有效钙。镁的性质与钙类似，但缺镁通常是由于土壤绝对量的不足。由于长期忽视对镁的补充，南方酸性土壤缺镁问题越来越普遍。过多的镁影响钾和铵根的吸收，向土壤施用钾肥越来越多也影响了镁的吸收。硫在土壤中以硫酸根的形式存在，作为阴离子不被土壤胶体吸附。由于硫通常以伴随离子的形式进入土壤（如过磷酸钙、硫酸盐等），缺硫的情况比较少见。在北方石灰性土壤中，土壤缺锌、缺铁、缺锰都有发生。主要是由于这些元素在碱性土壤中形成沉淀，有效性降低。南方酸性土壤存在缺锌问题，但缺铁、缺锰现象少见，由于土壤中有较多的铁、锰离子，铁和锰的毒害时常发生。硼在土壤中容易淋失，特别是在南方淋溶强烈的地方，缺硼非常普遍。施用硼肥时要严格掌握用量，因为缺硼和硼过量之间的范围很小。但不同作物对硼的敏感性存在很大差别。一种作物的缺硼临界值可能是另一种作物的毒害值。因此，施硼肥要格外小心。一般酸性土壤容易缺钼，通过施用石灰可提高钼的有效性。碱性土壤一般不考虑钼的补充。

（二）养分到达根表的途径

作物主要通过根系来吸取土壤中的养分。根系有直根系和须根系之分，根系吸收养分的效率与根系的形态特征有密切的关系。根系的形态特征包括根长、根表面积、根毛密度等。根系越长、根表面积越大、根毛越多，吸收养分的效率越高。通过根系吸收的养分形态有离子态、分子态和气态 3 种，以离子态为主。大部分化肥属无机盐类，溶解于土壤水后形成阴离子、阳离子，阳离子被土壤胶体吸附，而阴离子会随水向土壤深层渗漏。养分离子通常通过 3 种途径到达根系表面：①截获。根系与土壤微粒表面或溶液中的离子直接接触而发生交换吸收。离子靠接触交换吸收的离子态养分是极少的。②扩散。根吸收养分离子的速率大于离子通过集流迁移到根表面的速率，这时根表离子浓度低，根表附近土壤溶液中离子浓度高，从而产生根表与附近土体的浓度梯度。离子从浓度高的土壤溶液向根区低浓度处扩散。氯离子、硝酸根离子、钾离子在水中的扩散系数大，而磷酸根的扩散系数较小。③质流。在有光照及气温高时，植物蒸腾作用强烈，根际产生水分亏缺，水分不断流向根表，土壤中离子态养分随水流到达根表。这 3 种养分迁移过程在土壤中通常是同时存在的。截获取决于根表与土壤黏粒接触面积的大小，质流取决于根表与其周围水势差的大小，扩散取决于根表与其周围养分浓度梯度的高低。除根系吸收外，作物也可通过叶表皮和气孔吸收离子和某些简单的分子。

离子态养分无论是通过什么途径到达根表的，都可进入作物细胞内。养分进入根细胞要消耗能量的，称为主动吸收，如逆浓度吸收；不消耗能量的，称为被动吸收，如道南平衡。作物主动吸收养分是按自身生长过程中的需要有选择地吸收的，因而可以进入细胞内。而被动吸收的养分则是在势差的作用下由高浓度区扩散进入作物体内的，养分只在细胞间流通。

作物在生长发育的某一时期对养分的需求量不大，但很迫切，如这时缺乏必需的元素，作物的正常生长就会被明显抑制，造成的损失很难弥补，这就是作物营养临界期。作物生长到一定阶段后生长速率加快，随后达到最大，此时养分的吸收速率最大，养分需求量最多，这一阶段称为养分的最大效率期。

（三）影响作物吸收营养元素的主要因素

根系是作物吸收养分的主要器官，根系的活力和根系参数会影响养分的利用效率。土壤是吸收养分的场所，养分在土壤中的移动和运输决定了养分的吸收效率。因此，影响养分向根表移动的因素和根系生长均会影响根系对养分的吸收。

1. 土壤水分　水分是养分到达根表的移动介质，其对扩散、质流的重要影响不言而喻。肥料只有溶解于水后成为离子态才能被根系吸收。当土壤水分含量接近田间持水量时，质流不受限制。随着土壤变干，质流逐渐减弱。因此合理地灌溉和保持土壤一定的湿度对养分吸收具有重要意义。土壤过湿时，会将土壤孔隙中的空气赶出，使根系处于缺氧状态。土壤水分过少时，土壤溶液浓度偏高，导致渗透作用增强，同样不利于作物生长。在生产实践中调节水肥的平衡非常重要。结合土壤墒情施肥，或施肥后马上浇水，目的是给化肥提供最佳的溶解和运载条件，使养分尽快吸收，发挥施肥效果。但灌水又不能过量，过量灌水会将许多已溶解的矿物质和不易被吸附的养分离子淋洗到深层土壤中，既浪费了肥料，又对地下水造成了污染。通过微灌系统施肥，就是将灌溉水与施肥结合起来并且将它们的比例控制在最佳范围。在应用微灌技术特别是滴灌技术时，由于湿润土壤的体积大大缩小了，根系周边土壤的颗粒结构变得更加粗糙，作物的生长也更为敏感，灌溉与施肥的良好协调更为重要。微灌施肥是实现水肥协调的最佳方式，已成为微灌系统的一项非常重要的功能。如果微灌系统只是单单用来灌溉，等于只发挥了一半功能。

2. 介质中的养分浓度　作物对介质中某种离子的吸收速率取于该离子在营养介质中的浓度，随着介质中的养分浓度的升高，养分吸收速率以一种渐进曲线的方式上升。在高浓度范围内，离子吸收的选择性降低，对代谢抑制剂不很敏感，而伴随离子及蒸腾速率对离子的吸收速率则影响较大。为保证作物整个生育期的养分供应，土壤溶液中的养分浓度必须维持在适合作物生长的水平。因此，养分的有效性不仅与某一时刻土壤溶液中的养分浓度有关，还与土壤维持这一适宜浓度的能力有关。在水肥一体化技术条件下，通过合理灌溉和施肥，可以最大限度地将介质溶液中的养分浓度维持在某一适宜浓度范围内，保证作物正常的生长发育。

3. 根系　旺盛的地上部生长必然伴随着旺盛的根系生长，有发达的根系才有高的养分吸收效率。当根表面积大、根毛数量多时，作物吸收养分快，造成根表养分亏缺，形成更高的根表与根临近区域的浓度梯度，对主要靠扩散抵达根表的养分（如磷、钾等）的有效性具有决定性作用。影响根系生长的各种因素也会间接影响根系养分的吸收。如土壤温度、土壤紧实度、土壤通气状况、土壤 pH、土壤微生物数量、土壤有机质含量、土壤盐分含量等。只有当这些因素都处于最佳状态时，根系生长才能发挥最大潜力。培养发达的根系是提高养分利用效率的重要措施，也是高产优质高效的必要条件。

作物地上部生长不良时，通常要挖开土壤察看根系生长情况。很多地上部表现的缺素症都是由根系受损伤或胁迫造成的。

第三节　科学施肥基本原理

一、矿质营养理论

1840 年，德国著名的化学家李比希在英国伦敦有机化学年会上作了题为《化学在农业和生理学上的应用》的著名报告，提出了矿质营养学说，否定了当时流行的腐殖质营养学说。他指出，腐殖质是在地球上有了植物以后才出现的，而不是在植物出现以前出现的，因此植物的原始养分只能是矿物质。李比希开启了植物矿质营养的研究，被公认为植物营养科学的奠基人。

二、养分归还学说

在矿质营养理论的基础上，李比希进一步提出了养分归还学说。植物在生长过程中以不同的方式从土壤中吸收矿质养分，随着种植和收获带走大量的养分，使土壤养分逐渐减少，连续种植会使土壤贫瘠。为了保持土壤肥力，就必须把植物带走的矿质养分以施肥的方式归还到土壤。养分归还学说成为施肥的重要理论依据。

三、同等重要、不可替代律

对农作物来讲，大量、中量元素和微量元素是同等重要、缺一不可的。缺少某一种微量元素（尽管它的需要量很少），仍会出微量元素缺乏症而导致减产。作物需要的各种营养元素在作物体内都有一定的功能，相互之间不能代替。缺少什么营养元素，就必须施用含有该营养元素的肥料，施用其他肥料不仅不能解决缺素的问题，有些时候还会加重缺素症状。

四、最小养分律

作物为了生长发育需要吸收各种养分，但是决定作物产量的却是土壤中相对含量最低的养分因素，产量也在一定限度内随着这个因素的增减而相应地变化。通常用装水木桶进行图解（图 2-1）。木桶由代表不同养分含量和因子的木板组成，储水量的多少（即水平面的高低）表示作物的产量水平，可以看出，作物产量取决于表示最小养分的最短木板的高度。如果不针对性地补充最小养分，其他养分增加得再多，也难以提高产量，只能造成肥料的浪费。

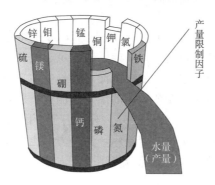

图 2-1　木桶理论

五、报酬递减律

随着投入的增加，作物产出增加，但单位投入的产出是逐步减少的。在土壤缺肥的情况下，根据作物的需要进行施肥，作物的产量会相应增加。但施肥量的增加与产量的增加并不是正相关关系。在施肥量很低的时候，单位肥料的增产量很大，随着施肥量的增加，单位肥料的增产量呈递减趋势，当施肥量增加到一定程度时，再多施肥料产量也不会增加，此时的产量为最高产量。

六、土壤肥力与因子综合作用律

土壤肥力是土壤的基本属性和质的特征，是土壤从养分条件和环境条件方面供应和协调作物生长的能力。土壤肥力是土壤的物理、化学、生物学性质的反映，由众多的因子构成，主要有以下几种。

直接因子：土壤中含有作物需要的营养元素，如氮、磷、钾等大量元素，钙、镁、硫等中量元素，锌、钼、硼、锰、铁等微量元素，这是土壤的直接因子，也称狭义的肥力。它们的含量丰富，肥力就高。

间接因子：土壤的母质、物理结构、酸碱度（pH）、通透性、有机质含量、耕层厚度、水分含量等，并不是作物直接需要的，对作物吸收养分却有很大的影响，称为土壤肥力的间接因子。

外来因子：作物品种、耕作、施肥、气候等，不为土壤所具备，但也左右着土壤肥力。对于土壤来说，它们是外来因子。

众多因子综合作用形成了土壤肥力，一般用作物在土壤中不施用任何肥料所得的产量（即空白田产量）来衡量，称为土壤肥力的综合指标。田间试验结果表明，作物产量的构成有 40%～80% 的养分吸收自土壤，要提高作物产量，首先要提高土壤肥力，只有在高肥力的条件下，才能实现高产稳产。土壤肥力是作物产量的基础。

影响作物产量的众多的因子纠缠在一起，因子与因子之间既相互促进，又相互制约，而且经常在不断变化。例如，磷不足影响氮的肥效，增施钾肥可以促进氮的吸收，磷肥施用过量导致锌沉淀，容易发生缺锌症等。作物丰产是诸多影响作物生长发育的因子综合作用的结果。因此，肥料的增产效应必然受因子综合作用律的影响。为了充分发挥肥料的增产作用和提高肥料的经济效益，一方面要注重各种养分之间的配合施用，另一方面也要将施肥措施与其他农业技术措施密切配合。发挥因子的综合作用是配方施肥的一个重要依据。

第三章 水肥一体化装备

第一节 喷灌系统

喷灌是喷洒灌溉的简称，指利用专门设备（水泵）或自然落差将有压水流通过输水干管，借助支管上的喷头喷射成细小水滴，均匀喷洒到农田进行灌溉的方法。喷灌能很好地控制灌水量，适时、适量地灌溉农作物，是一种高效的灌溉方式。喷灌系统包括水源、水泵和动力机、管道系统、喷头、附属设备和工程等部分。根据系统构成可将喷灌系统分为管道式喷灌系统（固定管道式喷灌系统、半固定管道式喷灌系统和移动管道式喷灌系统）和机组式喷灌系统（圆形喷灌机、平移式喷灌机、卷盘式喷灌机和滚移式喷灌机）两大类。管道式喷灌系统因喷水时喷头位置不动又称为定喷式喷灌系统，机组式喷灌系统则因喷头边移动边喷洒也称为行喷式喷灌系统。

一、管道式喷灌系统

（一）固定管道式喷灌系统

泵站、干管、支管等均位置固定，灌溉时不移动。优点是操作使用简便、劳动强度低、易实现自动控制、灌溉效率高，适用于地势平坦、种植规模大的区域；缺点是单位面积投资较高，固定装置可能妨碍农机作业（图3-1）。近年来，随着农业机械化水平的不断提高，为便于农机作业，研发了地埋伸缩式喷灌系统（图3-2），该系统受到农民的欢迎，应用越来越广泛。其核心部件主要有套管、伸缩管、升降式喷头及钻土器等，集出地管、竖管、升降式喷头于一体，同时具有喷水和顶出地面功能，无须寻找田间出水口位置。喷水时喷头离地面高度可达80~90厘米，能够满足小麦和玉米苗期生长发育的灌溉需求。喷灌作业前后均不需要安装和拆卸任何设施，灌溉结束后能自动回缩至耕作层以下35~40厘米处，不影响农机作业，极大地降低了劳动强度，提高了工作效率。一般喷头配置有SD-03型（流量为1.7米³/时，压力为0.3兆帕）、SD-04型（流量为2.3米³/时，压力为0.35兆帕）；组合间距为12米×12米、15米×15米；管道正常埋深施工，喷头部分局部挖深160厘米；喷头自动回缩需要专门的辅助支管系统。地埋伸缩式喷灌系统的缺点是工程造价较高，亩均投资在 3 000 元左右（图 3-2）。

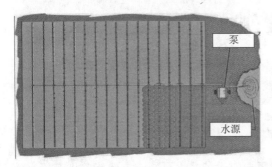

图 3-1　固定管道式喷灌系统

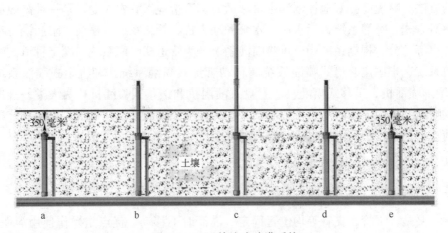

图 3-2　地埋伸缩式喷灌系统

（二）半固定管道式喷灌系统

　　动力机、水泵和干管固定不动而支管、喷头可移动的喷灌系统为半固定管道式喷灌系统（图 3-3）。在灌溉前需要将支管、喷头（立杆＋喷头）在田间安装布置完毕，打开机井开关进行灌溉。在一个工作区灌溉结束后，需要将支管和喷头移动至下一个灌溉区域。这种灌溉系统存在三方面的缺点：①劳动强度大。田间操作需要大量的人工，在刚结束灌溉的泥泞地块里移动支管和喷头非常费劲，移动支管和喷头所需人工成本逐渐上升。在当前劳动力越来越紧缺的情况下，逐渐与生产发展不相适应。②轮灌周期长。一套半固定喷灌系统单次灌溉面积在 7～10 亩（15～20 个喷头，喷头射程约为 18 米），每次灌溉需要 3～4 小时（机井出水量以 50～80 米³/时计，亩均灌水量以 20～35 米³ 计），则 200 亩的地块需要移动 20 次，灌溉周期为 60～80 小时；如果按一天工作 10 小时计算（夜间一般无法移动管道），轮灌周期为 6～8 天。如果单次灌溉时间过短，需要增加移动次数，增加劳动强度和人力成本；如果灌溉时间过长，灌水量大，易造成地表积水和径流。③蒸发飘移较大，水喷洒到空气中容易受风的影响，存在一定的蒸发飘移损失。

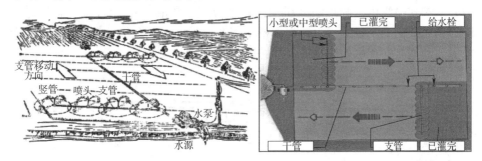

图 3-3　半固定式管道喷灌系统

（三）移动管道式喷灌系统

移动管道式喷灌系统为全部管道都可移动进行轮灌的喷灌系统（图 3-4）。移动管道式喷灌系统的组成与固定式相同，它的各个部分（水泵、动力机、各级管道和喷头等）都可拆卸，可在多个区域之间轮流喷洒作业。系统的设备利用率高、投资小，但由于所有设备（特别是动力机和水泵）都要拆卸、搬运，劳动强度大，工作效率低，设备维修保养工作量大，有时还容易损伤作物，一般适用于小规模、经济不发达的地区。

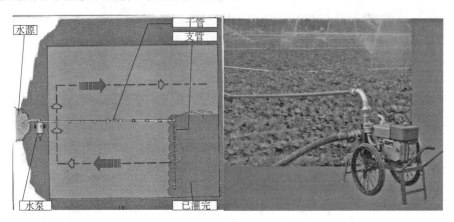

图 3-4　移动管道式喷灌系统

二、机组式喷灌系统

（一）圆形喷灌机

圆形喷灌机又称指针式喷灌机、中心支轴式喷灌机等（图 3-5）。由中心支座、桁架、塔架车、末端悬臂和电控同步系统等组成，是一种自动化水平较高的大型现代灌溉设备。装有喷头的桁架支撑在若干个塔架车上，彼此之间用柔性接头连接，工作时喷灌机围绕有供水系统的中心轴作 360°喷洒作业，故又称中心支轴式喷灌机。圆形喷灌机通过中心支座上的百分率计时器控制行走速度，从而控制灌水量的多少。根据行走驱动力分为水力驱动型、液压驱动型和电力驱动型，在我国使用最广泛的是电力驱动型。

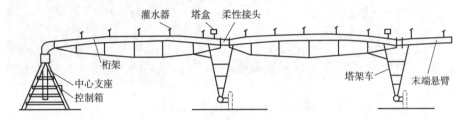

图 3-5　圆形喷灌机示意图

圆形喷灌机适用于无电线杆、深沟等障碍物，种植规模较大（100 亩以上），比较方正的地块（图 3-6）。圆形喷灌机的优点：桁架高，不影响农机作业；采用电力驱动，爬坡能力强；自动化程度高，可进行远程操控，能节省大量劳动力；灌溉均匀度高，水滴细小均匀，不容易导致土壤板结；系统使用寿命长（通常在 20 年以上），亩投资适中；运行与维修维护费用较低。缺点是机组末端喷灌强度偏大，容易产生地表径流，普通型系统不能灌溉地角。

图 3-6　北京市密云区河南寨镇平头村的圆形喷灌机

（二）平移式喷灌机

平移式喷灌机是为了克服圆形喷灌机在方形地块四角漏喷的问题在圆形喷灌机的基础上研制的，主要由驱动车、塔架车、塔架车上装有低压折射式喷头的桁架、桁架末端悬臂、电同步系统和导向装置等部分组成。它以中央控制塔车沿供水线路（如渠道、供水干管）取水自走，其输水支管的运动轨迹互相平行（即支管轴线垂直于供水轴线）。喷洒时整机只能沿垂直支管方向直线移动，而不能沿纵向移动，相邻塔架间也不能转动。其运行轨迹是平行移动式，中心点和所有跨体平行移动，水流从中心点经过机身上均匀分布的喷头对地面进行灌溉。平移式喷灌机在运行中须配有导向设备。按供水方式可分为渠道供水型和软管供水型；按供水点位置可分为两端供水型和中间供水型；按驱动台车结构可分为两轮驱动台车型和四轮驱动台车型。

平移式喷灌机的优点：灌溉矩形地块，土地利用率高；灌水均匀度高，可避免末端地表径流问题；行走方向与作物种植方向一致。缺点：结构较复杂，单位面积投资稍高；软管供水式，需人工拆接、搬移软管；渠道供水式，对地块平整度要求高；柴油发电机组供电运行成本高；电力供电需要专用拖移电缆，电力设计标准高。

（三）卷盘式喷灌机

卷盘式喷灌机又称绞盘式喷灌机，由喷头车和卷盘车两个基本部分组成（图3-7）。卷盘车上安装有缠绕高密度聚乙烯（HDPE）管的卷盘系统；喷灌车是一套装有行走轮用于安装喷枪的框架，采用短射程喷头时将框架制成悬臂桁架式，上面装有多个喷头。卷盘式喷灌机工作时，喷车边行走边喷洒，形成长条形湿润区。牵引喷头车行走的方式有利用钢索行走和利用聚乙烯管行走两种。卷盘式喷灌机的优点：结构简单、制造容易、维修方便、价格低廉；自走式喷洒、操作方便、节省劳力；机动性好、适应性强、水源供水方便、操作简单，只需1～2人操作管理，可昼夜工作，可自动停机；控制面积大、生产效率高；便于维修保养，喷灌作业完毕可拖运回仓库保存。但也存在明显的缺点：①能耗大、运行费用高；②远射程喷头水滴偏大、低压喷头喷灌强度大，不宜在黏土耕地作业；③高压水束受风的影响较大，特别是风向不定时水滴飘移严重，影响灌溉均匀度；④为拖拽软管需要预留较宽的机耕道，降低了土地利用率；⑤聚乙烯管工作条件差，要耐磨、耐压、耐拉、耐老化，若保养不善就会降低使用寿命。卷盘式喷灌机适用于大型农场或集约化作业，适用于小麦、玉米、棉花、牧草等，要注意单喷头工作时水滴对作物的打击。

（四）滚移式喷灌机

滚移式喷灌机出现于20世纪40年代，在人工移滚式喷灌系统的基础上演变而来，是一种半机械化大型喷灌机（图3-8、图3-9）。滚移式喷灌机由中央驱动车、带接头的输水支管、爪式钢制行走轮、带矫正器的摇臂式喷头、自动泄水阀和制动支杆等部分组成。中央驱动车位于喷洒支管的中间，主要由3～6千瓦的风冷汽油机直连无级调速的液压驱动装置与机械减速传动机组构成。喷洒支管彼此之间为刚性连接，按一定的间距安装一套带矫正器的摇臂式喷头、自动泄水阀、若干爪式钢制行走轮和制动支杆，形成多支座喷洒支管翼。

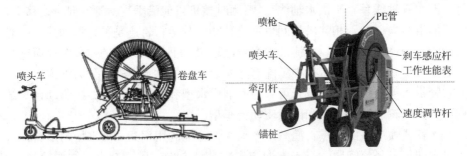

图 3-7 卷盘式喷灌机示意图

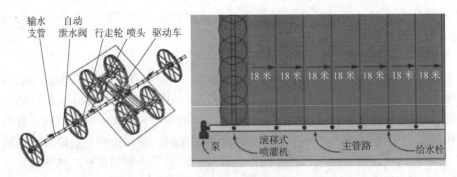

图 3-8 滚移式喷灌示意图

图 3-9 北京市顺义区赵全营镇去碑营村滚移式喷灌机

输水支管长度为 140～800 米，单节长 12 米，管径为 100～125 毫米，行走轮直径为 1.4～2.0 米；喷灌机滚动采用整体式液压驱动装置，可实现无级变速，速度范围为 0.3～20.0 米/分；受行走轮直径限制，主要灌溉谷物、棉花、蔬菜、瓜类、牧草等矮秆作物。分侧向（端）供水和中间供水两种，以侧向（端）供水为主。采用"步步为营"的移动灌溉方式，相邻工作位置间距为 18 米，喷头间距等于输水支管长度，在输水支管连接处安装喷头。

第二节　微灌系统

微灌是指通过管道系统与安装在末级管道上的灌水器，将水和作物生长所需的养分以较小的流量，均匀、准确地直接输送到作物根部附近土壤的一种灌水方法。可分为微喷、滴灌、小管出流、渗灌等。微灌系统主要由水源、首部枢纽、管网系统、灌水器（微喷头、滴头等）四部分组成。

一、微喷

微喷又称雾滴喷灌，是在总结喷灌与滴灌的基础上研制和发展起来的一种高效灌溉技术。微喷比喷灌更省水，由于雾滴细小，其适应性比喷灌更大，农作物从苗期到成长收获期全过程都可用。微喷系统利用低压水泵和管道系统输水，在低压水的作用下，通过特别设计的微型雾化喷头或出水口，把水喷射到空中，并散成细小雾滴，洒在作物叶面或农田。微喷既可增加土壤水分，又可提高空气湿度，起到调节小气候的作用。微喷头出流孔口的直径和出流流速（或工作压力）大于滴头，防堵能力较强。微喷头选择需考虑作物种类、土壤特性、灌溉要求等。

微喷带是采用激光或机械打孔方法生产的多孔喷水带，灌溉时在压力下将水经过输水管和微喷管带送到田间，通过微喷带上的出水孔，在重力和空气阻力的作用下，形成细雨般的喷洒效果。微喷带的出水孔按照一定距离和一定规律布设，如斜五孔、斜三通、横三孔、左右孔等，孔径一般为 $0.1\sim1.2$ 毫米，主要型号有 N30、N45、N50、N65 等。微喷带成本低、使用方便，但对水压要求较高（图 3-10）。

图 3-10　微喷和微喷带

二、滴灌

滴灌是按照作物需水要求，通过管道系统与安装在毛管上的灌水器，将作物需要的水分和养分一滴一滴、均匀而又缓慢地滴入作物根区土壤的灌水方式（图3-11）。滴灌是局部灌溉，不破坏土壤结构，可使土壤内部水、肥、气、热保持适合作物生长的良好状况，蒸发损失小，不产生地表径流，几乎没有深层渗漏，是一种高效省水的灌水方式。滴灌的主要特点：灌水量小，灌水器每小时流量为2～12升，因此，一次灌水延续时间较长，灌水的周期短，可以做到小水勤灌；需要的工作压力小，能够较准确地控制灌水量，可减少无效的棵间蒸发，不会造成水的浪费；滴灌还能自动化管理，省工省力。通常将毛管和灌水器放置在地表，称为地表滴灌，也可以把毛管和灌水器埋入地面以下30～40厘米，称为地下滴灌。滴灌适用于粮食、蔬菜、花卉、果树等多种粮经作物，特别适用于水源紧缺地区以及透水性强的沙质土壤等。滴灌还可以与地膜覆盖技术相结合，形成膜下滴灌等技术。

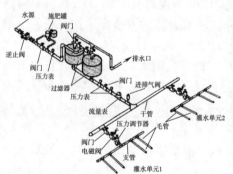

图 3-11　滴灌示意图

滴灌的优点：①节水、节肥、省工。滴灌属全管道输水和局部微量灌溉，将水分的渗漏和损失降低到最低限度。灌溉时，水不在空中运动，不打湿叶面，蒸发损耗少，比喷灌节省水35％～75％。灌溉时能做到适时地供应作物根区所需水分，使水的利用率大大提高。便于灌溉结合施肥，实现水肥一体化，降低化肥施用量，减少养分流失。滴灌系统可通过阀门人工或自动控制，节省劳动力，降低生产成本。②有利于控制水分和温度。传统沟灌一次灌水量大，地表长时间保持湿润，地温降低快、回升较慢，且蒸发量加大，易使棚内湿度增大，导致病虫害发生。因滴灌属于局部微灌，大部分土壤表面保持干燥，且滴头均匀缓慢地向根系土壤层供水，对保持地温、减少水分蒸发、降低湿度等均具有明显的效果。滴灌出水量小，可实现少量多次灌溉，土壤水分变化幅度小，能够控制根区水分，适合作物生长。同时由于控制了空气和土壤湿度，可明显减少病虫害的发生，降低农药用量。③保持土壤结构。传统沟畦、喷灌水量较大，对土壤有冲刷、压实和侵蚀的作用，若不及时中耕松土会导致严重的板结，使通气性下降，使土壤结构遭到一定程度的破坏。滴灌属微量灌溉，水分缓慢均匀地渗入土壤，对土壤结构能起到保持作用，形成适宜的土壤水、肥、热环境。④增产增效、改善品质。滴灌能够使作物根区保持最佳供水供肥状态，促进作物生长，提高产量。同时由于降低了水、肥、农药用量，减少了病虫害的发生，降低了生产成本，改善了农产品品质。

滴灌的缺点：①投资较高，对农田集约化种植和管理人员的素质要求也较高。②易引起堵塞。水中的泥沙、有机物、微生物以及化学沉凝物等均可引起灌水器的堵塞，严重时会使整个系统无法正常工作，甚至报废。因此滴灌对水质要求较高。③可能引起盐分积累。当在含盐量高的土壤上进行滴灌或是利用咸水滴灌时，盐分会积累在湿润区的边缘。④可能限制根系发展。由于滴灌只湿润部分土壤，加之作物的根系有向水性，易引起作物根系集中向湿润区生长。另外，在主要依靠灌溉的地区（如我国西北干旱地区）应用滴灌时，应正确地布置灌水器。

三、小管出流

小管出流也称涌泉灌，管道中的压力水通过灌水器，即涌水器，以小股水流或泉水的形式施到土壤表面的一种灌水形式。小管出流的灌水器的流量大于滴灌，被广泛应用于果树。

小管出流的特点：①操作简单、管理方便。小管出流灌水器的流道直径大，采用大流量出流，不容易堵塞。因此，水质净化处理简单，一般只要在系统首部安装 60~80 目的筛网式过滤器就足够了。如果利用水质良好的井水或池水灌溉，也可以不安装过滤器。由于过滤器的网眼大、水头损失小，既减少了能量消耗，又可延长冲洗周期。②可与施肥结合。果树施肥时，可将肥液注入管道内随灌溉水进入作物根区土壤中。施有机肥时，可将各种有机肥埋入渗水沟下的土壤，在适宜的水、热、气条件下熟化土壤，充分发挥肥效。③省水。小管出流灌溉是一种局部灌溉技术，只湿润渗水沟两侧作物根系活动层的部分土壤，水的利用率高，而且是管网输配水，没有渗漏损失，一般可比地面灌溉节约用水 60% 以上。④适应性强。对各种地形、土壤、果树均可使用，投入相对较低。

四、渗灌

渗灌也称为地下灌溉，是利用渗水管网将灌溉水引入地面以下一定深度，通过土壤毛细管作用湿润根区土壤的灌溉方式。渗灌的优点：①不破坏土壤结构，土层能保持良好的通气状态，水、热、气三因素的比例协调并能自动调节，能均匀输送水分和养分，为作物提供稳定的生长环境，增产效果显著。②地表土壤水分含量较低，蒸发量小，输水基本无损失，水的利用率高，比喷灌节水 50%～70%。③灌溉水只需低压输送，流量小，扬程低，减少了装机容量，节能效果好。④地表下 5～10 厘米的土壤控制在干燥条件下，不具备温湿环境，能减少病虫草害的发生，可减少农药的使用。⑤渗水管网埋设于地下，不影响农机作业。缺点是渗灌管网一旦出现问题难以维修更换，在苗期可能出现供水不足的情况，通常需要配备补灌系统。

第三节　施肥系统

施肥系统是指将肥料按一定比例与灌溉水混合，并注入灌溉管路的系统，通常包括肥料溶解装置、过滤装置、施肥设备等。目前常用的施肥设备有压差式施肥罐、文丘里施肥器、比例施肥泵、注肥泵、施肥机等。按照施肥量的控制方式可分为两类：定量施肥（施肥量一定，肥料浓度与施肥时间成反比）和比例施肥（施肥浓度一定，施肥量与施肥时间成正比）。按驱动方式可分为水动力（依靠输水管道压力）施肥系统和外接动力（如电力驱动）施肥系统。喷灌、微喷灌和滴灌系统等水肥一体化技术选择的施肥设备应与灌溉系统的特点相符，要因地制宜：微灌系统、定喷式灌溉系统可采用定量施肥或比例施肥方式，行喷式灌溉系统必须采用比例施肥方式。同时还要综合考虑灌溉方式、系统规模、投资水平及管理能力等，选择的施肥系统应与灌溉系统协调工作，兼顾灌水定额、单位面积施肥量及施肥浓度等。

一、水动力施肥系统

（一）压差式施肥罐

工作原理是将储肥罐与灌溉管道并联，通过控制调压阀门使其两侧产生压差，部分灌溉水从进水管进入储肥罐，对肥料进行溶解，再从供肥管将水肥混合液注入灌溉水中（图 3-12）。其优点是造价低，不需外加动力设备。缺点：储液罐中的水肥混合液不断被水稀释，输出肥液浓度不断下降，且各阀门开度与储液罐的供液流量之间关系复杂，导致水肥混合浓度无法控制；罐容积有限，添加肥液频繁；安装调压阀会造成一定的水头损失。

（二）文丘里施肥器

工作原理是液体流经断面缩小的部位时流速加大、产生负压，从而吸取开敞式肥料罐内的肥液（图 3-13）。优点是成本较低、不需要额外动力、施肥浓度比较均匀。缺点是吸肥能力和施肥浓度受工作水压影响，在吸肥过程中的水头损失较大，只有当文丘里施肥器的进、出口压力差达到一定值时才能吸肥，一般要损失 1/3 的压力。适用于水压力较充足的输水管道。

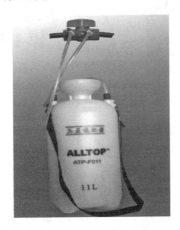

图 3-12　压差式施肥罐　　　　图 3-13　文丘里施肥器

（三）比例施肥泵

工作原理为水力驱动活塞上下往复运动，从而将肥液从施肥桶中注入主管道。比例施肥泵的优势是控制浓度精准，如以色列泰芬公司的 MIXRITE 系列比例施肥泵，注肥浓度可以精确到 0.1%，完全满足无土栽培等对营养液浓度的要求。比例施肥泵的造价较高，而且单个泵的注肥流量一般不高，如果要加大注肥流量，可以采用多个比例施肥泵并联的方式，但这样会进一步增加成本。比例施肥泵能准确控制施肥量，易实现自动化控制，吸肥流量较低，依靠灌溉管网水压，适用于设施农业和小规模的微灌工程。

二、外接动力施肥系统

（一）注肥泵

注肥泵通过水泵将肥料溶液注入输水管道。离心泵和容积式泵都可以用作注肥泵。一般来说，注肥泵的压力至少要达到被注入管路正常工作水压的 2 倍，以保证肥液被顺利注入。常见的施肥泵包括离心喷射泵、柱塞泵、隔膜泵等（图 3-14）。实际生产中需要根据主管道的流量以及目标灌溉液中肥料的浓度计算注入肥液的流量，从而确定注肥泵的流量。再根据被注入管道的压力确定注肥泵的扬程，根据流量和扬程选择适合的注肥泵。

（二）施肥机

水肥一体机是高度集成、自动化和智能化的灌溉施肥设备。市场上常见的

图 3-14　离心喷射泵、柱塞泵和隔膜泵

施肥机可以实现对肥料浓度（EC 值）、水肥液酸碱度（pH）的实时监测和反馈调控，同时可以控制数十个甚至数百个轮灌区的自动灌溉，大大提高了灌溉施肥的精准度和效率。施肥机能够实现恒定浓度、精准施肥，自动吸取母液配制营养液，监测营养液 EC 值和 pH。根据注入方式的不同，可将施肥机分为主路式施肥机、旁路式施肥机和自动施肥系统。

1. 主路式施肥机　主路式施肥机是指直接连接在主管道上的施肥机，所有的灌溉水均经过施肥机，按照设定的肥料比例、浓度、酸碱度混合好之后再通过主管道、支管道、毛管和灌水器被输送到田间。一般来说，主路式施肥机对肥液浓度的控制比较精准。主路式施肥机的灌溉流量一般不高。

2. 旁路式施肥机　旁路式施肥机是指并联在主管道上，将肥料注入与主管道并联的旁路管道的施肥机，只有部分灌溉水经过施肥机。旁路式施肥机的混肥有二次稀释的过程，因此影响其注肥浓度的因素较多，包括主管道和支管道的口径、主管道和支管道的安装方式等。总体来说，旁路式施肥机对肥液浓度的控制不如主路式施肥机，但是旁路式施肥机可以用在主管道流量较高的场合。

3. 自动施肥系统　工作原理是根据农作物不同生长阶段所需的水分、养分适时调整水肥比例、供给量以及供给时间，实时采集 EC 值和 pH 信息，并作为反馈信号控制注肥装置调整肥液输入流量，注肥比例由肥液、酸（碱）液以及灌溉水按照设定值进行在线闭环调控，利用 PLC（可编控制器）技术和 PID（进程识别）控制器实现恒压恒量灌溉施肥。系统特点是内嵌作物全生育期的灌溉施肥方案，通过人机交互界面，可设置灌溉施肥参数、肥料配比、肥水比例、施肥浓度等，可实现自动灌溉施肥、无线远程控制、数据自动采集记录存储。

第四章　水肥一体化系统建设

第一节　水源建设

常见的水源包括地下水、地表水、雨水和再生水四大类。

一、地下水

我国北方地区最常见的水源为地下水，以北京市为例，在农业用水中，地下水约占所有水源类型的 70%（其余为地表水、雨水、再生水等）。地下水作为水源具有取水方便、受地形约束小的优点。

二、地表水

地表水源包括河流、溪流、湖泊、水库、塘坝等。我国南方地区的地表水源比较丰富。

三、雨水

雨水是一种十分优质的水源，但需要建设相应的集雨设施才能加以利用。以北京市郊区的不同灌溉水源取样监测为例，膜面集雨系统收集雨水的全盐量、氯化物含量、总硬度、铁含量、锰含量平均值分别为 221.3 毫克/升、15.3 毫克/升、102 毫克/升、0.04 毫克/升和 0.02 毫克/升，比地表水、地下水和再生水水质好。pH 为 7.7，较地下水低；BOD_5、COD_{Cr} 平均值分别为 4.4 毫克/升和 14.1 毫克/升，仅高于地下水，远低于再生水和地表水。研究结果表明，当水的硬度高于 150 毫克/升、pH 高于 7.0、铁和锰含量高于 0.1 毫克/升时会有堵塞微灌设备的风险；氯化物含量过高会损坏金属管道和构建物，破坏土壤结构，影响作物生长。因此，收集过滤后的雨水比较适合用于农业灌溉，特别是滴灌施肥。在生产实践中发现雨水灌溉有利于果树种苗和花卉的生长。

四、再生水

2005 年以来，我国高度重视污水处理和再生水利用，大量修建污水处理厂，建设再生水输配水管网。2015—2018 年，我国城市再生水利用量逐年增长，2018 年达到 854 507 万米³。《国家节水行动方案》提出，到 2022 年，缺水城市再生水利用率达到 20% 以上。2019 年城市再生水利用量持续增长，达到 939 958 万米³。以北京市为例，2020 年全市再生水利用量达到 12 亿米³，占年度水资源配置总量的近三成，为不可或缺的重要水源。70% 以上的城区河道以再生水为主要补水来源，再生水已成为城市景观环境生态补水、湿地、工业、发电、农业和城市杂用等不可缺少的水资源。

第二节　首部系统

首部系统主要由水泵、动力机、变频设备、施肥设备、过滤设备、安全防护设备、流量及压力测量仪表等组成（图 4-1）。

图 4-1　首部系统

一、水泵

水泵是一种能量转换机械，将外部施加的能量转施于水，使水的能量增加，从而将水提升和（或）压送到所需之处。灌溉水源有足够的自然水头时（如以修建在高处的蓄水池为水源）可以不安装水泵。

水泵按照工作原理大致分为叶片式泵、容积式泵和其他类型泵。

（一）叶片式泵

叶片式泵是指利用叶轮的旋转运动将机械能转换为水的动能和压能的一类泵。根据叶轮旋转时对液体作用力的形式，将叶片式泵分为离心泵、轴流泵和混流泵 3 种。叶片式泵覆盖了从低扬程到高扬程、从大流量到小流量的广阔区间，适用范围广泛。

1. 离心泵 利用叶轮旋转时产生的惯性离心力工作的泵。按其结构形式分为单级单吸式离心泵、单级双吸式离心泵、多级式离心泵和自吸式离心泵等。离心泵流量范围广，扬程较高，节水灌溉大多采用这类泵。

2. 轴流泵 利用叶轮旋转时产生的轴向推力工作的泵。按其主轴安装的方向，将其分为立式轴流泵、卧式轴流泵和斜式轴流泵；按叶片调节的可能性，将其分为固定叶片式轴流泵、半调节式轴流泵和全调节式轴流泵。轴流泵流量大、扬程低，通常用于排水泵站和低扬程灌溉泵站。

3. 混流泵 叶轮旋转时既产生惯性离心力又产生轴向推力的泵。按其结构形式，分为蜗壳式混流泵和导叶式混流泵。混流泵的适用范围介于离心泵和轴流泵之间。

（二）容积式泵

容积式泵是指利用工作室容积的周期性变化而提升和（或）压送液体的一类泵。根据工作室容积改变的方式，将容积式泵分为往复式泵和回转式泵两种。一般说来，容积式泵适用于高扬程、小流量的场合。

1. 往复式泵 利用工作件的往复运动挤压液体而工作的泵，包括活塞泵、柱塞泵和隔膜泵等。3种泵的区别在于活塞泵的工作件是盘状活塞，柱塞泵的工作件是柱状活塞，隔膜泵的工作件是橡胶隔膜。

2. 回转式泵 利用回转转子凸缘挤压液体而工作的泵，包括齿轮泵、凸轮泵和螺杆泵等。其中螺杆泵又分为单螺杆泵、双螺杆泵和三螺杆泵等。

（三）其他类型泵

除叶片式泵和容积式泵以外的泵。在水肥一体化泵站中，有射流泵、水锤泵、气升泵、螺旋泵等。其中，除了螺旋泵是利用螺旋推进原理来提高液体的位能外，其他各种泵都是利用工作流体传递能量来输送液体的。

二、动力机

（一）动力机类型

与水泵配套的动力机主要有电动机、柴油机、拖拉机（发动机仍为柴油机）和汽油机等。通常，选择动力机时，除需要了解名称、型号、功率、效率、转速、电压等参数外，还应了解它与水泵的可能动力传递方式。

（二）各种动力机的优缺点对比

1. 购机费用 电动机最便宜，柴油机居中，汽油机较贵。但电动机的附属电气设备投资较大。

2. 运行经济性 电动机最好，柴油机次之，汽油机最差。

3. 运行可靠性和方便性 电动机比柴油机和汽油机好，但电动机受到电源和线路的影响，通常仅适用于固定泵站。

4. 重量 电动机和汽油机较轻便，柴油机较重。

（三）动力机的选择

动力机的选择应根据实际条件和配套要求来决定。电动机是水泵的主要配套动力机，电动机的特点是启动方便、操作简单、运转可靠、运行费用低，且易于实现自动化。电动机的局限是受电力条件（电力线路、设备、设施）的制约。在不需要重新架设电线、电力供应可靠的条件下，应尽量选用电动机。无电源时，优先选用柴油机。需要频繁移动时，应选择小型柴油机或汽油机。有风力、太阳能等自然能源的场合，应因地制宜地加以采用。

1. 功率配套 电动机的功率称额定功率，电动机可以在该功率下不间断地运行。柴油机和汽油机的功率称标定功率，按用途和使用特点，分为 15 分钟功率、1 小时功率和 12 小时功率 3 种。如果灌溉系统的设计日灌水时间小于 12 小时，可采用 12 小时功率。如果大于 12 小时，通常以 12 小时功率的 90％作为柴油机和汽油机的持续功率。

水泵标牌的配用功率通常都在水泵轴功率的基础上加了一个备用系数，只要配套动力机的功率等于或大于该功率，水泵的实际工况点流量又在 0.7～1.2 米^3/秒的范围内，动力机通常不会过载。

2. 转速配套 转速配套是指动力机在额定（标定）转速时传给水泵的转速应与水泵的额定转速（或调速后的转速）相一致（相差不宜超过 2％）。

3. 转向及传动装置配套 应保证通过传动装置后动力机的旋转方向与水泵的设计旋转方向一致。传动装置的尺寸、位置、运行可靠性和安全性等也应与水泵和动力机相适应。

三、变频设备

变频恒压供水系统对水泵电机实行无级调速，依据用水量及水压变化自动改变水泵转速，保持水压恒定以满足用水要求。与传统的水塔、高位水箱、气压罐等供水方式比较，不论是在投资、运行的经济性方面，还是在系统的稳定性、可靠性、自动化程度等方面都具有优势。选择变频系统时需要依据水泵的额定功率，一般而言，变频设备的额定功率应该比水泵的额定功率高，如额定功率为 11.5 千瓦的水泵，应该选择额定功率为 15 千瓦的变频设备。

四、过滤设备

过滤设备是水肥一体化首部重要的组成部分，合理的过滤设备通常是水肥一体化系统正常运行的关键。灌溉水源（地表水、地下水）中常常含有泥沙、水草、藻类等杂质，如果不加以处理，会堵塞灌水器、电磁阀等设备。尤其是对于滴灌施肥来说，过滤器配置是否合理常常决定了整个系统的成败。对滴灌水肥一体化来说，通常要求过滤的精度要达到 120 目。常用的过滤设备包括砂石过滤器、离心过滤器、叠片过滤器、网式过滤器。

（一）砂石过滤器

砂石过滤器又叫砂石介质过滤器，一般由两个或两个以上充满石英砂的钢罐（碳钢罐或不锈钢罐）组成。其工作原理如图 4-2 所示。宜采用配有自动反冲洗功能的砂石过滤器，可以定时或根据设定的过滤器前后压差自动反冲洗，及时将杂质排出，保证系统的正常运行。砂石过滤器对藻类、水草等有机杂质的过滤效果非常好，通常被作为地表水的过滤器，但是占地面积大、造价高。

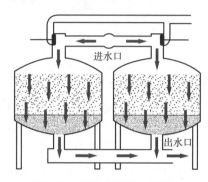

图 4-2　砂石过滤器工作原理

（二）离心过滤器

离心过滤器利用水的离心力将灌溉水中的无机杂质分离出来，排到泥沙收集罐中。离心过滤器的过滤精度不高，通常用于井水的一级过滤或者地表水的二级过滤。

（三）叠片过滤器

叠片过滤器由许多片有流道的塑料片叠加而成（图 4-3），叠片过滤器的过滤效果较好，但也更易堵塞。如果水质较好，可以作为一级过滤器使用，否则应作为二级或三级过滤器使用。有条件的宜采用带有自动反冲洗功能的叠片过滤器，定时或者根据预先设定的过滤器前后压差自动进行反冲洗，可以保证系统的正常运行。

（四）网式过滤器

网式过滤器是最传统的过滤器。手动网式过滤器制造简单、成本低，但过滤有机杂质的效果不理想，且需要频繁拆卸清洗。如果有条件也可以采用带有自动清洗功能的网式过滤器。

五、安全防护设备

水肥一体化系统为有压系统，运行期间管道系统中的阀门有时会突然开启

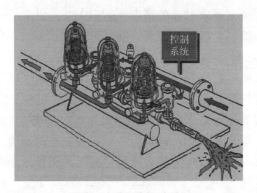

图4-3　叠片过滤器

或关闭，管道系统中的水泵也有可能因为动力中断或故障而突然停机。这些情况会导致水锤的产生，使得输配水管网上某些位置的压力、流速突然增大，超过管道、管件或者阀门的承受能力，导致管道系统强烈震动、出现噪声和汽蚀，使管道严重变形甚至爆裂。安全防护设备用来保障水肥一体化系统安全运行，防止损伤管理人员和设备。

常用的安全防护设备有进排气阀、安全阀、逆止阀等。

一般将进排气阀安装在顺坡布置的管道系统首部或者逆坡布置的管道系统尾端，地形起伏变化时，将其安装在管道局部的高点管道朝水流方向下折处或者超过10°的变坡处等。

安全阀是一种压力释放装置，被安装在管路较低处，起超压保护作用。

逆止阀常常被安装在水泵的出口，以防止水倒流。

六、流量及压力测量仪表

流量及压力仪表主要是对水肥一体化系统的运行情况进行监测。如变频系统一般通过远传压力表控制管道的压力。过滤系统的进口和出口处通常各安装一个压力表，以反映过滤器的堵塞程度。流量计包括普通的水表或者带有远传功能的水表，可以将水肥一体化系统的用水量实时记录或者上传到有关管理部门的监测平台。

第三节　管　道

水肥一体化技术中，喷灌通常采用金属管道和塑料管道，微灌通常采用塑料管道。金属管道包括铝合金管道（半固定式喷灌）和镀锌钢管道，塑料管道包括聚氯乙烯（PVC）管道、聚乙烯（PE）管道、聚丙烯（PP）管道等。

一、管道的材质

聚氯乙烯（PVC）管道是以聚氯乙烯树脂为主要原料，与稳定剂、润滑剂等配合后经挤压成型的管道。它具有良好的抗冲击和承压能力，刚性好。但耐高温性能差，在 50° 以上时即会发生软化变形。PVC 管道是硬质管道，对地形的适应性不如聚乙烯管道。

聚乙烯管道分为高密度聚乙烯（HDPE）管道和低密度聚乙烯（LDPE）管道。高密度聚乙烯管道为硬管道，对地形的适应性比 PVC 管道好，通常被用作水肥一体化的地埋主管道。低密度聚乙烯管道为半软管道，对地形的适应性比高密度聚乙烯管道好。低密度聚乙烯管是由低密度聚乙烯树脂加稳定剂、润滑剂和一定比例的炭黑制成的，它具有很高的抗冲击能力，重量轻、韧性好、耐低温性能强，抗老化性能优于 PVC 管道。但相比于高密度聚乙烯管道，低密度聚乙烯管道不耐磨，在温度变化时的伸缩性较大。

二、管道的口径

国标管道口径有 25 毫米、32 毫米、40 毫米、50 毫米、63 毫米、75 毫米、90 毫米、110 毫米、125 毫米、160 毫米、200 毫米、250 毫米等，实际应用中应根据设计流量选择相应口径的管道。

三、管道的连接

PVC 管道通常采用胶粘连接，也可采用承插连接。

HDPE 管道通常采用热熔焊接。

LDPE 管道通常采用专用快接管件连接。

第四节　运行维护

一、水肥一体化系统的安装和维护

（一）材料质量

要保证产品的壁厚、承压、流量等技术指标符合国家规范、标准。

（二）安装质量

昼夜温差大的地区，高温下打孔 LDPE 管道容易出现热胀冷缩，引起孔位错位，因此宜在早晚气温较低时进行管网安装。施工过程中按照设计要求开挖主管槽，并对管材、管件、密封圈等重新做一次外观检查，有破损、口径不正、管壁薄厚不均、管端老化等现象的管道不得采用；打孔时采用专用打孔器手工钻孔定位，确保每个孔位在一条直线上，使水流均匀地进入毛管；安装毛管前在洁净的场地量好使用长度，分孔绑扎，专人保管，避免进入场地随地乱放，使泥沙和其他杂物进入管道；同时，毛管的出水口向上，以防沉积物堵塞管道，安装后用力向后拔一下毛管，以防止发生脱落。

（三）调试和管护

水肥一体化系统安装结束后，必须先进行冲洗试压。冲洗前先打开各级管路的阀门，根据供水量的大小，先冲洗过滤器，排水口的水质达到清洁后，再冲洗毛管，以避免泥土、沙砾和钻孔产生的塑料粉末进入管道。冲洗结束后，缓缓关闭排水阀，使主管内水压上升至设计指标，使整个系统进入全面工作状态，检查各级配件连接处及管道末端是否漏水、滴头出水量均匀程度是否满足设计要求。出现漏水等问题及时处理，待系统运转正常、基本指标完全达到设计值后再回填各级沟槽，交付使用单位投入运行。系统运行过程中定时检查流量计过流是否均匀、压力表数值是否正常，有大的变化一般判断为过滤器堵塞，应及时关闭控制阀、清洗过滤器，发现滴头堵塞时，及时更换。收藏保管滴灌系统时，将所有的管线捆扎起来，安装好末端堵头，悬挂在通风阴凉处，以防杂物进入或鼠虫嗜咬破坏。

二、水肥一体化系统的堵塞及防止措施

水肥一体化系统在使用过程中最常发生的问题是堵塞，严重影响了系统的正常使用，现将堵塞原因和解决方法介绍如下：

（一）堵塞原因

1. 物理堵塞　由杂质引起的堵塞，这类堵塞在生产中最为常见。造成堵塞的杂质有泥沙颗粒和有机杂物，多是由于滴灌水没有处理或处理不达标。杂质随滴灌水进入支管或软管而发生滞阻，有些更小的杂物则阻塞在出水孔处。

2. 化学沉淀堵塞　如灌溉水为硬水，碳酸盐含量偏高，长期使用会在滴灌管道内壁生成较多水垢。软管内壁的水垢会堵塞出水孔，导致滴水不正常或无法滴水。

3. 生物性堵塞　蔬菜的根系入侵出水孔或水中的藻类及其他微生物的生长也会引发堵塞。根系入侵堵塞在针式滴灌系统（滴箭）和地下埋设使用的打孔式滴灌、内镶式滴灌系统上发生频率较高。由于以上滴灌系统的出水孔（针式滴头和滴孔）需安插或埋设在作物根系周围的土壤或基质中，根系的向水性会导致根系向出水孔生长并由出水孔伸入滴灌系统而造成堵塞。藻类及其他微生物的堵塞也属于生物性堵塞，主要是因为水肥一体化的管道系统中养分丰富，这些微生物进入灌溉系统后利用其中残存的水分和养分大量繁殖，导致管道内壁被藻类等覆盖而造成堵塞。

4. 材料性能不配套　水肥一体化系统是在一定的压力条件下，水流经供水管道系统进入首部、过滤器后，直接由滴灌管网送到灌水器再输送至蔬菜根部。如果供水材料质量不符合国家标准（配件性能不匹配、承压能力差、使用寿命参差不齐等），则容易引起管道破损，致使泥沙进入管道造成系统堵塞。

5. 管道安装不规范　供水管道的安装质量直接影响着水肥一体化系统的正常运行。管件承插口（接头）安装不严谨、不密封，不能抵抗水击、水锤压力引起的冲击、倒吸等现象，导致泥沙被吸入输水管道引起系统堵塞。

（二）堵塞解决方法

1. 灌溉水的过滤　这是防止物理性堵塞的最有效的方法。过滤精度越高，物理性堵塞发生的概率就越小。

2. 冲洗和反冲　水肥一体化系统在使用一段时间后，需进行冲洗或反冲。冲洗时可松开每条支管或毛管（滴灌带、微喷带等）尾端的扎紧部，开启水泵用清水冲洗整个系统，使滴灌管内残留的杂物被有效地冲出，保持管道的清洁。反冲即使用逆向水流对滴灌系统进行清洗，有些过滤系统具备反冲的功能，这也是去除积累在系统中的杂物的一种有效方法。

3. 化学防堵　化学防堵是解决和预防化学性堵塞的好方法。一般使用酸性物质清洗管道，常使用高氯酸（硝酸、硫酸等酸也可使用，处理时注意使用浓度），使用时将 pH 调到 5.5～6.0，注意将整个系统中的高氯酸浓度控制在 0.5～1.5 毫克/升。上述浓度不会对栽培作物造成危害，氯离子还可以抑制和消灭水中的藻类和微生物。因此，也可以用此方法防治藻类等引起的生物性堵塞。

4. 压力疏通　用 0.5～1.0 兆帕的压缩空气或压力水冲洗滴灌系统，对疏通有机物质堵塞效果很好。清除前先使管道系统充满水，然后与空气压缩机连通，所有水被排出半分钟后关闭空气压缩机。注意此法有时会使滴头流量超过设计值，或将较薄弱的滴头压裂。此法对碳酸盐引起的化学沉淀堵塞效果不大。

第五章 水肥一体化管理

第一节 水分管理

有收无收在于水。水分是作物正常生长所必需的，一般植株含水量为鲜重的 75%～90%，水生植物可高达 98%。作物正常生长要求土壤中的水分必须处于适宜范围，施入土壤中的养分也必须溶解到水中才能被作物吸收利用，所以水分管理成为作物生长过程中至为关键的环节之一。水分管理包括灌溉、排水、晒田等内容，但大部分情况下，水分管理的主要措施是进行灌溉，以满足作物生长正常的水分需求。

一、基本概念

1. 作物需水量 在土壤水分和肥力适宜时，在给定的生长环境中能取得高产的条件下，满足植株蒸腾、棵间蒸发、组成植株体所需要的水量。在实际中，组成植株体的水分只占总需水量很微小的一部分且难以准确计算，故一般对此忽略不计，认为作物需水量等于植株蒸腾量和棵间蒸发量之和，即蒸发蒸腾量。作物需水量是一个理论值，又称为潜在蒸散量，有时段概念，如作物全生育期需水量、某生育阶段需水量等（表 5-1）。

表 5-1 我国三大粮食作物主要种植区作物需水量（毫米）

项目	冬小麦	春小麦	春玉米	夏玉米	早稻	中稻	晚稻
作物需水量	310～550	350～500	400～620	330～420	370～580	400～700	350～550

资料来源：山仑等，2004，中国节水农业。

2. 作物耗水量 就某一地区而言，作物耗水量是指具体条件下作物获得一定产量实际消耗的水量。作物耗水量是一个实际值，又称实际蒸散量。旱地作物耗水量等于作物需水量，稻田作物耗水量等于作物需水量和田间渗漏量之和。

3. 作物需水规律 作物需水量在作物的不同生育阶段的变化和分配规律，通常以作物各生育阶段的需水量占全生育期需水总量的百分比表示。作物不同生育阶段的需水量差别很大，一般前期小，中期达高峰，后期又减少。生殖生长时期往往是需水临界期（又称需水关键期）。如禾谷类作物在孕穗期对缺水最为敏感，此期缺水对生长发育极为不利，常导致大幅度减产。

4. 田间持水量　在地下水位较深土面蒸发量很小、充分灌溉不影响表层土壤的水分状况下，土壤内的重力水下渗到深层，此时土壤中所含的水量为田间持水量。当降雨或灌溉超过田间持水量时，土壤水分饱和，过多的水向深层渗漏，造成损失，所以田间持水量是灌溉后土壤有效含水量的上限。

5. 土壤湿润比　水肥一体化与地面传统灌溉在土壤湿润度方面有很大的不同。一般来说，地面大水灌溉是全面的灌溉，水全面覆盖并渗漏到较深的土层。而在水肥一体化条件下，只有部分土壤被水湿润，通常用土壤湿润比来表示（表 5-2）。

表 5-2　部分作物微灌土壤湿润比参考值

作物	滴灌和小管出流（%）	微喷灌（%）
果树	25～40	40～60
葡萄、瓜类	30～50	40～70
蔬菜	60～90	70～100
棉花	60～90	—

资料来源：彭世琪等，2008，微灌施肥农户操作手册。

6. 计划湿润深度　不同作物的根系特点不同，有深根性作物、浅根性作物之分，同一作物的根系在不同生长发育时期在土壤中的分布深度也不同，因此水肥一体化水分管理需要考虑灌水在土壤中的计划湿润深度。根据生产经验，一般蔬菜适宜的土壤湿润深度为 0.2～0.3 米，粮食作物为 0.2～0.6 米，果树为 0.8～1.2 米。

7. 灌溉上下限　由于水肥一体化灌溉保证率高，操作方便，灌溉设计上限一般采用田间持水量的 85%～95%。对于大多数作物而言，当土壤含水量下降到土壤田间持水量的 55%～65% 时，作物根系就无法进行有效吸水进而影响作物正常生长，此时的土壤含水量可以作为灌溉下限的指标。

8. 灌溉水利用系数　灌溉水利用系数是指一定时期内田间所需消耗净水量（灌入田间的有效水量）与渠（管）首进水总量的比值，是表示灌溉水输送状况的指标，可以直接理解为输水有效系数。

9. 灌水定额　某一次灌水时每亩田的灌水量（米³/亩），也可以表示为水田某一次灌水的水层深度（毫米）。

10. 灌溉定额　灌溉的目的是弥补降水的不足，因此从理论上讲，作物灌溉定额就是全生育期需水量与降水量的差值，一般为作物播种（水稻插秧）前及生育期内各次灌水定额之和。

二、灌溉制度的制定

灌溉制度主要是指在一定的气候、土壤、供水等自然条件和一定的农业技术措施下，为了获得高产或高效所制定的向农田灌水的方案，包括播种前及生育期内的灌水次数、每次灌水的灌水日期、灌水定额等。灌溉制度因作物种类、品种和自然条件及技术措施的不同而不同。设计灌溉制度常用的方法有灌水经验法、灌溉试验资料法、作物生理生态指标法和水量平衡法（土壤水分含量法）。本章节主要以水量平衡法（土壤水分含量法）为例介绍灌溉制度的制定。

1. 收集资料 收集气象、土壤、作物等相关资料，开展墒情监测，根据作物需水规律、土壤墒情、根系分布、土壤性状、设施条件和节水农业技术措施等制定灌溉制度，包括作物全生育期的灌水定额、灌水时间间隔和灌水持续时间。

2. 测墒灌溉 根据土壤墒情进行水分管理（主要的土壤水分监测方法参考第六章第二节），通过墒情监测设备测定不同土层含水量，按照土壤相对含水量上下限计算灌水定额等数据。

3. 计算灌水定额 根据作物不同种植模式下的土壤湿润比、计划湿润深度、田间相对含水量上下限、土壤容重等指标计算灌水定额，具体公式为

$$W = 0.1phr(\theta_{max} - \theta_{min})/\eta$$

式中：W——灌水定额，毫米；

p——土壤湿润比，%；

h——计划湿润深度，厘米；

r——土壤容重，克/厘米^3；

θ_{max}——土壤相对含水量上限，以土壤质量含水量占田间持水量的百分数表示，%；

θ_{min}——土壤相对含水量下限，以土壤质量含水量占田间持水量的百分数表示，%；

η——灌溉水利用系数，微灌一般不低于0.85，滴灌一般不低于0.90。

土壤相对含水量上下限应根据作物种类、土壤质地等因素确定，上限宜为90%，下限宜为60%。

作物土壤湿润比和不同生育时期计划灌水深度应根据作物种类、根系分布、种植模式、农艺措施、土壤质地和灌溉形式，并结合当地试验资料确定。在无实测资料时可按经验值选取。

4. 计算灌水时间间隔 灌水时间间隔取决于上一次灌水定额和作物耗水强度，并受作物种类、土壤湿润比、计划湿润层等因素影响，具体计算公式为

$$T=W/E$$

式中：T——灌水时间间隔，天；

W——灌水定额，毫米；

E——作物需水强度或耗水强度，毫米/天。

5. 计算灌水持续时间　受灌水器间距、毛管间距和灌水器出水量等因素影响，可根据灌水定额、灌水面积和小区流量计算，具体计算公式为

$$t=W×A/q$$

式中：t——一次灌水持续时间，时；

W——灌水定额，毫米；

A——轮灌面积，米^2；

q——小区流量，升/时。

作物灌溉定额和灌水定额确定之后，就可以很容易确定灌水次数，即灌溉定额和灌水定额的比值。采用水肥一体化灌溉时，作物全生育期灌水次数比传统地面灌溉的次数多，并且因作物种类和水源条件等不同而不同。尤其是露地条件下，降水量和降水分布会随时影响灌水次数，应根据墒情监测结果、作物长势等数据及时调整灌水时间和次数（主要作物墒情指标体系参见第六章第四节），使作物的水分管理更加符合作物需求规律。

第二节　养分管理

作物的生长过程是一个非常复杂的生理过程，作物从环境中吸收营养物质，完成自身生长、发育、繁殖。目前已经确认的作物必需营养元素有 17 种，大部分可从土壤中直接获取，但由于多年耕种，土壤中的养分往往不能满足作物需求，尤其是氮、磷、钾等大量元素，所以就需要通过施肥等措施做好养分综合管理，在补充作物营养元素促进高产的同时维护土壤肥力。随着农业科学研究和生产措施的进步，农田养分管理已经成为一项非常精准的、科学的农事操作。

一、基本概念

1. 目标产量　一般根据种植环境下的土壤肥力，以作物前三年平均产量为基数，在此基础上再增加 10％～15％作为目标产量。

2. 养分需求量　一般指作物每生产 100 千克主产品（籽粒、块茎、块根、果实等）所吸收的养分量。一般由地上部生物量乘以其氮、磷、钾养分含量得出（表 5-3）。

表 5-3　部分作物的养分需求量（千克，每 100 千克主产品）

养分	小麦	玉米	水稻	马铃薯	大豆	花生	甜菜	棉花
N	3.7	3.0	2.10	0.66	12.0	6.00	0.85	12.0
P_2O_5	0.6	0.6	0.92	0.07	1.0	0.43	0.06	1.9
K_2O	2.8	3.1	2.50	0.99	4.4	3.90	1.50	7.0

3. 营养临界期　指某种养分缺乏、过多或者比例不当对作物生长影响最大的时期。在临界期，作物对某种养分的需求的绝对数量虽然不多，但很迫切。如果在临界期某种养分缺乏、过度或者比例不当，对作物造成的损失在以后该养分正常供应时很难弥补。

4. 营养最大效率期　作物吸收的某种养分能够发挥最大增产效能的时期。在这个时期，作物对某种养分的需求量和吸收都是最多的，作物生长也最为旺盛，吸收养分的能力强，如能正常满足其需求，增产增效作用十分显著。营养最大效率期一般在作物生长发育的中前期，如玉米的大喇叭口期、小麦的孕穗期等。

二、对肥料的基本要求

为了做好水肥一体化中的养分管理，必须正确了解所用肥料的物理化学性质，甚至是灌溉水的物理化学性质。水源中含有较高的碳酸根、钙镁离子时，如果施用磷酸二铵、磷酸二氢钾等可提高灌溉水 pH 的肥料，则易形成沉淀，导致滴头堵塞。用于灌溉施肥特别是滴灌水肥一体化技术时，化肥应符合以下几项要求：①高度可溶性。化学肥料中水不溶物含量越低，价格越贵。化学肥料水不溶含量小于 0.1％可以用于滴灌系统，小于 0.5％可以用于喷灌系统，小于 5％可以用于冲施、淋施、浇施等。②溶液为中性至微酸性，肥料中的养分含量较高，在田间温度条件下的溶解速率较快。③没有钙、镁、碳酸氢盐或其他可能形成不可溶盐的离子，与灌溉水的相互作用小，不会引起灌溉水 pH 的剧烈变化。④金属微量元素应当是螯合物形式的，而不应是离子形式的。

三、施肥制度的制定

作物施肥量的估算有多种方法，如产量目标法（养分平衡法）、定性丰缺指标法、肥料效应函数法、经验法等，其中目标产量法因简单方便且具有较强的科学依据而被广泛应用，本章节以产量目标法为例进行介绍，即根据作物目标产量、土壤养分状况、肥料利用率等确定总施肥量，然后按照作物养分吸收规律确定施肥次数和每次施肥量。

1. 计算目标产量　首先根据作物品种特性和产量潜力，按生产所能达到的产量水平确定产量目标，也可参考在传统水肥管理措施下获得的实际产量，按增产10%～20%确定目标产量。

2. 计算养分吸收量　按照单位面积作物目标产量计算养分需求量（表5-4）。计算公式为

$$N=Y\times p_i$$

式中：N——养分需求量，千克/公顷；

　　　Y——目标产量，千克/公顷；

　　　p——单位产量氮、磷、钾需求量，千克；

　　　i——不同作物。

表5-4　每生产100千克商品蔬菜吸收氮、磷、钾养分的量（千克，每100千克鲜重）

养分	白菜	结球甘蓝	花椰菜	番茄	辣椒	茄子	黄瓜	芹菜
N	0.18～0.26	0.41～0.65	0.77～1.08	0.21～0.34	0.35～0.55	0.26～0.30	0.28～0.32	0.18～0.20
P_2O_5	0.04～0.05	0.05～0.08	0.09～0.14	0.03～0.04	0.03～0.04	0.03～0.04	0.05～0.08	0.03～0.04
K_2O	0.27～0.31	0.41～0.57	0.76～1.00	0.31～0.44	0.46～0.60	0.26～0.46	0.27～0.37	0.32～0.33

3. 调整养分施用量　不同来源、不同作物品种的养分需求量并非完全相同。根据作物养分需求量计算出的养分吸收总量也并非严格意义上的养分施用量，而是一定程度上的施肥建议量，还需根据土壤养分情况、有机肥施用量、上季作物施肥量、产量水平、气候条件等对作物养分施用量进行调整，以便更加科学、精准地满足作物需求，减少养分浪费。

①根据土壤肥力适当调整。根据土壤养分测定结果对土壤养分丰缺状况进行评价，当土壤养分接近适中水平时，可不进行调整。土壤养分含量较低时调高养分施用量，土壤养分含量较高时调低养分施用量。调整幅度一般为10%～30%。土壤氮含量较高时，不宜大幅度调整养分施用量。②计算化肥施用量时应减去有机肥料的养分供应量。③上季施肥量较大，但实际产量较低时，适当减少当季施肥量；上季施肥量较小，目标产量未实现时，适当增加当季施肥量。④遇到持续高温天气时，宜适当减少施肥量；遇到冻害天气时，宜适当增加施肥量，特别是磷和钾的量（表5-5）。

表5-5　华北平原土壤有效磷、交换性钾分级

项目	土壤有效磷（毫克/千克）					土壤交换性钾（毫克/千克）			
	<7	7～14	14～30	30～40	>40	<90	90～120	120～150	>150
肥力等级	极低	低	中	高	极高	低	中	高	极高

资料来源：张福锁等，2009，中国主要作物施肥指南。

4. 确定施肥量、施肥次数和施肥时间　根据水肥一体化特点和田间试验

结果确定肥料利用率，用养分吸收量除以肥料利用率计算施肥量。根据作物不同生育时期的需肥规律确定施肥次数、施肥时间和每次施肥比例。全部的有机肥、土壤调理剂和钙、镁等中微量固体肥料，10%～30%的化学氮肥，40%～60%的化学磷肥，20%～40%的化学钾肥宜在作物定植前施入土壤。肥料的合理使用应符合 NY/T 496 的相关要求（表 5-6）。

表 5-6　不同作物的需肥特点及养分吸收规律

作物	需肥特点	养分吸收规律
小麦	对氮需求最大，其次为钾，对钙、镁、硫元素吸收较多	一般从拔节到开花期是小麦吸收养分的高峰期，占全生育期养分吸收量的 50%以上
玉米	对钾需求最大，其次为氮，对锌、镁、硫吸收较多	一般苗期吸收较少，在中期对氮、磷的吸收达到峰值，对钾的吸收在拔节后迅速增加，且在开花期达到峰值，吸收速率大
水稻	对钾需求最大，其次为氮，对硅、镁、硫吸收较多	分蘖期吸收养分较少，幼穗分化到抽穗期是养分吸收最多和吸收强度最大的时期
马铃薯	对钾需求最大，其次为氮，磷第三	苗期吸收养分最少，约占吸收总量的 10%，发棵期约占 30%，结薯期约占 50%，在苗期和发棵期应供给充足的氮肥，以保证前期根、茎、叶健壮生长
大豆	对氮需求最大，其次为钾，由于自身的固氮作用，从大气中吸收的氮占需氮量的 40%～60%	出苗到开花期需要的养分占全生育期的 20%，开花到鼓粒期占全生育期的 55%，鼓粒到成熟期为 25%。大豆虽有较强的固氮能力，但生育前期尚未结瘤，为使大豆高产，应做好前期氮肥供给
苹果	对氮需求最大，其次为钾	生育前期以氮为主，中期以钾为主，全季对磷的吸收比较平稳
柑橘	对氮需求最大，其次为钾	柑橘一年多次抽梢，瓜果时间长，结果量多，需肥量大。新梢对氮、磷、钾的吸收春季开始逐渐增长，夏季是枝梢生长和果实膨大时期，需肥量达到高峰
茄果类	对钾需求最大，其次为氮，对钙、磷、镁吸收较多	苗期需氮较多，对磷、钾的吸收相对较少，进入开花结果阶段对钾的吸收量增加，而对氮的吸收比例略微降低。前期养分配方宜选择高氮中磷中钾，后期宜为中氮低磷高钾。适时施用中微量元素液体肥
根茎类	对钾需求最大，其次为氮，磷第三	苗期应早追施氮肥、适量磷肥和较少钾肥，根茎膨大期多施钾肥、足量磷肥和适宜氮肥。前期配方宜选用高氮中磷低钾，后期配方宜选用中氮低磷高钾
叶菜类	对钾需求最大，其次为氮，再者为磷。某些蔬菜对铁、硼、钙、铜、钼、锌等中微量元素较为敏感	苗期应重视氮肥施用，配合适量磷、钾肥。生长盛期增施钾肥、适量磷肥和氮肥。前期宜选用高氮高磷中钾配方，后期宜选用中氮低磷高钾配方。适时施用中微量元素液体肥

5. 有机肥施用　根据作物种类、土壤性质，科学选择、施用自制堆肥。有机肥料则根据实际情况按需施用。人粪尿和畜禽粪便等应充分腐熟，经无害化处理后作基肥施用。

6. 肥料选择　选择溶解度高、溶解速度较快、腐蚀性小、与灌溉水相互作用小的肥料。当灌溉水硬度较大或土壤 pH 较高时，宜配施酸性肥料。一般性肥料的选用应按照 NY/T 2623 的要求。肥料中植物生长调节剂的限量应执行 GB/T 37500。

7. 肥料搭配　肥料搭配应考虑相容性，避免产生沉淀或拮抗作用。混合产生沉淀的肥料应分别单独注入，或采用 2 个以上的储肥罐先后注入施肥管道，中间注意用清水清洗管道。基质栽培条件下应根据肥液相容性、酸碱度等因素提前配置浓缩液，分开储存（表 5-7）。

表 5-7　常见肥料的相容性

	硝酸铵	尿素	硫酸铵	磷酸一铵	氯化钾	硫酸钾	硝酸钾	硝酸钙
尿素	√							
硫酸铵	√	√						
磷酸一铵	√	√	√					
氯化钾	√	√	×	√				
硫酸钾	√	√	√	√	√			
硝酸钾	√	√	×	√	√	√		
硝酸钙	√	√	×	×	√	×	√	

第三节　水肥耦合

对根据水分管理和养分管理分别制定的灌溉制度、施肥制度进行拟合，就可以得到该作物的灌溉施肥制度。灌溉施肥制度主要是按照肥随水走、少量多次、分阶段拟合的原则制定，包括基肥追肥比例、作物不同生育时期的灌溉施肥次数、灌溉施肥时间、灌水定额、施肥量等，可满足作物不同生育时期的水分和养分需要。

一、应用案例

番茄是世界第一大种植和消费蔬菜，也是我国第一大设施蔬菜。近 20 年来，我国番茄种植面积趋于稳定，但是产量稳步提升，这主要得益于番茄高产新品种和栽培新技术的广泛推广和应用。水肥一体化技术作为农业绿色生产的"一号技术"，在保持土壤良好透气性的基础上，可有效调节土壤水、肥、气、热，有利于作物生长发育，在减轻番茄尤其是设施番茄病害、提高产量和品质方面提供了强有力的技术支撑。

番茄植株生长旺盛，蒸腾作用较强，因其根系发达，同时拥有着较强的吸水能力。因此，番茄植株既需要较多的水分，又具有半耐旱植物的特点。不同生育时期，设施番茄对水分、养分的需求不同。一般苗期生长较快，为培育壮苗、避免徒长和病害发生，应适当减少灌水次数，控制水分、养分。第一花序坐果后，果实和枝叶同时迅速生长，至盛果期都需要较多的水分和养分，耗水强度可达到 1.46 毫米/天，氮、钾、钙的吸收量占总吸收量的 70%～90%，应经常灌溉施肥，保证水分、养分均衡供应，避免过度干旱和旱后大水灌溉。表 5-8 中是按照水肥一体化制度的制定方法，在北京市设施大棚栽培经验的基础上总结得出的设施番茄土壤栽培水肥一体化制度。表中的施肥量为纯养分量，适合京郊地区，土壤肥力中等，冬春茬番茄目标产量为 10 000 千克/亩，秋冬茬为 7 000 千克/亩。番茄对土壤条件要求不严格，但以土壤深厚、排水条件良好、有机质含量高的肥沃壤土为宜，番茄定植前可每亩底施有机肥 2～3 米³。

表 5-8　设施番茄土壤栽培水肥一体化制度

茬口		项目	定植	苗期	开花期	坐果期
冬春茬	灌溉	灌水次数（次）	1	0～2	0～2	8～11
		灌水量［米³/（亩·次）］	20～25	6～10	6～10	8～12
	施肥	施肥次数（次）	—	0～2	0～2	8～11
		施肥量［千克/（亩·次）］	—	2～5	2～5	2～6
		N∶P$_2$O$_5$∶K$_2$O		1.2∶0.7∶1.1	1.1∶0.5∶1.4	1.0∶0.3∶1.7
秋冬茬	灌溉	灌水次数（次）	1	0～2	0～1	5～8
		灌水量［米³/（亩·次）］	20～25	8～12	6～8	6～7
	施肥	施肥次数（次）	—	0～2	0～1	5～8
		施肥量［千克/（亩·次）］	—	2～5	2～5	2～5
		N∶P$_2$O$_5$∶K$_2$O		1.2∶0.7∶1.1	1.1∶0.5∶1.4	1.0∶0.3∶1.7

二、注意事项

在水肥耦合方面，仍需注意以下几点。

1. 少量多次　根据灌溉制度，将追施肥料按灌水时间和次数进行分配，可适当增加追肥次数和追肥量，实现少量多次，提高养分利用率。一般单次施用氮肥（折纯）不宜超过 5 千克/亩，不宜低于 0.5 千克/亩。

2. 养分平衡　滴灌水肥一体化条件下，作物根系更加集中于滴头附近密集生长，这就要求滴灌的肥料配比更加多元、速效，除氮、磷、钾大量元素外，还应提供中微量元素。

3. 灌溉施肥要均匀　在实际生产操作中，水肥一体化系统一般要求不同位置滴头的流量差异要小于 10%（可在田间不同位置选择滴头，用量杯接取水滴）。如果流量差异大于 10%，则表明灌溉施肥系统设计存在缺陷，要从管网压力、管道铺设长度、出水器质量、过滤器效果等方面进行查验。

4. 避免过量灌溉　农户担心水肥一体化灌水量少、灌水量不够，常人为延长灌水时间，整夜不间断滴水，造成了水肥资源的严重浪费。为避免过量灌溉，除严格遵守计算出的灌水定额和灌溉时间外，还可利用小工具随时挖开土壤，查看湿润深度，一般达到主要根系的深度后就可停止灌溉。

5. 防止施肥盐害　苗期或生长早期肥液浓度不宜太高，电导率不宜长时间超过 3 毫西/厘米，避免产生肥害。

6. 适时调整灌溉施肥制度　根据施肥制度对灌水时间和次数进行调整。作物需要施肥但不需要灌溉时，增加灌水次数，灌水时间和灌水量以满足施肥需求为宜。根据天气变化、土壤墒情、作物长势等实际状况，及时对灌溉施肥制度进行调整。如在露地使用水肥一体化设施设备，灌溉施肥制度则需要考虑降水量的影响，灌水定额要根据土壤含水量进行调整。

7. 做好管道清洗　灌溉施肥时，要先滴清水，等管道充满水后再进行施肥。在施肥结束后再滴清水 20～30 分钟，将管道中的残留肥液全部排出（可用电导率仪监测，当测定的 EC 值与灌溉水相同时表明肥液已被排出）。

8. 基质水肥一体化　基质栽培应按照营养液配方管理策略进行管理，有条件的场所可采用基于光照或基质湿度的营养液自动灌溉系统。

第六章 墒情监测技术

第一节 土壤墒情监测的概念和意义

一、土壤墒情监测的概念

墒情是评价农田水分状况满足作物需要程度的指标，墒情监测是指长期对不同层次土壤的含水量进行测定，调查作物长势长相，掌握土壤水分动态变化规律，评价土壤水分状况，为农业结构调整、农民合理灌溉、科学抗旱保墒、节水农业技术推广等提供依据。其特点是以田间水分监测为基础，围绕作物需水规律和生长状况，综合考虑土壤、施肥、栽培等因素，提出农田水分管理措施，服务农业生产，促进高效用水、节约用水，提高资源利用效率。

墒情监测以农田为对象，在不同的生态气候区，在当地主导耕作土壤和主导作物上，根据种植模式和采用的农业技术的不同建立监测站点。通过定点、定期的土壤水分及降水等气象因子的测定和农业生产管理、作物表象等的观测记载，及时了解作物根系活动层土壤水分状况、土壤有效水含量。①反映作物当前水分需求和土壤水分利用状况，了解是否因土壤水分不足而影响播种或作物正常生长，以此决定灌溉、施肥、播种等农事操作；②反映大气干旱与土壤干旱的相关规律，了解旱灾发生的趋向和程度，提出干旱预警预报；③反映不同农业技术对土壤水分蓄、保、用的调控作用及对作物的影响，为节水农业技术的科学推广应用提供支撑；④通过长期定位土壤墒情监测数据，掌握不同区域、不同土壤类型和不同技术模式应用条件下的土壤墒情变化规律，结合各地气象和水文资料完善区域土壤墒情分级和预警制度，探索土壤墒情变化的预测预报。

二、土壤墒情监测的意义

墒情监测是农业生产中不可缺少的基础性、公益性、长期性工作，与病虫害预测预报、苗情长势调查一样，是农情动态监测的重要内容。

墒情监测是农业抗旱减灾的迫切需要。我国属于大陆性季风气候区，降水分布极不均匀，70%左右的降水集中在6—9月，平均每3年就会遇到一次干旱年份。据统计，近10年来全国平均每年旱灾发生面积为4亿亩左右，是20

世纪 50 年代的两倍以上，每年平均成灾面积为 2 亿多亩，因旱损失粮食 600 亿斤以上，应对干旱成为农业生产的常态。做好全国土壤墒情监测工作，及时了解和掌握农田土壤干旱和作物缺水状况，采取相应对策缓解和减轻旱灾威胁，提高农业生产的稳定性是防灾减灾、稳产增产的迫切需要。

土壤墒情监测是促进农业可持续发展的重要手段之一。我国是世界上水资源紧缺的国家之一，人均水资源占有量约为 2 200 米³，仅为世界平均水平的 28%，每年农业用水缺口达 300 亿米³ 以上。长期以来，由于缺乏对农田墒情、作物水情等信息的及时了解，农业节水应用以经验判断为主，水资源开发利用不合理，导致水分粮食生产效率不高，平均为 1.0 千克/米³，不到以色列的一半。很多地方出现地下水超采现象，华北平原已形成 120 000 千米² 的世界最大地下水开采漏斗区。加强墒情监测，合理开发和利用水资源，调整农业生产布局对建设现代农业、促进农业可持续发展具有重要意义。

土壤墒情监测是发展高效节水农业的关键环节。水分是土壤的重要组成部分，是土壤肥力的重要因素和作物生长的基本条件。针对作物生长情况合理调控农田土壤水分状况是农业增产增收的重要措施之一。无论是降低农业生产成本、提高农产品产量和质量，还是实现农业可持续发展，科学用水都是必然的选择。开展土壤墒情监测，可以掌握土壤墒情变化规律，针对作物生长状况、水分需求和土壤水分状况科学确定灌溉时间和灌溉数量，指导农民采取合理的灌溉方式科学浇水。还可以指导农民及时采取覆盖、镇压、划锄、抗旱坐水等蓄水保墒措施，保证作物生长期间的水分需求。因此，做好土壤墒情监测是推广农田节水新技术、实现科学用水和农业高产高效的关键技术环节。

土壤墒情监测是建设现代农业的基础支撑。我国传统粗放型农业生产中，肥水的过量投入不仅造成水资源和化肥的巨大浪费，还严重威胁到生态环境、食品安全和农业的可持续发展。依托信息技术的现代农业在世界范围内迅猛发展，快速准确地采集和描述影响作物生长的空间环境变量信息是建设现代农业的先决条件。墒情直接关系到作物生长、肥料施用以及水资源配置，是实施精准灌溉和施肥的重要依据。

第二节　土壤墒情监测的方法

国内外目前应用的定点土壤水分测定方法很多，主要包括烘干法、张力计法、射线法〔包括中子仪、γ射线法、计算机断层扫描（CT）法〕、介电特性法〔时域反射仪（TDR）法、频域反射仪（FDR）法和探地雷达（GPR）法〕、土壤水分传感器法（如陶瓷水分传感器、电解质水分传感器、高分子传感器、压阻水分传感器、光敏水分传感器、微波法水分传感器、电容式水分传感器等）、热扩散法、分离示踪剂（PT）法、遥感（RS）法、宇宙射线中子（CRNP）法、核磁共振（NMR）法等。探地雷达（GPR）法、遥感（RS）法等在大尺度土壤水分监测中具有较大优势。我们主要介绍工作中常用的几种方法。

一、烘干法

将土壤样品在烘箱中（105±2）℃烘至恒重后，与烘干前土样相比所失去的重量即土壤样品所含水分的质量。烘干法适用于除有机土（含有机质20%以上）以及含大量石膏的土壤以外的各类土壤的水分含量的测定。

烘干法所使用的仪器主要有：土钻或取土器；2毫米孔径的土壤筛；各种类型的铝盒，小型的直径约40毫米，高约20毫米；大型的直径约55毫米，高约28毫米；感量为0.01克的天平；电热恒温鼓风干燥箱和内盛变色硅胶或无水氯化钙的干燥器。

土壤样品可分为新鲜土样和风干土样。新鲜土样与风干土样的含水量的测定方法有所不同。

1. 新鲜土样　在田间用土钻（或取土器）采集有代表性的土样，刮去土钻上部浮土，将中部所需深度处的10～20克土壤捏碎后迅速装入已知准确质量的大型铝盒内，盖紧，装入木箱或其他容器，带回实验室，将铝盒外表擦拭干净，立即称重，尽早测定水分。

新鲜土样水分的测定方法：将盛有新鲜土样的大型铝盒在分析天平上称重，精确至0.01克。将盒盖倾斜放在铝盒上，置于已预热至（105±2）℃的恒温干燥箱中烘6～8小时（一般样品烘6小时，含水量较大、质地黏重的样品需烘8小时）。取出，盖好，在干燥器中冷却至室温（约需30分钟），立即称重，精确至0.01克。

2. 风干土样　选取有代表性的风干土壤样品，压碎，通过2毫米筛，混合均匀后备用。

风干土样水分的测定方法：取小型铝盒在恒温干燥箱中105℃烘约2小时，移入干燥器内冷却至室温，称重，准确至0.01克。取待测试样约5克，均匀地平铺在铝盒中，盖好，称重，准确至0.01克。将盒盖倾斜放在铝盒上，置于已预热至（105±2）℃的恒温干燥箱中烘约6小时。取出，盖好，移入干燥器内冷却至室温（约需20分钟），立即称重，精确至0.01克。

3. 测定结果计算　新鲜土样含水量的计算应用以下公式：

$$水分（分析基，\%）= \frac{m_1 - m_2}{m_1 - m_0} \times 100$$

风干土样含水量的计算应用以下公式：

$$水分（干基，\%）= \frac{m_1 - m_2}{m_2 - m_0} \times 100$$

式中：m_0——烘干空铝盒质量，克；

$\quad\quad m_1$——烘干前铝盒及土样质量，克；

$\quad\quad m_2$——烘干后铝盒及土样质量，克。

平行测定的结果用算术平均值表示，保留一位小数。

4. 土壤水分测定精度　用烘干法测定土壤含水量时平行测定结果的允许绝对相差因土壤含水量的不同而不同，详见表 6-1。

表 6-1　土壤含水量与允许绝对相差

土壤含水量	允许绝对相差
<5%	≤0.2%
5%~15%	≤0.3%
>15%	≤0.7%

烘干法是目前国际上仍在沿用的标准方法。此方法的优点是简便、数据重复性好。不足之处是烘干至恒重需时较长，不能及时得出结果，且定期取土样时，不可能在原处再取样，而不同位置上土壤的空间变异性会给测定结果带来误差。

二、张力计法

张力计是目前在田间应用较为广泛的水分监测设备，主要用来指导灌溉。土壤水分特征曲线不能从理论上分析得出，必须在实验室测定。目前我国尚无各种质地土壤的水分特征曲线供参考。在应用实践中，通常将张力计埋设于两个深度，上面的一支安置在根系活动最强区，下面的一支安置于根系活动区的底部附近。使用张力计时要在瓷杯和管内都装满水，使整个仪器封闭，然后插入土中，瓷杯与土壤必须紧密接触。瓷杯内的水通过细孔与土壤水相连通，逐渐达到平衡，这时仪器内的水承受与土壤水相同的吸力，其数值可由真空压力表或水银压力表显示出来。

张力计相对便宜，结构和原理都比较简单，可以实时测量，而且可以确定水在土壤内的流动方向和渗透深度，但它的缺点也非常突出：①张力计的测量范围很大程度上受土质的影响。对于壤土和黏土来说，只有土壤水分负压高于 0.08 兆帕时，才能用张力计对土壤水分进行测定。而对于沙土来说，由于其通气性好，所以即便是土壤水分负压低于 0.08 兆帕时，也可以用张力计来测量土壤的含水量。②张力计法测量的是土壤水吸力，需要依据土壤水分特征曲线来换算土壤含水量。由于土壤水分能量关系复杂且非线性，容易受到许多土壤物理化学特性的影响，即使对于同一田块，这一关系也十分复杂，使得用该方法推求土壤含水量极为困难和不方便，还会产生较大误差。③该方法存在滞后性，影响测量时效性。

三、射线法

射线法包括中子仪法、γ射线法、计算机断层扫描法等。射线法的原理是射线直接穿过土体时能量会衰减，衰减量是土壤含水量的函数，通过射线探测器计数，经过校准得到土壤含水量。

1. 中子仪法 中子仪法在20世纪50年代发展起来并迅速推广，它可以在原地不同深度上周期性地反复测定而不破坏土壤，也不受温度和压力的影响。中子仪测定土壤含水量的有效范围是围绕探头的慢中子云球体体积，视土壤中氢的浓度（或含水量）而定。通常在湿润土壤中慢中子云的影响半径小于10厘米，在干燥土壤中可达到25厘米以上。一般而言，土壤越湿润影响半径就越小，通常以15厘米为实地观测时的半径，所以中子仪所测的就是上述影响范围的平均含氢量，即平均含水量。另外，由于中子仪测定的是某一体积土壤的平均含水量，因而变异要比用烘干法测定小得多。

中子仪法的主要缺点是在测定前一般要用烘干法确定曲线，此外仪器比较昂贵、空间分辨率低，不能测定表层土壤含水量，并且中子会对人体健康产生影响。

2. γ射线法 γ射线法是20世纪50、60年代发展起来的另一种测定土壤含水量的方法，其基本原理是放射性同位素发射的γ射线穿透土壤时，其衰减速度随土壤湿容重的增大而提高，由此可间接求得土壤含水量。

比起中子仪法，γ射线法的优点是空间分辨率高，并且可以测定表层土壤含水量。在实验室，γ射线法还可以在瞬时状态下较为准确地测定土壤含水量。但是它在田间的使用却有一定局限性，主要是两个平行测孔的间距很难严格控制，并且比起中子仪法，γ射线法对人体健康危害更大，因此必须谨慎小心按规程操作。

3. 计算机断层扫描（CT）法 1982年医用CT首次被引入土壤容重空间变异性的研究，以后又被用于土壤水分的测定，土壤对射线的吸收强度与其容重和水分含量存在显著的线性关系，CT可以在足够的精度上测试土壤水分及容重的空间分布，对原状土壤内部结构进行非扰动分析，且成像及分析速度极快，还能够进行三维立体分析。但此法受土壤容重影响，CT分析结果还受仪器型号、分辨率、扫描参数、样本尺度和密度、图像重建与分析方法等因素影响，这些方面的差异会对研究结果产生一定的影响。目前昂贵的CT仪器设备及其分析费用制约了其在土壤水分研究领域的广泛应用。

四、介电特性法

从电磁学角度来看，在常温常压下自由水的介电常数约为80，土壤固体颗粒为3～7，空气为1，许多试验表明，无论土壤的构成成分与质地有何差异，土壤介电常数与容积含水量总是呈非线性单值函数关系。各种介电测量法均是通过测量土壤水对土壤介电特性的影响程度来实现的，通过测定土壤介电常数就可以间接确定土壤含水量。

1. 时域反射仪（TDR）法和频域反射仪（FDR）法 时域反射仪（TDR）法是通过测量土壤中的水和其他介质介电常数之间的差异，并采用时域反射测试技术测量土壤含水量。应用被测介质中表观介电常数随土壤含水量变化而变化这一原理测定土壤含水量。有如下特点：①时域反射仪法土壤水分监测仪器沿着埋设在土壤中的波导头发射高频波，高频波在土壤中的传输速度（或传输时间）与土壤的介电常数相关，介电常数与土壤的含水量相关，测量高频波的传输时间或速度可直接测量土壤的含水量。理论上这是土壤水分监测精度最高的技术。②因电磁波的传输速度很快，TDR测定时间的精度需达0.1纳秒级，因此TDR的时间电路成本高，测量结果受温度影响小。③TDR水分传感器高频波的发射和测量在传感器内完成，工作时产生1个1吉赫以上的高频电磁波，传输时间为皮秒级，输出信号一般为模拟电压信号，可精确表示插入点处土壤的水分含量。根据不同的信号采集要求，TDR土壤水分传感器也可输出4～20毫安或232串行接口数据。TDR的上述输出容易接入常规的数据采集器，形成自动测量系统。④目前市场上的TDR土壤水分传感器是典型的点式土壤水分测量仪器，体积小，重量轻，单个传感器损坏可更换，运行维护方便。

FDR测量土壤含水量的原理与TDR类似。FDR具有TDR测定土壤水分的全部优点。与TDR相比，在电极的几何形状设计和工作频率的选取上有很大的自由度，例如，探头可做成犁状与拖拉机相连，在运动中测量土壤含水量，但是测量精度不及TDR。有如下特点：①比TDR结构简单，测量更方便。但是通常人们很难得到准确的介电常数测量值，可靠的土壤水分含量必须对每一个应用通过后续的标定来得到。近年来，随着电子技术和元器件的发展，测量介电常数的频域水分传感器已研制成功，由于频域法采用了低于TDR的工作频率，在测量电路上易于实现、造价较低。②FDR一般在20～150兆赫的频率范围内工作，多种电路可将介电常数的变化转换为直流电压或其他模拟量输出形式，输出的直流电压在广泛的工作范围内与土壤含水量直接相关。③FDR土壤水分监测传感器采用的是100兆赫左右的电磁波，在传输过程中受土壤温度和电导率（盐分）的影响较大，测量精度比TDR要低一些。④FDR

土壤水分监测传感器输出的一般为直流电压，容易接入常规的数据采集器，实现连续、动态墒情监测，可组建墒情监测网络，系统建设费用较低。

2. 探地雷达（GPR）法 探地雷达的工作原理是当高频雷达脉冲到达介电性质显著不同的两层物质界面时，部分信号被反射，由接收装置接收反射信号并将其放大。反射信号的大小取决于两物质介电常数的差值的大小和雷达波的穿透深度。土壤含水量是影响土壤介电常数的主要因子，而雷达脉冲的穿透深度又受土壤中水分含量的显著影响。GPR 以不同的方式来测定土壤水分含量：①利用所谓地面波的天线分离法，这种方法只能测定表层土壤的含水量。②使用回波测定土壤的波速，进而确定反射层与地表之间的含水量。

GPR 在大范围土壤含水量的检测方面有很大的潜力，但不适用于非常黏重的土壤和重盐碱土，且首次应用在某类型的土壤上时需要标定。一般是利用 GPR 数据与 TDR 数据或烘干法得到的含水量数据之间的关系建立标定方程。

GPR 作为一种新兴的测试技术，具有快速、无损、非扰动、实用性强的特点，适合大面积实时持续监测，但 GPR 数据的图像处理技术与计算机技术的充分结合还有待深入的研究。

五、遥感（RS）法

遥感作为一项宏观的对地观测技术，具有实时、动态、信息量大等优点，已被广泛运用于地球资源调查及全球变化监测中。随着遥感科学的发展和遥感应用的深化，人们开始从遥感影像中进行更深层次的信息挖掘，如地表温度、植被蒸散、土壤水分等。20 世纪 60 年代末期，国外开始进行将遥感技术用于土壤水分估测的研究，并取得了很大的进展，利用可见光、近红外、热红外、微波等波段建立了一系列的土壤水分遥感指标模型。

遥感法是一种非接触式、大面积、多时相的土壤水分监测方法。土壤水分遥感取决于土壤表面发射的电磁波能量，而土壤水分的电磁辐射强度的变化则取决于其介电特性、温度或者两者的组合。影响土壤水分变化的因素较多，土壤质地、容重、表面粗糙度、地表坡度和植被覆盖度都会对遥感监测的土壤水分造成影响，目前遥感法只适用于区域尺度下土壤表层水分状况的动态调查，而不适用于田间尺度下深层土壤水分的监测。

降水、温度、地形、作物类型及布局等对土壤水分变化也有一定影响。使用遥感技术对土壤含水量的研究还存在诸多问题：①距平植被指数、条件植被指数等都是利用植被长势与土壤水分的密切相关性。但是植被长势不仅与土壤水分有关，还和植被覆盖变化、地形地貌、气候、土壤肥力、种植条件等相关；同时植被指数的变化往往在干旱发生后才发生，因此利用植被指数进行干旱监测还具有一定的滞后性。②地表温度与土壤水分的相关性大于植被指数与土壤水分的相关性。但是，地表温度的反演也是当下遥感定量反演的难点，受各种因素的影响，反演温度是地表成分综合温度，对墒情监测有一定影响。③遥感模型最后都要和实测数据进行拟合或验证，但是实测数据较难获取，和影像相对应的实测数据的获得更是难上加难。同时，实测数据是点上数据，而获得的遥感指数都是分辨率为上千米的下垫面平均值的体现，存在尺度上的差异，影响遥感拟合的精度。④利用微波遥感进行干旱监测具有更好的物理意义，尤其是主动微波领域的合成孔径雷达（SAR），欧美国家利用其进行土壤水分的监测已经取得了很多的成果，并提高了土壤水分监测的精度。

六、宇宙射线中子法（cosmic ray neutron probe，CRNP）

宇宙射线中子法是一种通过监测近地表宇宙射线中子流变化来预测土壤含水量的方法。其原理是依据地表以上宇宙射线快中子强度与土壤含水量成反比的关系，利用架设在地表上方的中子探头测量宇宙射线快中子强度，从而反演出土壤含水量。初级宇宙射线在地球磁场的作用下进入大气层，与大气层中的氮、氧等碰撞，产生二次粒子，即次级宇宙射线，进入土壤。这些次级宇宙射线分为高能中子、快中子、低能热中子和超热中子，其中低能热中子和超热中子的一部分会被土壤吸收。在近地面层，氢原子主要存在于土壤水分中，土壤水分含量是近地面快中子强度的决定性因素，只要被动测量出近地面快中子的强度，就能够分析出土壤水分的含量，具有无污染、安全的特点，目前有原位监测方式和搭载移动监测方式。

但在实际测量含水量时，外部氢库（如近地表的大气、土壤、植被）会对测量结果造成影响，因此需要对宇宙射线中子法测得的原始快中子进行修正，而常用的方法有 N_0 参数法、COSMIC 算子法与氢摩尔分数法等。宇宙射线中子法适用于中小尺度的土壤水分监测，其测量范围填补了点测量法和遥感测量法间的尺度空缺，具有自动测量、连续无破坏、结果准确、测量深度较大、范围适中等优点，FAO 提出该技术有可能成为未来进行土壤评价、水资源管理的重要途径。但因其会受到地表其他氢库的影响，如何准确有效地对其他影响因素进行分析与校正是亟须解决的问题。

七、核磁共振法（nuclear magnetic resonance，NMR）

核磁共振法是对水中氢的含量进行检测，从而间接测量土壤水分的一种方法，由于氢在均匀静态磁场中定向分布，在电磁波的激励下，氢吸收能量重新排列分布形成新的稳态。核磁共振法主要利用了不同脉冲矩激发的核磁共振信号的初始振幅值与探测范围内的自由水含量成正比这一特性。由于核磁共振数据是在较小的磁场范围和最短的反射时间条件下获得的，可以尽可能多地检测土壤水分信息。

由于核磁共振技术工作时是直接激励土壤水分中的氢，故不会受到土壤盐分的影响，同时通过分析土壤水分的横向弛豫时间 T_2 分布，可以定量了解水分信息与孔隙结构分布，核磁共振法的射频信号频率在千赫至兆赫量级，故不存在辐射危险。但又因为核磁共振仪器工作时接收纳伏级信号，极易受到电磁噪声干扰，核磁共振法有可能成为一种定量确定土壤水分的静态和动态的非破坏方法。但核磁共振信息与土壤物理本质之间仍然存在不确定因素，必须对核磁共振信息进行仔细分析才能获取较为精确的结果。

第三节　土壤墒情评价指标的建立

一、土壤墒情等级评价的概念

土壤墒情等级是指土壤含水量与对应的作物生长发育阶段的适宜程度。在不同的作物生长发育阶段，作物根系对土壤含水量有不同的要求。根据作物不同生育时期对土壤水分的需求及作物根系分布层土壤含水量的满足程度进行土壤墒情等级划分，能够让人们更加形象地理解土壤含水量的意义。土壤墒情等级主要的评价因子是作物需水情况、土壤含水量、田间持水量、土壤凋萎含水量、根系分布层深度。根据作物主要根系分布层土壤含水量将作物的满足程度划分为渍涝、过多、适宜、不足、干旱、严重干旱 6 个等级，具体如下：

1. 水浇地和旱地

渍涝：土壤水分饱和，田面出现积水持续超过 3 天；不能播种，作物生长停滞。

过多：土壤水分超过作物播种出苗或生长发育适宜含水量上限（通常为土壤相对含水量大于 80%），田面积水 3 天内可排除，对作物播种或生长产生不利影响。

适宜：土壤水分满足作物播种出苗或生长发育需求（土壤相对含水量为 60%～80%），有利于作物正常生长。

不足：土壤水分低于作物播种出苗或生长发育适宜含水量的下限（土壤相对含水量为 50%～60%），不能满足作物需求，作物生长发育受到影响，午间叶片出现短期萎蔫、卷叶等现象。

干旱：土壤水分供应持续不足（通常为土壤相对含水量低于 50%），干土层深 5 厘米以上，作物生长发育受到危害，叶片出现持续萎蔫、干枯等现象。

严重干旱：土壤水分供应持续不足，干土层深 10 厘米以上，作物生长发育受到严重危害，干枯死亡。

2. 水田

渍涝：淹水深度 20 厘米以上，3 天内不能排出，严重危害作物生长。

过多：淹水深度 8～20 厘米，3 天内不能排出，危害作物生长。

适宜：淹水深度 8 厘米以下，有利于作物生长发育。

不足：田面无水、开裂，裂缝宽 1 厘米以下，午间高温，禾苗出现萎蔫，影响作物生长。

干旱：田间严重开裂，裂缝宽 1 厘米以上，禾苗出现卷叶，叶尖干枯，危害作物生长。

严重干旱：土壤水分供应持续不足，禾苗干枯死亡。

二、土壤墒情评价指标体系建立

土壤墒情评价指标体系建立采用的是田间试验归纳法。主要是通过广泛收集整理已有的气象资料、作物需水特性研究资料和作物受旱的表象资料，并结合长期的田间观测记载资料的分析整理建立评价指标体系。

1. 资料收集与分析　在土壤墒情评价指标体系建立之前，首先要收集资料。这些资料包括：本地区主要作物的种类、分布区域、播种面积和耕作制度；主要作物不同生育时期的需水规律和灌溉试验研究资料；主要作物生育时期内气候特征和变化规律的相关资料；农田水利设施条件和主要作物的灌溉方式、灌溉定额、灌水定额、灌水周期等资料。收集主要耕作土壤的质地、容重、田间持水量、凋萎系数和土壤毛管断裂含水量等数据资料。综合分析这些数据，从中找出当地土壤墒情变化规律和主要影响因素。

2. 取样测定　有些土壤基础数据是不能够通过资料收集获得的，必须进行土壤采样测定。测定不同土壤层次的土壤田间持水量和容重，并建立重量含水量和容积含水量的对应关系，获得重量田间持水量和容积田间持水量数据。

3. 田间观测试验　长期以来，人们对作物需水特性进行了试验，获得了大量数据。但是，作物需水和耗水特性受气候因素和土壤供水能力的影响，加上新品种不断出现，过去的试验数据已经不能完全反映作物对水分的真实需求。而在土壤水分供应不足的情况下，对作物受旱表象的研究仍需加强，因此，有必要进行田间观测试验，补充和更新有关数据。

田间观测试验可以采取小区规范试验的方法，也可以结合当地农业生产的管理，在大田中选择布置田间附加观测试验。在不同生态区、针对不同的作物都应有田间观测试验地块。具体的操作方法：在同一土壤类型上，确定一个重点作物，选择 5 块代表性的种植田块，按照"大处理、小样本"的原则设立田间观测试验区，定期测定土壤含水量，观测记载作物生长期间的生长发育指标和受旱状况，如植株高度、叶面积、叶色、（小麦）抽穗情况、（玉米等）作物顶（梢）幼叶至下部叶的萎蔫程度和作物枯死状况等，做好观测记录，根据这些观测记录建立不同土壤含水量与作物生长发育和受旱表象之间的数据关系，为土壤墒情评价指标体系的建立提供数据基础。

4. 资料的归纳整理 由于我国气候类型复杂，作物种植模式多样，同一种作物在不同的区域的需水特性多有不同，要区分不同作物的需水特性和作物表象，就要对资料进行分析归纳，分析田间试验结果，划分作物各生育阶段的需水量。也可以用彭曼公式计算得出作物全生育期的需水量。同时，根据作物主要根系分布状况，还要确定作物不同生育时期的土壤水分测定深度。

例如，东北是我国春玉米主产区，年降水量在500～700毫米。正常年份4—9月的降水分布与玉米各生育时期对水分的要求相吻合。除西北部偏少外，各地一般均可保证玉米的出苗。5月降水量虽然多于4月，但降水量仍较小，为40～60毫米，有利于蹲苗。6月降水量开始增加，为80～100毫米，有利于玉米拔节后的迅速生长。7—8月降水量最大，为300～600毫米，此时是玉米需水高峰，满足了玉米旺盛生长植株抽雄开花期对水分的需要。通过大量的观测和对资料的归纳整理，可以建立玉米不同生育时期的土壤墒情适宜指标。表6-2中是东北地区通过对各地观测资料进行整理形成的玉米不同生育时期土壤墒情适宜指标。在实际工作中，由于各地的自然条件、土壤条件不同，应该建立各地主要作物的土壤墒情适宜指标。

表6-2　东北地区玉米不同生育时期土壤墒情适宜指标（壤土）

项目	出苗期	苗期	拔节期	抽穗开花期	灌浆期	成熟期
土层深度（厘米）	0～20	0～30	0～50	0～60	0～80	0～80
土壤相对含水量（%）	70～80	60～70	70～80	75～85	70～80	60～70
土壤含水量（%）	17.7～20.2	15.0～17.5	17.4～19.8	18.6～21.0	17.2～19.6	14.7～17.2

5. 土壤墒情评价指标体系的建立 土壤墒情评价指标体系的建立涉及多个学科的知识，如土壤学、作物生理学、作物栽培学、气象学等，组织专家会商，分析整理收集或试验获得的田间持水量、毛管断裂含水量及作物需水量等数据，确定作物在不同土壤质地条件下的适宜土壤相对含水量的上限和下限，形成土壤墒情评价指标表（表6-3）。作物不同生育时期的适宜土壤含水量不同，因此，要按作物不同生育时期分别建立土壤墒情评价指标，形成各地区的土壤墒情评价指标体系。在建立土壤墒情评价指标体系时要注意土壤含水量的计算。由于作物根系深度不会恰好是0～20厘米、20～40厘米、40～60厘米、60～80厘米、80～100厘米的规律，因此，在测定各层土壤含水量之后，要通过计算确定作物根系分布土层的平均田间持水量和平均土壤含水量。计算方法是根据作物不同生育时期主要根系分布的土层深度求加权平均值。

表 6-3　土壤墒情评价指标体系（土壤相对含水量，%）

生育时期	根系深度（厘米）	渍涝	过多	适宜	不足	干旱	重旱	备注
作物								

例如，玉米苗期根系分布深度在 0～30 厘米，分别测定获得了 0～20 厘米、20～40 厘米土层的田间持水量，计算其加权平均田间持水量是多少。公式为

$$W = W_1 \times 2/3 + W_2 \times 1/3$$

式中：W——根系分布层的平均田间持水量，%；

W_1——0～20 厘米深度的田间持水量，%；

W_2——20～40 厘米深度的田间持水量，%。

第四节　主要作物墒情指标

通过开展墒情监测和田间试验观测，分析作物不同生育时期土壤含水量和生长发育情况、受旱表象之间的对应关系，分析主要区域主要作物的需水规律，确定不同区域不同作物墒情指标体系。

一、主要作物墒情指标

（一）西北地区主要作物墒情指标

1. 冬小麦墒情指标　冬小麦从播种到收获的全生育期消耗水分的量即小麦耗水量，为 200～370 米³/亩，折合降水量 450 毫米，其中土壤蒸发占 30%～40%、叶面蒸腾占 60%～70%、蒸腾系数为 400～600。

冬小麦耗水规律是苗期少，拔节后逐渐增加，孕穗期为小麦需水临界期，抽穗开花期消耗水量达到高峰，灌浆以后又逐渐减少。拔节—抽穗期、抽穗—成熟期耗水最多，各占冬小麦全生育期总耗水量的 30%～35%。冬小麦孕穗期是需水的临界期，如果缺水会影响性细胞的形成，使不孕小穗和小花增多，灌浆期缺水会降低粒重，从而降低产量。

播种—苗期：土壤适宜相对含水量在 75%～80%，低于 60% 则出苗不整

齐，低于 35％则不能出苗，超过 80％则土壤通气不良，种子的发芽出苗也受影响。一般年份，土壤含水量都可达到播种所需的土壤含水量，但降水多的年份会出现连阴雨，影响播种及出苗，需要晾田。个别年份秋季降水较少，影响播种和出苗。

返青期：该时期随着气温的回升，小麦加快生长，叶面积增加，土壤水分蒸发和叶面蒸腾不断加强。土壤相对含水量在 70％～80％较为适宜，低于60％则返青迟缓。

拔节—孕穗期：该时期是小麦需水关键期，土壤相对含水量要求在 70％～80％，低于 60％时会引起分蘖成穗与穗粒数的下降，进而影响产量。

开花—灌浆期：土壤适宜相对含水量要求在 70％～80％，灌浆期土壤水分充足有利于巩固分蘖成大穗，增加千粒重。低于 65％影响有机物质的合成，使秕粒增多、千粒重下降，严重影响产量。

成熟期：小麦进入成熟期以后，叶片逐渐枯死，蒸腾量也逐渐减弱，需水量呈逐渐下降趋势，土壤适宜相对含水量在 60％～70％（表 6-4）。

表 6-4　西北地区冬小麦不同生育时期的适宜土壤相对含水量

项目	播种—苗期	返青期	拔节—孕穗期	开花—灌浆期	成熟期
土层深度（厘米）	0～20	0～50	0～60	0～80	0～80
适宜土壤相对含水量（％）	75～80	70～80	70～80	70～80	60～70

2. 春小麦墒情指标　春小麦在 4 月中下旬播种，8 月上中旬收获。当前产量水平下，春小麦从播种到收获全生育期消耗水分的量每亩约为 300 米³，其中苗期耗水约占全生育期的 7.5％、分蘖期占 8.8％、拔节期占 29.8％、孕穗期占 33.6％、灌浆期占 20.3％。春小麦孕穗期是需水的临界期，如果缺水会影响性细胞的形成，使不孕小穗和小花增多，导致产量降低；灌浆期缺水会降低粒重。

播种—苗期：土壤相对含水量要求在 70％～80％，低于 55％则出苗困难，低于 40％则不能出苗。一般年份，土壤含水量都可满足出苗需要，也有个别年份，秋季降水较少，影响出苗。

分蘖期：土壤适宜相对含水量在 75％～80％。

拔节—孕穗期：拔节之后，小麦进入旺盛生长期，耗水量随之增加，土壤相对含水量要求在 70％～90％，低于 60％时会引起分蘖成穗与穗粒数的下降，对产量影响很大。而这一时期正值缺雨干旱季节，特别是 5 月上中旬，易受"卡脖子旱"的影响，对小麦后期生长产生重要影响。

开花—灌浆期：宜保持土壤相对含水量不低于 70％，有利于灌浆增粒重，低于 65％时，影响有机物质的合成，使秕粒增多、千粒重下降，严重影响产量。7月上中旬的伏旱对小麦生产有重要影响。

成熟期：灌浆期以后，叶片逐渐枯死，蒸腾量也逐渐减弱，小麦的需水量呈逐渐下降趋势。对土壤水分的要求也不如中期那样多（表6-5）。

表6-5　西北地区春小麦不同生育时期的适宜土壤相对含水量

项目	播种—苗期	分蘖期	拔节—孕穗期	开花—灌浆期	成熟期
土层深度（厘米）	0～20	0～40	0～40	0～60	0～80
适宜土壤相对含水量（%）	60～80	60～80	60～80	70～90	60～80

3. 春玉米墒情指标　玉米是需水较多的作物，但蒸腾系数比小麦等作物都低。在西北现有产量水平下，玉米全生育期亩需水量为280～330米^3，每生产1千克籽粒需水0.663米^{3}左右，蒸腾系数为250～350。玉米不耐涝，苗期抗涝能力最弱，随着植株的生长，抗涝能力不断增强，但土壤相对含水量不能超过80%。拔节—抽穗开花期、抽穗开花—灌浆期营养生长最为旺盛，需水量最多，占总需水量的40%～50%。抽穗前10天到抽雄后20天是玉米需水的临界期，土壤缺水会影响雌、雄性器官的分化、抽雄吐丝和灌浆，导致秃顶、秕粒，使产量下降。

播种—苗期：玉米播种—苗期需水量仅占总需水量的3%～8%，为保证出苗，土壤相对含水量须保持在60%～70%，出苗后，植株小、叶片数少、蒸腾量低，土壤相对含水量在55%～60%较为适宜，有利于玉米蹲苗。

拔节期：此时植株生长迅速，茎、叶的增长量很大，雌、雄穗分化形成，适宜的土壤相对含水量为65%～80%。由于干物质累积增加、蒸腾量大，对水分的要求极为迫切，需水量增加，供水不足对产量有明显的影响。

抽穗期：玉米抽雄前10～15天到抽雄后20天是玉米需水的重要时期，且抽雄前10～15天是穗分化的关键时期，即大喇叭口期，对缺水最为敏感，被称为需水临界期。因此，该时期土壤水分的多少对玉米产量起着决定性的作用，土壤相对含水量宜在70%～80%。

灌浆—乳熟期：该时期是茎叶中有机物质和无机盐类被输送到籽粒中转化累积的过程，籽粒体积已达最大，籽粒含水量在45%～75%，即乳熟期，持续时间为15～20天，时间越长，灌浆越充分，籽粒的绝对重量越大，产量也越高。随着营养物质的累积，再经12～15天，籽粒的干重已接近最大值，籽粒含水量为25%～45%，即蜡熟期。该时期需水仍然较多，对土壤含水量的要求高，一般土壤相对含水量保持在70%～80%较为适宜。

成熟期：蜡熟期后，籽粒持续失水，对土壤水分的要求也逐渐降低，土壤相对含水量宜保持在60%～70%，因此，该时期晴朗的天气和稍微干燥的气候有利于籽粒的脱水与形成（表6-6）。

表 6-6 西北地区春玉米不同生育时期的适宜土壤相对含水量

项目	播种期	苗期	拔节期	抽穗期	灌浆—乳熟期	成熟期
土层深度（厘米）	0～20	0～20	0～40	0～60	0～80	0～80
适宜土壤相对含水量（%）	60～70	55～60	65～80	70～80	70～80	60～70

4. 棉花墒情指标 棉花株型高大，生育期长，枝多叶茂，生长在高温季节，需水量较多。棉花整个生育期的需水规律是前期（现蕾期、苗期）少，中期（花铃期）多，后期（吐絮期）较少。全生育期需水量一般为320～400米³/亩，其中苗期日耗水 1.4～1.5 米³，占全生育期耗水的 12%～15%；花蕾期日耗水 2.3～3.0 米³，占全生育期耗水的 12%～20%；花铃期日耗水 4.0～6.0 米³，占全生育期耗水的 50%～60%；吐絮期日耗水 1.5～2.2 米³，占全生育期耗水的 10%～20%。花铃期是棉花需水临界期，对棉花后期生产将产生重要影响。

苗期：棉花于 4 月下旬播种，土壤相对含水量以 70% 为宜。土壤相对含水量过低时种子容易落干，影响发芽出苗；土壤相对含水量过高时又容易造成烂种，影响出全苗。苗期在 5～6 月，由于气温不高，棉株个体小，叶面蒸腾与土壤蒸发较低，土壤相对含水量以 55%～70% 为宜，土壤含水量过低影响棉苗早发，含水量过多时棉苗扎根浅，容易形成旺苗，造成徒长。

现蕾期：棉株现蕾后，营养生长加快，同时开始生殖生长，此时随着气温的逐渐升高，土壤蒸发量增大，土壤相对含水量以 60%～70% 为宜，超过75%容易造成徒长。

花铃期：进入花铃期后，棉花的营养生长与生殖生长同步发展，棉株生长旺盛，蕾铃并增，此时是棉花需水高峰期。这一时期土壤相对含水量以 70%～80%为宜，当土壤相对含水量低于 55% 时，蕾铃脱落，将会极大地影响棉花产量。

吐絮期：此时棉株叶面蒸腾强度下降，气温又低，对水分的需求降低。土壤相对含水量以 55%～70% 为宜。土壤相对含水量 50% 以下将严重影响棉花的成熟，影响籽棉产量（表 6-7）。

表 6-7 西北地区棉花不同生育时期的适宜土壤相对含水量

项目	苗期	现蕾期	花铃期	吐絮期
土层深度（厘米）	0～20	0～40	0～60	0～60
适宜土壤相对含水量（%）	55～70	60～70	70～80	55～70

（二）华北地区主要作物墒情指标

1. 冬小麦墒情指标 冬小麦是华北地区的主要农作物之一。华北地区是我国最重要的小麦产区，大部分有灌溉条件，冬小麦在华北地区大多在 9 月下旬到 10 月上旬播种。受灌溉水源和降水量的影响，华北地区的冬小麦灌溉采用不同的灌溉制度。据测定，每生产 1 千克小麦籽粒约耗水 1 200 千克，其中 30％～40％为土壤蒸发、60％～70％为叶面蒸腾。冬小麦不同生育时期的需水量主要与气候条件及小麦不同生育时期的生长发育特点有关。在不同的产量水平下，需水量随着产量的提高略有增加。一般趋势是苗期少，苗期正处在气温比较低的季节，苗小叶少，因而田间蒸腾蒸发均较少，需水量也少。播种—拔节初期将近 5 个半月的时间内，耗水量仅占总耗水量的 1/3 左右。小麦拔节后，一方面由于气温逐渐升高，蒸发量增大；另一方面，植株生长迅速，叶面积不断增大，蒸腾量也不断加大，因此，需水量也逐渐增加，拔节—开花期约 1 个月的时间内，耗水量占总耗水量的 1/3 左右。抽穗—灌浆期，由于气温更高，叶面蒸腾量更大，日平均耗水量达到最大值。灌浆以后，叶片逐渐枯死，蒸腾量也逐渐减小，小麦的需水量下降。

播种期：冬小麦足墒下种是保证全苗、促进幼苗健壮、根系发育良好、增加年前分蘖的先决条件。冬小麦播种的足墒标准是 0～20 厘米的土层土壤相对含水量为 70％～85％，低于 70％时应灌水。一般灌水定额为每亩 30～40 米³，过小则不能保证小麦发芽出苗，播前灌水定额过大会影响及时整地播种，播后灌水定额过大，地面易板结，影响出苗。

苗期：此时冬小麦进入越冬前期，于 12 月下旬前后，麦田土壤相对含水量宜为 65％～85％，低于 65％则需要进行灌溉。冬灌不仅可以满足麦苗需水要求，还可平抑地温、疏松表土，起到巩固分蘖的作用。但如果冬季气温相对较高，为避免麦苗过旺，一般不对旺苗进行冬灌。但对于苗情较差的瘦弱苗，应结合追肥提前冬灌，以促进根系发育和麦苗健壮，抵抗寒流冻害。

返青期：越冬期冬小麦田间耗水量小，日耗水量只有 0.7 毫米左右，加上地下水的补给，冬小麦根际土壤水分消退慢，每日只消退 0.1％（占干土重）左右，土壤相对含水量为 60％～80％时，可不灌返青水，以免土壤湿度过大，抑制土温回升，不利于冬小麦返青。如天气持续干旱，且小麦缺肥长势差，可结合追肥适量灌溉。

拔节—孕穗期：冬小麦拔节—孕穗期是耗水强度最大的阶段，此阶段约在 3 月下旬至 4 月上旬，土壤相对含水量以 65％～85％较为适宜。拔节—孕穗期受旱则减产严重。土壤相对含水量低于 70％时应及时进行灌溉。

抽穗—扬花期：冬小麦进入抽穗开花期以后，耐旱而怕涝渍，土壤相对含水量宜为 65％～85％，如果低于 60％则需要灌溉，灌水量宜小。

灌浆—成熟期：冬小麦灌浆成熟期的耐旱性增强，耐渍能力减弱。对土壤水分的要求虽不像生长中期那样多，但一般仍不宜低于 70％，土壤相对含水量以 65％～80％较为适宜，低于 65％的下限值时发生干旱，会影响有机物质的合成和向籽粒的输送，使秕粒增多、千粒重下降，严重影响产量，应进行灌溉（表6-8）。

表6-8　华北地区冬小麦不同生育时期的适宜土壤相对含水量

项目	播种期	苗期	返青期	拔节—孕穗期	抽穗—扬花期	灌浆—成熟期
土层深度（厘米）	0～20	0～20	0～40	0～80	0～80	0～80
适宜土壤相对含水量（%）	70～80	65～85	60～80	65～85	60～80	65～80

2. 夏玉米墒情指标　华北地区种植的玉米主要为夏玉米，在玉米生育期内，天气高温多雨，蒸发量大，但在玉米播种期天气炎热少雨，秋旱和秋涝灾害时有发生。玉米是需水量较大的作物，不同生育时期对水分的要求不同：发芽出苗阶段和苗期生长慢，需水量小；拔节—孕穗期生长旺盛，叶面积增大，温度升高，需水增多，特别是抽雄期后，抽雄期是玉米一生中需水最多、耗水量最大的时期，是水分"临界期"，此期缺水易造成"卡脖子旱"；灌浆—成熟期仍要求较多水分，以促进灌浆，增加粒重。

播种期：6月上中旬为春玉米适宜播种期，土壤相对含水量在75%～85%比较适宜，6月中上旬如遇干旱或土壤相对含水量低于75%时应及时灌溉保证足墒播种。

苗期：玉米在播种后需要吸取相当于本身干重40%～50%的水分才能膨胀发芽，适宜的土壤相对含水量在65%～80%。春玉米苗期耐旱不耐涝渍，当土壤水分过多时，种子会霉烂造成缺苗。这个时期春玉米需水量相对较低，耗水量只占总耗水量的16%～18%。控制土壤含水量，水分在60%左右有利于蹲苗，促进根系下扎，增强耐旱能力。

拔节期：该期玉米耗水量大，对水分的要求也比较高，耗水量约占全生育期耗水量的23%～30%，适宜的土壤相对含水量为70%～80%。

抽雄期：抽雄期是玉米新陈代谢最旺盛的时期，对水分十分敏感，是玉米需水的临界期。如果水分不足、空气干燥，气温高就不能正常抽雄，适宜的土壤含水量为65%～90%。这个阶段玉米的耗水量占总耗水量的14%～28%。

灌浆期：灌浆期是夏玉米生长期灌溉次数最多、灌溉增产效果最大的时期。因为这一时期需水强度大，是争取穗大、粒多、粒重的关键时期，适宜的土壤相对含水量为70%～85%，如土壤水分不足，0～50厘米土层土壤相对含水量低于70%，应及时进行灌溉。

成熟期：成熟期适宜的土壤相对含水量为60%～70%。春玉米处于成熟期时，根际也常因在高温多雨条件下缺氧而窒息坏死，导致植株加速衰退，甚至青枯死亡，严重影响产量。因此，春玉米播种前整地时必须做好畦田沟，以利于雨量过大时清沟沥水（表6-9）。

表 6-9　华北地区夏玉米不同生育时期适宜土壤相对含水量

项目	播种期	苗期	拔节期	抽雄期	灌浆期	成熟期
土层深度（厘米）	0～20	0～40	0～50	0～60	0～80	0～80
适宜土壤相对含水量（％）	75～85	65～80	70～90	65～90	65～85	60～70

3. 棉花墒情指标　棉花一生需要消耗大量的水分。根据有关资料，亩产 50 千克皮棉的棉田总耗水量为 300～400 米³，亩产 100 千克皮棉则总耗水量为 450 米³ 左右。棉花不同生育时期的需水量不同，总趋势是与棉花生长发育的速度一致。苗期株小生长慢，温度低，耗水量较少；随着棉株的生长，耗水量也不断增加，花铃期生长旺盛，温度高，耗水量最大；吐絮后，温度较低，棉株生长衰退，耗水量又逐渐减少。棉田的水分消耗：苗期 80％～90％是地面蒸发，而棉株蒸腾仅占 10％～20％；蕾期地面蒸发和棉株蒸腾各占 50％左右；花铃期地面蒸发和棉株蒸腾耗水分别占 25％～30％和 70％～75％；吐絮后地面蒸发和棉株蒸腾耗水又基本趋于一致。

苗期：棉花苗期 40～45 天，播种时，土壤相对含水量以 70％左右为宜；苗期土壤相对含水量以 55％～60％为宜。若水分过多，则棉花扎根浅，苗期病害重，土壤水分过少则影响棉苗早发。若播前土壤相对含水量低于 55％，应进行苗期灌水，但灌水量不宜大，一般为 15～20 米³/亩。

现蕾期：现蕾期是棉株由营养生长转为生殖生长的并进阶段，为使营养生长与生殖生长协调，水肥条件甚为重要。华北地区棉花现蕾时土壤相对含水量保持在 60％～70％比较适宜。如果土壤相对含水量低于 65％，则影响棉苗生长，使现蕾延迟，但浇水要小水隔沟轻浇，每亩灌水量 20～30 米³，严禁大水漫灌。浇一水后，如继续干旱，可再浇一水，浇水量不宜大，水分过多会引起棉株徒长。

花铃期：花铃期一般为 50 天左右，这是棉花一生中生长发育最旺盛的时期。此时适宜的土壤相对含水量为 70％～80％，水分过多会引起棉株徒长，也会导致蕾铃大量脱落，水分过少会引起早衰。花铃期多逢雨季，如果降雨过多，棉田渍水严重时要及时开沟排水，以免影响棉花的正常生长。如果发生伏旱，要及时浇透花铃水，灌水量不宜过大，并应避免中午高温时浇水。

吐絮期：此时棉花根系吸收能力大大减弱，田间耗水量降低。吐絮以后，田间土壤相对含水量以 55％～70％为宜，有利于秋桃发育、增加铃重、促进早熟和防止烂铃。如土壤水分降到 55％以下，要及时浇水，采取小沟浇水。如发生秋涝要及时排水（表 6-10）。

表 6-10　华北地区棉花不同生育时期的适宜土壤相对含水量

项目	苗期	现蕾期	花铃期	吐絮期
土层深度（厘米）	0～20	0～40	0～60	0～60
适宜土壤相对含水量（%）	55～60	60～70	70～80	55～70

4. 马铃薯墒情指标　马铃薯是需水较多的农作物，它的茎叶含水量约为90%，块茎含水量也达 80%左右。据测定，每生产 1 千克鲜马铃薯块茎，需要吸收 140 升水。所以，在马铃薯的生长过程中，必须有足够的水分才能获得较高的产量。

苗期：由于苗小、叶面积小，加之气温不高，蒸腾量也不大，所以耗水量比较小。一般苗期需水量占全生育期总需水量的 10%，土壤相对含水量以60%～70%为宜。如果这个时期水分太多，反而会妨碍根系发育，降低马铃薯后期的抗旱能力；如果水分不足，地上部分的发育受到阻碍，植株生长缓慢，发棵不旺，棵矮叶子小，花蕾易脱落。

现蕾期：马铃薯现蕾期是由发棵阶段向结薯阶段过渡的转折期，体内养分的分配也从茎叶生长中心转向块茎，不需要太多的水分和养分，土壤相对含水量以 70%～80%为宜。

块茎形成期：马铃薯植株的茎叶逐渐开始旺盛生长，根系和叶生长逐日激增，植株蒸腾量迅速增大，需要充足的水分和营养，土壤相对含水量以 70%～80%为宜。这一时期耗水量占全生育期总耗水量的 30%左右。该期如果水分不足，植株生长迟缓，块茎数减少，影响产量的正常形成。

块茎膨大期：开始开花到落花后是马铃薯对水最敏感的时期，也是需水最多的时期。这一时期，植株体内的营养由以供应茎叶迅速生长为主转变为主要满足块茎迅速膨大，这时茎叶的生长速度明显减缓。据测定，这个阶段的需水量占全生育期需水总量的 50%以上。块茎膨大期应使土壤相对含水量维持在70%～85%，如果这个时期缺水，块茎就会停止生长。以后若再有降雨或水分供应，植株和块茎恢复生长后，块茎容易出现二次生长，形成串薯等畸形薯块，降低产品质量。但水分也不能过大，如果水分过大，茎叶就易出现疯长的现象。这不仅大量消耗营养，还会使茎叶细嫩倒伏，为病害的发生创造有利的条件。

成熟期：这一时期需要适量的水分供应，以保证植株叶面积和养分向块茎转移，成熟期需水量占全生育期需水量的 10%左右，土壤相对含水量以 60%～70%为宜。切忌水分过多。因为如果水分太多，土壤过于潮湿，块茎的气孔开裂外翻，就会导致薯皮粗糙。收获前 10 天停止浇水，以利于收获储藏（表 6-11）。

表 6-11　华北地区马铃薯不同生育时期的适宜土壤相对含水量

项目	苗期	现蕾期	块茎形成期	块茎膨大期	成熟期
土层深度（厘米）	0～20	0～40	0～40	0～40	0～40
适宜土壤相对含水量（％）	60～70	70～80	70～80	70～85	60～70

（三）东北地区春玉米墒情指标

春玉米植株高大，需水较多，水分利用效率也高。全生长期每亩需水量为 200～300 米^3，蒸腾系数为 250～450。春玉米一生中的需水规律是抽雄期、抽丝期耗水量最大，是需水临界期，需水量占全生育期需水量的 60％左右；拔节期、灌浆期次之，为 23％～29％；苗期植株小、叶片少，较耐干旱，需水量少，只占全生育期需水量的 15％～17％。就全生育期而言，春玉米田间耗水强度的变化为单峰曲线。表 6-12 显示了东北地区春玉米不同生育时期的平均日需水量。

表 6-12　东北地区春玉米不同生育时期的需水特性

项目	出苗期	苗期	拔节期	抽穗—开花期	灌浆期	成熟期
平均每日需水量（米^3/亩）	0.94	1.88	2.89	3.69	2.95	0.96

播种期：适宜的土壤相对含水量为 70％～80％，可以保障苗齐苗壮，可以实现一次播种拿全苗；土壤相对含水量大于 80％，土壤水分过多，出苗率下降，小苗细弱；土壤相对含水量小于 60％，出苗缓慢，缺苗严重，常导致缺苗断垄；土壤相对含水量小于 55％，不适宜播种。东北西部经常抢墒播种或坐水播种。

苗期：适宜的土壤相对含水量为 60％～70％，小苗生长整齐，发育健壮，根系发达；土壤相对含水量大于 70％，小苗地上部生长过快，根较浅，苗高而不壮；土壤相对含水量小于 60％，小苗生长较慢，叶色较淡。

拔节—抽雄期：适宜的土壤相对含水量为 70％～80％，植株生长旺盛，能正常抽雄；土壤相对含水量大于 80％，植株生长过旺，节间生长过长，茎秆细弱易倒；土壤相对含水量小于 70％，植株生长缓慢，营养体发育不良。

抽穗—开花期：适宜的土壤相对含水量为 75％～85％，能正常抽雄吐丝，正常结实；土壤相对含水量大于 85％，植株营养不良，易造成结实率降低；土壤相对含水量小于 75％，抽雄吐丝间隔时间过长，易形成秃尖；土壤相对含水量小于 65％，引起小花败育、粒数减少，秃尖缺粒现象较严重。

灌浆期：适宜的土壤相对含水量为 70％～80％，能正常灌浆，籽粒饱满；

土壤相对含水量大于 80%，灌浆速度缓慢，籽粒水分过多；土壤相对含水量小于 65%，粒重明显降低，瘪粒率明显增加。

成熟期：适宜的土壤相对含水量为 60%～70%，正常成熟正常脱水，籽粒含水量下降；土壤相对含水量大于 70%，籽粒脱水慢，籽粒含水量过高，易引起发芽霉烂；土壤相对含水量小于 55%，植株易早衰，粒重降低（表 6-13）。

表 6-13 东北地区春玉米不同生育时期的适宜土壤相对含水量

项目	播种期	苗期	拔节期	抽穗—开花期	灌浆期	成熟期
湿润层深度（厘米）	0～20	0～30	0～50	0～60	0～80	0～80
适宜土壤相对含水量（%）	70～80	60～70	70～80	75～85	70～80	60～70

二、灌溉指标设定

根据不同区域的气候特点、作物种植制度、土壤特性、作物的需水规律及灌溉条件制定灌溉制度。在高效节水灌溉中通常根据墒情指标体系中的土壤适宜含水量来确定灌溉上下限。一般灌溉上限设置为土壤适宜含水量的上限，土壤毛管断裂含水量为灌溉下限，但土壤毛管断裂含水量是理论值，无法测定，通常以适宜土壤相对含水量下限为灌溉下限。在实际灌溉过程中，可根据灌溉条件和灌溉方式调整灌溉上下限。

以马铃薯灌溉为例。通过开展墒情监测和田间试验观测，分析马铃薯不同生育时期土壤水分含量和生长发育情况、受旱表象之间的对应关系，建立全国马铃薯四大产区土壤墒情指标体系（表 6-14）。

表 6-14 全国马铃薯四大产区土壤墒情指标体系

区域	项目	芽条期 （0～20）	苗期 （0～40）	块茎形成期 （0～40）	块茎膨大期 （0～40）	淀粉积累期 （0～40）
西北黄土高原 马铃薯种植区	适宜土壤相对含水量上限（%）	60	70	80	85	70
	适宜土壤相对含水量下限（%）	50	60	70	70	60
内蒙古中西部 马铃薯种植区	适宜土壤相对含水量上限（%）	60	70	80	85	70
	适宜土壤相对含水量下限（%）	50	60	65	70	60
内蒙古东部和河北 张承马铃薯种植区	适宜土壤相对含水量上限（%）		70	80	85	70
	适宜土壤相对含水量下限（%）	50	60	70	70	60
西南及南方 马铃薯种植区	适宜土壤相对含水量上限（%）	60	75	85	85	75
	适宜土壤相对含水量下限（%）	50	60	70	75	60

注：表中 0～20、0～40 为监测土层深度，单位为厘米。

根据马铃薯土壤墒情指标体系开展马铃薯喷滴灌测墒试验。具体做法：适时监测马铃薯根区土壤墒情状况，当土壤含水量下降到适宜下限时开始灌溉，当土壤墒情达到适宜上限时停止灌溉。在大量喷滴灌田间试验的基础上，综合分析降水量、灌水量、作物产量、作物长势等，校正不同区域的土壤墒情指标体系，调整不同区域灌溉上下限指标、灌水次数和灌水定额，建立不同区域常年降雨条件的马铃薯喷滴灌测墒灌溉制度（表6-15）。

表 6-15 全国马铃薯主要产区喷滴灌测墒灌溉制度

区域模式	生育时期	适宜土壤湿润深度（厘米）	适宜土壤相对含水量上限（%）	适宜土壤相对含水量下限（%）	灌水次数（次）	每次灌水定额（米³/亩）	备注
内蒙古中西部滴灌水肥一体化	播前	15	55	45	1	50.0	①目标产量为3 000～3 500千克/亩；②播前根据土壤墒情，一般地面灌溉补墒
	芽条期	20	55	45	0	0.0	
	苗期	25	65	55	1	15.0	
	块茎形成期	40	85	65	3	20.0	
	块茎膨大期	40	70	60	3	20.0	
	淀粉积累期	40	60	50	1	20.0	
	总计	—			9	205.0	
内蒙古中西部喷灌水肥一体化	播前	15	65	50	0		目标产量为2 500～3 000千克/亩
	芽条期	20	65	55	1	15.0	
	苗期	30～35	65	60	2	10.0	
	块茎形成期	30～40	85	70	3	20.0	
	块茎膨大期	40～45	80	70	4	30.0	
	淀粉积累期	40～45	65	60	1	20.0	
	总计	—	—	—	11	235.0	
内蒙古东部滴灌水肥一体化	播前	15	55	45	0	0.0	①目标产量为3 000～4 000千克/亩；②芽条期赤峰市灌溉，呼伦贝尔等地不灌溉
	芽条期	15	65	55	1	10.0	
	苗期	20	70	60	1	20.0	
	块茎形成期	20～30	80	70	1	20.0	
	块茎膨大期	30～40	80	70	2	25.0	
	淀粉积累期	30～40	65	55	1	25.0	
	总计	—	—	—	6	125.0	

（续）

区域模式	生育时期	适宜土壤湿润深度（厘米）	适宜土壤相对含水量上限（%）	适宜土壤相对含水量下限（%）	灌水次数（次）	每次灌水定额（米³/亩）	备注
河北张承地区膜下滴灌水肥一体化	播前	15	65	50	—	—	①目标产量为3 500千克/亩；②芽条期视土壤墒情决定是否灌溉，正常年景张家口坝上地区需要灌水一次
	芽条期	15	80	60	0～1	5.0	
	苗期	30	85	65	2	8.0	
	现蕾期	40	85	65	3	10.0	
	块茎膨大期	45	85	65	4	15.0	
	淀粉积累期	40	80	60	1	10.0	
	总计	—	—	—	10～11	111.0～116.0	
河北张承地区喷灌水肥一体化	播前	15	65	50	—	—	目标产量为3 000千克/亩
	芽条期	15	80	60	1	5.0	
	苗期	30	85	65	1	8.0	
	团棵期	40	85	65	1	10.0	
	花蕾期	40	85	65	2～3	10.0	
	块茎膨大期	45	85	65	4	15.0	
	淀粉积累期	40	80	60	1	10.0	
	总计	—	—		10～11	113.0～123.0	
西北黄土高原喷灌水肥一体化	播前	20	50	40	1	20.0	目标产量为2 500～3 000千克/亩
	芽条期	20	50	40	1	20.0	
	苗期	20	60	50	2	15.0	
	块茎形成期	30	80	60	4	6.7	
	块茎膨大期	30	85	60	12	6.7	
	淀粉积累期	30	60	50	4	6.7	
	总计				24	204.0	
西南及南方淋灌水肥一体化	播前	15	75	65	1	3.0	目标产量为3 000千克/亩
	芽条期	20	80	70	1	4.0	
	苗期	20	85	70	1		
	块茎形成期	30	85	70	2	6.0	
	块茎膨大期	30	80	70	2		
	淀粉积累期	30	75	65	1	4.0	
	总计				8	40.0	

（续）

区域模式	生育时期	适宜土壤湿润深度（厘米）	适宜土壤相对含水量上限（%）	适宜土壤相对含水量下限（%）	灌水次数（次）	每次灌水定额（米³/亩）	备注
西南及南方滴灌水肥一体化	播前	15	75	65	—	—	目标产量为3 500 千克/亩
	芽条期	20	80	60	1	5.0	
	苗期	20	85	65	2	5.0	
	块茎形成期	30	85	65	2	5.0	
	块茎膨大期	30	85	65	4	5.0	
	淀粉积累期	30	80	60	2	5.0	
	总计	—	—	—	11	55.0	

第七章 主要作物水肥一体化技术

第一节 冬小麦微喷水肥一体化技术

一、冬小麦需水规律

冬小麦的需水量是指冬小麦从播种到收获的整个生育期内消耗的总水量，包括棵间蒸发、植物蒸腾和田间渗漏等损失的水分。除土壤夹沙漏水严重或是大水漫灌外，地下渗漏量可忽略不计，故冬小麦田间需水量主要指棵间蒸发及植物蒸腾两部分。

冬小麦一生所消耗的水分相当于所积累的全部干物质重量的 500 倍左右，其中大部分水分通过植物蒸腾进入大气中。冬小麦的一生中，总需水量为 400～600 毫米（相当于 3 000～6 000 米³/公顷），其中植物蒸腾量占总需水量的 60%～70%，是小麦生长发育所必需的水分。小麦棵间蒸发占总需水量的 30%～40%，这是一种无效损耗。在生产上应采取锄、耙、压等保墒措施，尽量减少棵间蒸发消耗。冬小麦一生需水量的多少受气候条件、土壤、生长发育特点、产量水平、栽培条件和田间管理等各种因素的影响。

冬小麦不同生育时期的需水量与气候条件、生育特点、产量水平、栽培管理状况等有密切关系，其中以生育特点的影响最为重要。冬小麦一生的需水规律：苗期少，拔节后逐渐增加，孕穗期为冬小麦需水临界期，抽穗—开花期需水量达到高峰，灌浆以后又逐渐减少。拔节—抽穗期、抽穗—成熟期需水最多，各占冬小麦全生育期总需水量的 30%～35%。冬小麦孕穗期是需水的临界期，如果缺水会影响性细胞的形成，使不孕小穗和小花增多、灌浆期缺水，会降低粒重，从而降低产量。冬小麦各生长阶段的需水量如表 7-1 所示。

表 7-1 冬小麦不同生育时期的需水量

生育时期	天数（天）	需水量（米³/亩）	每天平均需水量（千克/亩）	占总需水量的百分比（%）
播种—分蘖期	26	24.33	935.8	7.2
分蘖—越冬期	32	27.66	864.4	8.4
越冬—返青期	74	35.45	479.1	10.7

（续）

生育时期	天数 （天）	需水量 （米³/亩）	每天平均需水量 （千克/亩）	占总需水量的 百分比（%）
返青—拔节期	29	42.31	1 458.8	12.8
拔节—抽穗期	23	58.40	2 539.0	17.6
抽穗—灌浆期	20	63.71	3 158.2	19.3
灌浆—成熟期	31	79.45	2 563.2	24.0
全生育期	235	331.31	1 409.8	100.0

1. 出苗—拔节期　这一时期覆盖度小，植株生长量小，温度低，需水量少，其中棵间蒸发占主要部分。需水量仅占全生育期的1/3，该时期日需水量为一生中最低的时期，土壤水分变化主要在上层，变化比较平缓。

2. 拔节—抽穗期　这一时期气温上升至10℃以上，是冬小麦生长量最大的时期。小麦叶面积指数达到最大值，植株需水量急剧增加，需水量加大，但其中棵间蒸发却因地面覆盖加厚而大大降低。冬小麦这一时期大约为1个月时间，需水量占全生育期的30%～35%。随着生育时期的推移，下层土壤水分对冬小麦产量的形成越来越重要。因此，灌溉时应注意浇水要透，使水渗入土壤深处，满足冬小麦根系水分需求，以发挥浇水的应有增产效果。

3. 抽穗—成熟期　这是小麦新陈代谢较旺盛的时期。随着气温的升高，水分的消耗量增大，日需水量达到一生中的最大值。但在灌浆后期，随着叶面积系数迅速下降，日需水量也逐渐降低。这一时期需水量占全生育期的30%～35%。

有水浇条件的麦田，应按照看天、看地、看庄稼的原则，注意合理灌溉。看天就是根据当时当地降水量的多少和天气变化确定灌水次数和灌水时间；看地就是根据土壤墒情和土壤质地确定是否灌水和灌溉方法；看庄稼就是根据苗情灌水。

二、冬小麦需肥规律

冬小麦一生要经历出苗期、分蘖期、越冬期、起身期、拔节期、孕穗期、抽穗期、开花期、灌浆期和成熟等生育时期，不同生育时期对养分的吸收表现不同。一般冬小麦在冬前分蘖期吸收养分较多，越冬期吸收养分相对较少，返青后养分需要量增加，拔节—开花期是养分吸收的高峰期，该阶段氮、磷、钾的吸收分别占全生育期吸收总量的30%、65%和60%。开花后冬小麦还需要吸收20%～30%的氮和磷，但对钾则吸收得很少。以前的研究表明，每生产100千克小麦籽粒，约需3千克氮（N）、1千克磷（P₂O₅）和3千克钾（K₂O），氮、磷、钾的吸收比例约为3：1：3；但生产中随着小麦品种的改变和产量水平的提高，小麦对养分的吸收发生了很大变化。

（一）冬小麦吸收营养元素的特点

1. 吸收大量元素的特点　与其他作物相比，冬小麦需肥量较多。原因：①冬小麦生育期较长，并且大半处于低温时期，土温低，有机质分解和养分释放慢；②苗期长，基肥易流失；③在干旱条件下，磷、钾的养分形态不易被根系吸收。冬小麦品种不同，特别是矮秆高产品种和高秆地方品种，需肥量差异很大。

苗期是以器官建成为主的时期。此时氮代谢旺盛，要求充足的氮营养以满足营养器官建成生长的需要，同时要求较多的磷，以利于早生蘖、早发根。另外，苗期也是吸收氮、磷比例较大的时期，生产上应注意供给足够的氮、磷肥，以利于培育壮苗。越冬期冬小麦对养分的吸收很少。

拔节以后，营养生长和生殖生长并进，生长量大增，吸收量迅猛增加，对钾的吸收最多。返青以前，冬小麦对氮、磷、钾的吸收量分别占全生育期吸收总量的28%、20%和45%。拔节—开花期是吸收3种元素最多的时期。开花—成熟期对磷的吸收较多。据研究，冬小麦对肥料的日吸收量的峰值（吸收强度），氮出现在孕穗期，磷出现在开花—成熟期，钾出现在孕穗期。根据不同时期的养分吸收特点，在生产上必须注意在孕穗前供足氮肥、钾肥，在开花—成熟期保证磷肥的供应。磷肥在土壤中很少流失，故可在基肥中施足。

2. 吸收微量元素的特点　冬小麦对微量元素的吸收，从吸收强度和阶段吸收量来看，拔节—开花期对锌、锰、钼的日吸收最大，占总吸收量的35%～50%。同时，铜的吸收强度和吸收量也比较大。返青—拔节期是铜吸收强度和吸收量最大的时期，同时对锌、锰、钼的吸收强度和吸收量也较大。由此可见，小麦拔节前后是微量元素营养的关键时期。此外，开花—成熟期的吸收量仍达总吸收量的23%～30%，所以后期补施微肥也是冬小麦丰产的保证。

（二）冬小麦营养元素的分配和积累

冬小麦全生育期有3个明显的生长时期：苗期以营养生长为主；中期为营养生长和生殖生长并进，重点是成穗；后期以生殖生长为主，重点是籽粒建成和增粒重。

氮肥的吸收与分配随生长时期而变化：苗期主要用于分蘖和叶片等营养器官的建成，中期主要用于茎秆和分化中的幼穗，后期则流向籽粒。籽粒中的氮来源于两个部分，大部分是开花以前植株吸收氮的再分配，小部分是开花以后根系吸收的氮。

磷的积累与氮基本相似，但吸收量远小于氮，苗期叶片和叶鞘是磷累积的中心。拔节—抽穗期的积累中心是茎秆，抽穗—成熟期转向穗部。

钾在苗期主要被分配到叶片、叶鞘和分蘖节，拔节—孕穗期主要被运往茎秆，开花期钾的吸收量最大，其后钾的吸收出现负值，向籽粒中的转移量很少。

冬小麦的养分吸收动态也受施肥时间的影响，播种前或播种时一次性施肥的麦田，肥料的吸收量基本与生长量同步增加，但吸收高峰出现在苗期和拔节—开花期。据山东农业大学研究，小麦对肥料元素日吸收量（吸收强度）的峰值，氮出现在孕穗期，磷出现在开花—成熟期，钾出现在孕穗期。

冬小麦生长期较长，极易出现前期生长过旺而后期脱肥的现象。春季由于纯生长过程很短，幼穗分化开始得早，尤其是在没有灌溉的条件下，一次性重施种肥（或播前施肥）有很重要的作用。生育期间追肥，表现为随追肥而出现相应的吸肥高峰，随着追肥时间的推迟吸肥峰值有所后移，吸肥强度渐增。施肥早而量大时，吸肥峰值出现得早，持续时间长；施肥时间推迟则吸肥峰值出现得晚，持续时间短。

氮肥施用时间推迟，植株经济器官和非经济器官蛋白质含量均随施肥而提高。磷肥作为底肥（或种肥）施用效果好，但在严重缺磷的麦田，苗期追磷能够促进"小老苗"的转化。后期追肥（包括叶面喷施）对提高粒重有较好效果。

（三）冬小麦对营养元素的吸收

1. 冬小麦不同生育时期对氮、磷、钾的吸收　冬小麦不同时期对肥料三要素的需要量是不同的，并且因栽培条件和追肥情况的不同而有差异，但总的规律是冬小麦返青期以前因生长量小而吸肥较少，到拔节期吸收养分量急剧增加，直至开花后才趋于缓和。由表 7-2 可以看出，随着冬小麦生育时期的推进，干物质积累量增加，氮、磷、钾吸收总量也相应增加。冬小麦起身期之前，由于麦苗较小，植株干物质积累量较低，对氮、磷、钾的吸收量也相对较低；起身期以后，植株生长迅速，养分需求量也急剧增加，拔节—孕穗期冬小麦对氮、磷、钾的吸收速率达到一生中的高峰，对氮、磷的吸收在成熟期达到最大值，而钾的吸收量则在抽穗期达到最大值，其后则出现吸收负值（表 7-2）。

表 7-2　冬小麦不同生育时期的养分吸收量

生育时期	干物质（千克/亩）	氮（N）		磷（P$_2$O$_5$）		钾（K$_2$O）	
		积累量（千克/亩）	占总量百分比（%）	积累量（千克/亩）	占总量百分比（%）	积累量（千克/亩）	占总量百分比（%）
三叶期	11.2	0.51	3.76	0.18	3.08	0.52	3.32
越冬期	56.1	2.03	14.98	0.77	13.18	2.05	13.11
返青期	56.4	2.06	15.20	0.71	12.16	1.62	10.36
起身期	51.2	2.31	17.05	0.97	16.61	2.26	14.45
拔节期	168.6	5.90	43.54	1.68	28.77	6.46	41.30
孕穗期	420.5	10.85	80.07	3.32	56.85	14.28	91.30

（续）

生育时期	干物质 （千克/亩）	氮（N）		磷（P_2O_5）		钾（K_2O）	
		积累量 （千克/亩）	占总量 百分比 （%）	积累量 （千克/亩）	占总量 百分比 （%）	积累量 （千克/亩）	占总量 百分比 （%）
抽穗期	495.2	11.34	83.96	3.6	61.64	15.64	100.00
开花期	530.4	10.98	81.03	3.82	65.41	13.74	87.85
花后20天	842.7	12.05	88.93	4.48	76.71	12.31	78.71
成熟期	1 034.4	13.55	100.00	5.84	100.00	12.77	81.65

资料来源：农业部小麦指导专家组，2008，小麦高产创建示范技术。

2. 不同产量水平冬小麦对氮、磷、钾的吸收　一般每生产100千克小麦籽粒，约需要氮（N）2.6千克、磷（P_2O_5）1.0千克、钾（K_2O）2.3千克。随着冬小麦产量水平的提高，冬小麦对氮、磷、钾的吸收总量相应增加，但随着产量水平的提高，冬小麦对氮的吸收相对减少，对钾的吸收相对增加，对磷的吸收基本稳定（表7-3）。

表7-3　不同产量水平冬小麦对氮、磷、钾的吸收量和吸收比例

产量水平 （千克/亩）	吸收总量（千克/公顷）			100千克吸收量（千克）			吸收比例	资料来源
	氮(N)	磷(P_2O_5)	钾(K_2O)	氮(N)	磷(P_2O_5)	钾(K_2O)	N：P_2O_5：K_2O	
131	7.8	2.4	3.7	5.94	1.81	2.79	3.3：1：1.5	山东农业大学
218	8.0	2.7	6.0	3.69	1.23	2.76	3.0：1：2.2	河南省农业科学院
305	8.4	2.7	8.9	2.75	0.88	2.92	3.1：1：3.3	山东省农业科学院
368	9.5	3.4	14.2	2.58	0.91	3.87	2.8：1：4.3	河南农业大学
428	10.6	4.9	11.1	2.48	1.15	2.59	2.2：1：2.3	烟台农业科学研究所
510	12.2	5.0	14.1	2.39	0.98	2.77	2.4：1：2.8	山东农业大学
551	15.3	6.6	23.6	2.77	1.20	4.27	2.3：1：3.6	河南农业大学
610	16.4	5.7	20.2	2.69	0.93	3.31	2.9：1：3.6	山东农业大学
654	19.1	6.5	22.0	2.92	0.99	3.37	2.9：1：3.4	山东农业大学
平均	11.9	4.4	13.8	3.13	1.12	3.18	2.8：1：3.0	

资料来源：农业部小麦指导专家组，2008，小麦高产创建示范技术。

3. 不同品质冬小麦对氮、磷、钾的吸收　不同类型专用冬小麦对氮、磷、钾的吸收不同，总的情况是对磷、钾的吸收差别不大，差别主要表现在对氮的吸收上。不同品质冬小麦不同生育时期的吸氮量及吸收比例存在差异，出苗—拔节期弱筋小麦的吸氮量和吸收比例高于其他类型的小麦品种；拔节—开花期，中筋、强筋小麦的吸氮量及吸收比例上升；开花—成熟期强筋小麦的吸氮

量及吸收比例高于中筋和弱筋小麦品种。

三、冬小麦微喷水肥一体化技术要点

冬小麦微喷水肥一体化技术是将肥料溶解在水中，借助微喷带，灌溉与施肥同时进行，将水分、养分均匀持续地运送到根部附近的土壤，实现冬小麦按需灌水、施肥，适时适量地满足冬小麦对水分和养分的需求，提高水肥利用效率，达到节水节肥、提质增效、增产增收的目的。

（一）水源和首部枢纽建设

水源可以为水井、河流、塘坝、渠道、蓄水窖池等，灌溉水水质应符合有关标准要求。首部枢纽包括提水、加压、过滤、施肥和控制测量等设备。根据水源供水能力、耕地面积、灌溉需求等确定首部设备型号和配件组成。过滤设备采用离心加叠片或者离心加网式两级过滤。施肥设备宜采用注肥泵等控量精准的施肥器。水泵型号的选择应满足设计流量、扬程要求，如供水压力不足，需安装加压泵。

（二）喷灌带

根据土壤质地、种植情况采用 N35、N40、N50 和 N65 等型号的斜 5 孔微喷带，具体参数见表 7-4。产品质量应符合《农业灌溉设备微喷带》（NY/T 1361—2007）的要求。微喷带通过聚氯乙烯（PVC）四通阀门或聚乙烯（PE）鸭嘴开关与支管连接。微喷带工作的正常压力为 0.03～0.06 兆帕。

表 7-4　不同型号微喷带参数

型号	最大喷幅（厘米）	工作压力（兆帕）	最大铺设长度（米）
N35	100	0.03～0.04	50
N40	150	0.03～0.04	50
N50	200～250	0.04～0.06	70
N65	240～300	0.04～0.06	70

（三）田间布设

将主管道埋入地下，埋深为 70～120 厘米，每隔 50～90 米设置 1 个出水口。

田间铺设的地面支管道采用 PE 软管或涂塑软管，支管承压＞0.3 兆帕，间隔 80～120 米。

以地边为起点向内 0.6 米，铺设第一条微喷带，微喷带铺设长度不超过70 米，与作物种植行平行，按照所选微喷带最大喷幅布置间隔。具体根据土壤质地确定，沙土选择 1.2 米，壤土和黏土选择 1.8 米。微喷带的铺设宜采用播种铺带一体机。微喷带铺设时应喷口向上、平整顺直、不打弯，铺设完微喷

带后，封堵微喷带尾部。灌溉水利用系数达到 0.9 以上，灌溉均匀系数达到 0.8 以上。

（四）水肥一体化技术模式

1. 灌溉施肥制度 足墒播种后，春季肥水管理关键时期分别为返青期、拔节期、孕穗期、扬花期、灌浆期。冬小麦全生育期微喷灌溉 4～5 次。

冬小麦施肥：追肥可用水溶性肥料，大量元素水溶肥料应符合《大量元素水溶肥》（NY 1107—2020）农业行业标准的要求。施肥量参照《测土配方施肥技术规程》（NY/T 2911—2016）规定的方法确定，并用水肥一体化条件下的肥料利用率代替土壤施肥条件下的肥料利用率进行计算。氮肥总用量的 30% 用作基肥、70% 用作追肥，以酰胺态氮或铵态氮为主。磷肥全量底施或 50% 采用水溶性磷肥进行追施。钾肥 50% 底施，50% 追施。后期宜喷施硫、锌、硼、锰等中微量元素肥料。冬小麦灌溉施肥总量和不同时期用量根据表 7-5 确定。

表 7-5 冬小麦不同生育时期微喷灌溉施肥推荐量

生育时期	亩灌水量（米³）	亩施肥量（千克）		
		氮（N）	磷（P_2O_5）	钾（K_2O）
造墒/基肥	0～30	4.8～6	5～8	4～6
越冬期	0～20	—	—	—
拔节期	15～20	2.4～3.6	—	—
孕穗期	18～25	1.8～2.7	—	2～4
扬花期	18～20	1.0～1.6	5～8	2～4
灌浆期	15	0.8～1.1	—	—
总计	66～130	10.8～15.0	10～16	8～12

注：在缺锌地区通过底施或水肥一体化每亩追施硫酸锌 1～2 千克。

灌溉施肥时，每次先用约 1/4 的灌水量进行清水灌溉，然后打开施肥器的控制开关，使肥料进入灌溉系统，通过调节施肥装置的水肥混合比例或调节施肥器阀门的大小使肥液以一定比例与灌溉水混合后施入田间。每次加肥时须控制好肥液浓度。施肥开始后，用干净的杯子从离首部最近的喷水口接一定量的肥液，用电导率仪测定 EC 值，确保肥液 EC 值<5 毫西/厘米。每次施肥结束后要继续用约 1/5 的灌水量进行清水灌溉，冲洗管道，防止肥液沉淀堵塞灌水器，减少氮肥挥发损失。

2. 灌溉制度的调整 由于年际降水量变异，每年具体的灌溉制度应根据农田土壤墒情、降水和冬小麦生长状况进行适当调整。

土壤墒情监测按照《土壤墒情监测技术规范》（NY/T 1782—2009）的规定执行。苗情监测方法：在冬前、返青期、起身期、拔节期、穗期等冬小麦的主要生长时期，每个监测样点连续调查 10 株，调查各生育时期的冬小麦苗情。

3. 应用效果　微喷水肥一体化技术适用于华北、西北地区的冬小麦，一般可比传统灌溉节水 30％以上，提高化肥利用率 30％以上，增产 20％～30％，增收 20％，节省用工 35％以上。

第二节　玉米滴灌水肥一体化技术

一、玉米的需水规律

玉米是需水较多的作物，从种子发芽、出苗到成熟的整个生育期，除了苗期应适当控制水分进行蹲苗外，拔节—成熟期必须适当满足玉米对水分的要求，这样才能使其正常生长发育。因此，必须根据降水情况和土壤墒情及时灌溉或排水，使玉米在各个生育时期处在适宜的土壤水分条件下，同时配合其他技术措施，促进玉米高产稳产。

（一）玉米不同生育时期对水分的需求

玉米不同生育时期对水分的需求不同。生育前期植株矮小，地面覆盖不严，田间水分的消耗主要是棵间蒸发。生育中、后期植株较大，由于封行，地面覆盖较好，土壤水分的消耗以叶面蒸腾为主。在整个生育过程中，应尽量减少棵间蒸发，降低土壤水分消耗（表 7-6）。

表 7-6　玉米各生育时期的需水情况

生育时期	需水量（米^3/亩）	占总需水量百分比（％）	天数（天）	平均每日需水量（米^3/亩）
播种—出苗期	7.50	3.07	8	0.94
出苗—拔节期	43.30	17.75	23	1.88
拔节—抽穗期	72.20	29.60	25	2.89
抽穗—灌浆期	33.60	13.78	10	3.69
灌浆—蜡熟期	76.70	31.45	26	2.95
蜡熟—收获期	10.60	4.35	11	0.96
合　　计	243.90	100.00	103	2.37

（二）影响玉米需水量的因素

玉米需水量变化幅度很大，影响玉米需水量的因素比较复杂，例如品种特性、气候因素和栽培条件影响着玉米棵间蒸发和叶面蒸腾，从而使需水量发生变化。根据各种影响玉米需水量的因素，玉米需水量的变化主要是内因和外因综合作用的结果。要以最低的用水量获得最高的产量，必须充分掌握玉米品种特性和各生育时期的环境条件变化，采取有利于保蓄水分、减少蒸发的农业技术措施，结合灌溉排水，充分满足玉米整个生育期对水分的需求，达到经济用水、合理用水、提高产量的目的。

二、玉米的需肥特性

玉米是需肥较多的作物。生产实践中要在重视氮、磷、钾肥施用的前提下，充分考虑中量元素和微量元素的作用，注意养分平衡。了解玉米的需肥规律、掌握正确的施肥技术是夺得玉米高产的重要措施。

(一) 玉米需肥量

研究结果表明，玉米全生育期吸收最多的矿质元素是氮，其他依次为钾、磷、钙、镁、硫、铁、锌、锰、铜、硼、钼。根据内蒙古农业大学 1995—1999 年的研究结果，在 750～900 千克/亩的目标产量下，内蒙古春玉米每生产 100 千克籽粒需要大量元素的数量为氮 (N) 2.05～2.34 千克、磷 (P_2O_5) 0.94～1.09 千克、钾 (K_2O) 2.32～2.65 千克。三要素吸收量钾＞氮＞磷。2007—2011 年，内蒙古自治区土肥站开展测土配方施肥技术研究，通过大量试验得到不同产量水平下玉米每生产 100 千克籽粒需要大量元素的平均值为氮 (N) 1.89 千克、磷 (P_2O_5) 0.74 千克、钾 (K_2O) 2.11 千克。可以据此估算玉米的需肥量。

另外，在确定玉米需肥量时还要考虑以下几个因素：

1. 产量水平 玉米在不同产量水平条件下对矿质营养的吸收存在一定差异。一般随着产量水平的提高，单位面积玉米的养分吸收总量也提高，但形成 100 千克籽粒所需的氮、磷、钾吸收量却呈下降趋势。相反，在低产水平条件下，形成 100 千克籽粒所需的养分量会增加。

2. 品种特性 不同玉米品种间矿质元素的需要量差异较大。一般生育期较长、植株高大、适于密植的品种需肥量大，反之需肥量小。

3. 土壤肥力 肥力高的土壤速效养分供应能力较强，因而植株对氮 (N)、磷 (P_2O_5)、钾 (K_2O) 的吸收总量要高于低肥力土壤，而形成 100 千克籽粒所需氮 (N)、磷 (P_2O_5)、钾 (K_2O) 的量却降低，说明培肥地力是获得高产和提高肥料利用率的重要保证。

4. 施肥量 一般产量水平随着施肥量的增加而提高，形成 100 千克籽粒所需的氮 (N)、磷 (P_2O_5)、钾 (K_2O) 的量也随着施肥量的增加而提高，肥料的养分利用率相对降低。

(二) 玉米各生育时期对氮、磷、钾元素的吸收

出苗—乳熟期玉米对氮、磷、钾的吸收积累量随着植株干重的增加而增加，而且钾的快速吸收期早于氮和磷。

从不同时期的三要素累计吸收百分率来看，苗期为 0.7%～0.9%，拔节期为 4.3%～4.6%，大喇叭口期为 34.8%～49.0%，抽雄期为 49.5%～

72.5%，授粉期为55.6%～79.4%，乳熟期为90.2%～100%。玉米抽雄以后吸收氮、磷的量均占50%左右。因此，要想玉米高产，除要重施穗肥外，还要重视粒肥的供应。

从玉米每日吸收养分百分率来看，氮、磷、钾吸收强度最大的时期是拔节—抽雄期（即以大喇叭口期为中心的时期），日吸收量为全生育期吸收总量的1.83%～2.79%。在这一阶段，干物质积累只有1/3左右，氮累计吸收量占全生育期的46.5%，磷累计吸收量占44.9%，钾累计吸收量占68.2%。可见，这一时期的养分供应状况对玉米产量的形成极为重要，此期重施穗肥，保证养分的充分供给是非常重要的。此外，在授粉—乳熟期，玉米对养分仍保持较高的吸收强度（日吸收量占一生吸收总量的1.14%～2.03%），这个时期是产量形成的关键期。对籽粒中氮、磷、钾的来源进行分析，籽粒中三要素的积累总量约有60%是由前期器官积累转移过来的，约有40%是后期由根系吸收的。这进一步证明，玉米施肥不但要打好前期的基础，还要保证后期养分的充分供应。

三、灌溉制度的确定

因种植春玉米的地区大部分应用了滴灌技术，所以本书中玉米水肥一体化技术主要叙述滴灌条件下的水肥一体化技术。

灌溉制度是以当地正常年份的降水量、降水规律和玉米各生育时期需水量为依据来计算的，一般需要多次进行大量的灌溉试验，没有试验资料的，参照气象、土壤条件相近地区的研究试验结果确定。在实际生产中，灌水次数、灌水日期和灌溉定额要根据降水和土壤墒情的变化进行调整。

（一）灌溉技术参数

灌水定额、灌水周期和灌溉面积等可依据以下公式进行计算。

1. 灌水定额　根据当地试验资料按下式计算：

$$m = 0.1yzp(\theta_{max} - \theta_{min})/\eta$$

式中：m——设计灌水定额，毫米；

　　　y——土壤容重，克/厘米^3；

　　　z——计划湿润土层深度，米；

　　　p——滴灌设计土壤湿润比，%；

θ_{max}、θ_{min}——适宜土壤含水率上、下限，重量百分比；

　　　η——灌溉水利用系数，0.90～0.95。

2. 灌水周期

$$T = m\eta/E_s$$

式中：T——设计灌水周期，天；

　　　E_s——设计耗水强度，毫米/天。

3. 单次灌水延续时间

$$t = m \times S_e \times S_1 / (\eta q)$$

式中：t——一次灌水延续时间，时；

S_e、S_1——分别为滴头间距和毛管间距，米；

q——滴头流量，升/时；

η——滴灌水利用系数，0.90～0.95。

每次滴灌时间长短要根据缺水程度和作物需水量确定，一般控制在4～5个小时。由于滴灌能保持地面不板结且透气性好，因此不要过量灌溉，灌水时间过长不但会导致灌水的浪费，还会造成肥料的流失。

4. 轮灌组数目的确定

$$N \leqslant CT/t$$

式中：N——轮灌组的数目，个；

C——系统一天的运行时间，一般为18～22个小时；

T——灌水时间间隔（周期），天；

t——一次灌水延续时间，时。

5. 滴灌面积的确定

在水源供水流量稳定时，可用下式确定滴灌面积：

$$A = \eta Q t / (10 I_a)$$

式中：A——可灌面积，公顷；

Q——可供流量，米²/时；

I_a——设计供水强度，$I_a = E_a - P_0$，毫米/天；

E_a——设计耗水强度，毫米/天；

P_0——有效降水量，毫米/天；

t——水源供水时间，时/天；

η——滴灌水利用系数，0.90～0.95。

（二）玉米滴灌灌溉制度

玉米不同生育时期对水分的需求不同，适宜的土壤相对含水量为播种—出苗期70%、出苗—拔节期65%～70%、拔节—抽雄期70%～75%、抽雄—开花期75%～80%、灌浆期70%～75%，土壤相对含水量降到下限值时应进行灌溉。农民用手抓捏10～30厘米泥土使之成团进行判断，摔到地面散开应灌水，不散开不用灌水。具体如下：

播种—出苗期：干播条件下，根据土壤墒情滴出苗水，一次滴水5～8米³/亩；

苗期：应根据苗情、土壤墒情等灵活掌握。一般不灌水，进行蹲苗，促进根系发育、茎秆增粗，减轻倒伏和为增产打下良好基础。过于干旱则滴一次保苗水，5～10 米³/亩；

拔节期：滴水 1 次，10～15 米³/亩。

大喇叭口期：滴水 1 次，15～20 米³/亩。

抽穗—开花期：滴水 2 次，15～20 米³/亩。

灌浆期：滴水 1 次，15～20 米³/亩。

全生育期共滴水 5～7 次，合计滴水 80～150 米³/亩。具体时间和滴水量根据土壤墒情、天气和玉米生长状况适当调整，降水量大、土壤墒情好，可不滴水或少滴水。

四、施肥制度的制定

施肥制度按照养分平衡和少量多次的原则制定，综合考虑土壤养分含量、作物需肥特性、目标产量、肥料利用率、施肥次数、施肥方式等，确定作物全生育期的总施肥量、每次施肥量及养分配比、施肥时期、肥料品种等。

（一）施肥原则

坚持"有机肥和无机肥并重，氮肥、磷肥、钾肥及微肥密切配合"的原则，配方施肥、以产定肥。通过增施农家肥达到提高土壤肥力、增加产量的目的。

（二）施肥制度

1. 基肥和种肥　农家肥结合耕翻施入；磷肥、钾肥、锌肥可以结合耕翻或播种（种、肥隔离，穴施或条施）一次性施入。氮肥 30%～40% 作种肥施入，60%～70% 作追肥结合灌溉随水分次施入；钾肥也可以选择 70% 在播种时施入，30% 在中后期随滴灌一并施入。

2. 追肥　追肥时期、次数和数量要根据玉米需肥规律、地力基础、施肥数量、基肥和种肥施用情况以及生长状况确定。结合灌水追肥一起施入，灌溉施肥（水肥一体化）的操作方法如下：追肥前要求先滴清水 20～30 分钟，再加入肥料；追肥完成后再滴清水 30 分钟，清洗管道，防止堵塞滴头。追肥时要掌握剂量，首先计算每个轮灌区的施肥量，然后开始追肥。追肥一般采用压差式施肥罐法或泵吸法。追肥时先打开施肥罐的盖子，加入肥料，一般固体肥料加入量不应超过施肥罐容积的 1/2，然后注满水，并用木棍搅动，使肥料完全溶解；提前溶解好的肥液或液体肥料的加入量不应超过施肥罐容积的 2/3，然后注满水；加好肥料后，盖上盖子并拧紧，打开施肥罐水管连接阀，调整首部出水口闸阀开度，开始追肥。每罐肥一般需要 20 分钟左右追完（表 7-7）。

表 7-7　不同施肥罐容积、压力差下施肥所需时间

压差（千帕）	施肥所需时间（小时）			
	60 升罐	90 升罐	120 升罐	220 升罐
5.07	1.00～1.25	1.75～2.00	2.00～2.50	3.75～4.50

（续）

压差（千帕）	施肥所需时间（小时）			
	60 升罐	90 升罐	120 升罐	220 升罐
10.13	0.75～1.00	1.25～1.50	1.50～2.00	2.50～2.75
20.27	0.50～0.75	0.75～1.00	1.00～1.50	1.75～2.25
40.53	0.33～0.50	0.50～0.75	0.75～1.25	1.25～1.50

注：表中第一列表示施肥阀门进出口的压差；施肥时间主要取决于压力差；实践中应以实测值为准。

五、灌溉施肥制度的拟合

制定灌溉施肥制度的主要原则是肥随水走、少量多次、分阶段拟合。根据灌溉制度将肥料按灌水时间和次数进行分配，对作物全生育期的灌水定额、灌水周期、一次灌溉延续时间、灌水次数与作物全生育期需要投入的养分量及其各种养分比例、作物各生育时期所需养分量及其比例等进行拟合，制定灌溉施肥制度。以下为干旱半干旱区春玉米不同滴灌模式灌溉施肥制度，供读者参考（表7-8、表7-9、表7-10）。

表7-8 干旱半干旱区春玉米膜下滴灌灌溉制度参照表

生育时期	适宜土壤湿润深度（厘米）	适宜土壤相对含水量下限（%）	灌水次数（次）	灌水定额（米³/亩）	灌溉定额（米³/亩）
播种—出苗期	20	65	1	10～12	
出苗—拔节期	30	60		10～14	
拔节—抽穗期	40	65	1～2	15～18	100～120
抽穗—灌浆期	40	70	1～2	20～22	
灌浆—蜡熟期	40	65		10～14	
蜡熟—收获期	—				

表7-9 干旱半干旱区春玉米浅埋滴灌灌溉制度参照表

生育时期	适宜土壤湿润深度（厘米）	适宜土壤相对含水量下限（%）	灌水次数（次）	灌水定额（米³/亩）	灌溉定额（米³/亩）
播种—出苗期	20	65	1	15～19	
出苗—拔节期	30	60	1～2	15～19	
拔节—抽穗期	40	65		20～24	150～180
抽穗—灌浆期	40	70	2	25～29	
灌浆—蜡熟期	40	65	1	15～17	
蜡熟—收获期	—				

表7-10　干旱半干旱区春玉米滴灌施肥制度参照表

目标产量	施肥时期	推荐养分用量（千克/亩）			其他肥料
		氮（N）	磷（P$_2$O$_5$）	钾（K$_2$O）	
600～ 800千克/亩	种肥	3.00～5.40	5～10	2.10～4.20	在缺锌地区种植玉米可结合当地实际，适当增施锌肥1～2千克/亩（硫酸锌实物量）
	拔节期	2.10～2.88	0	0.35～0.90	
	大喇叭口期（追肥）	4.20～5.76	0	0.35～0.90	
	抽穗—开花期（追肥）	0.70～0.96	0	0	
	全生育期	10.00～15.00	5～10	3.00～6.00	

六、玉米滴灌水肥一体化技术要点

（一）播前准备

1. 选地整地　选择地势平坦、土层深厚、土质疏松、肥力中上、土壤理化性状良好、保水保肥能力强、有灌溉能力的地块。

整地是为了给春玉米创造一个比较适合的耕层结构，要水、肥、气、热状况适宜，在覆膜前浅耕，平整地表，耕层深18～20厘米，有条件的地区可采用旋耕机旋耕，做到"上虚下实无根茬、地面平整无坷垃"，清除杂草和根茬，打碎土壤，为覆膜、播种创造良好的土壤条件。

2. 品种选择及种子处理　根据气候条件和栽培条件选择高产、优质、抗性强、比露地栽培生育期长7～10天、比露地栽培有效积温高100～300℃的品种。同时要求该品种株型紧凑、茎节间粗短、适宜密植、后发性强、不早衰、抗倒伏。

精选种子后进行包衣，包衣剂内含杀虫剂、杀菌剂与微量元素，种子包衣是预防地下害虫、玉米瘤黑粉病、玉米丝黑穗病发生的有效方法。对未包衣的种子，播前要进行精选，剔除破粒、病斑粒、虫食粒及其他杂质，精选后要求种子纯度在99%以上、净度在98%以上、发芽率在95%以上、含水量不高于14%。

3. 施肥　施肥原则依照第二节的施肥制度确定。亩施优质腐熟农家肥2 000～3 000千克，起垄前均匀撒在地表。种肥一般施用磷酸二铵20～25千克、硫酸钾5～10千克、硫酸锌1.0～1.5千克，或施玉米专用肥60千克。追施氮肥可以施用小颗粒尿素，钾肥选用粉末状硫酸钾，或者选用市面上正规厂家合格的大量元素水溶肥料，也可以配合含腐植酸（氨基酸）水溶肥料施用。

（二）播种

1. 播种时间　玉米膜下滴灌种植，由于覆膜增温，播期可比当地不覆膜品种提前5～7天。一般土壤耕层10厘米土壤温度达到7～8℃即播种。一般中早熟区、中熟区 4 月播种为宜，中晚熟区 4 月中旬播种为宜。浅埋滴灌区域要时刻关注地温回升状况以便及时进行播种。

2. 种植密度 一般亩播苗 5 000～5 500 株，积极推广精量播种，实行大小垄种植，为方便机械作业，主推 120 厘米种植带型，大垄宽 80 厘米、小垄宽 40 厘米，株距 22～25 厘米。结合实际也可以选择 110 厘米（大垄宽 70 厘米、小垄宽 40 厘米）、130 厘米（大垄宽 90 厘米、小垄宽 40 厘米）两种不同带型，根据带型调节株距，合理密植，构建适宜的群体结构。土壤肥力高的地区可以选择耐密品种提高播种密度到 6 000～6 500 株/亩。

3. 地膜选用（膜下滴灌） 地膜最好选用可降解地膜、抗拉伸地膜等环保膜。厚度为 0.01 毫米以上，膜宽为 90～110 厘米。

4. 机械播种 选用玉米滴灌多功能联合作业播种机，施肥、播种、打药、铺带、覆膜、覆土一次性完成。开始作业前，按规定的播种密度、播种深度调整好机具，装好滴灌带、地膜、种子、化肥和除草剂；先从滴灌带卷上抽出滴灌带一端，固定在地头垄正中间，然后从地膜卷上抽出地膜端头放在地头，两侧用土封好，然后开始作业，每隔一定距离（3～4 米）压一条土带，以免大风将地膜掀开；作业过程中，机手和辅助人员要随时检查和观察作业质量与工作情况，发现问题应及时处理，做到播种深浅一致、不漏播、不重播、减少空穴，做到行直、行距准确均匀。

5. 化学除草 在播种玉米的同时于土壤表面喷洒除草剂一次，一般选用广谱性、低毒、残效期短、效果好的除草剂。如阿乙合剂，即每公顷用 40% 的阿特拉津胶悬剂 3.0～3.5 千克加乙草胺 2 千克；也可以用进口的甲草胺及二甲戊灵，对水 500 千克喷施。

（三）田间管理

1. 苗期管理 苗期管理的重点是促进根系发育、培育壮根，实现苗早、苗全、苗齐、苗壮。播种后及时检查出苗情况，及时放苗、定苗，放出壮苗、没病的苗，防止捂苗、烤苗。放苗后用湿土压严放苗口，并及时压严地膜两侧，防止大风揭膜。个别缺苗现象可采取留双株措施加以弥补，严重缺苗应及时补种补栽。

2. 中期管理 中期管理的重点是保证水肥供应，实现秆壮、穗大、粒多。玉米开花到成熟的需水量占全生育期的 50%～55%，抽穗—开花期玉米对水分敏感，一定要保证玉米的水肥供应，土壤相对含水量宜保持在 75%～80%。在开始拔节和进入大喇叭口期时分别随灌溉水追施拔节肥和孕穗肥。后期不应停水过早，植株只要青绿，就要保持田间湿润。在大喇叭口期可以喷施生长调节剂和微肥，可以防倒伏、提高产量。

3. 病虫害防治 坚持"预防为主，综合防治"的方针，以农业防治为基础，兼顾物理防治、生物防治和化学防治。主要防治玉米螟。

物理防治：400 瓦高压汞灯、频振式杀虫灯，在越冬代幼虫化蛹羽化初期开灯到羽化末期闭灯，诱杀成虫。

生物防治：释放赤眼蜂，在一代螟始见卵时开始释放赤眼蜂，每亩 20 000 头，分两次释放，第一次释放 5 天后第二次释放。关键是要掌握放蜂时机。

化学防治：每亩用 95％敌百虫晶体 1 000～1 500 倍液、三唑磷微乳剂 50 毫升对水 40～50 千克、80％氟虫腈（锐劲特）水分散粒剂 3 克心叶喷雾。

（四）收获

蜡熟后期果穗苞叶开始松散、籽粒内含物硬化时，将果穗剥皮晾晒，减少水分，并适当晚收，促进籽粒饱满，籽粒表面有鲜明光泽时即可收获。

第三节　花生水肥一体化技术

花生是我国重要的油料作物，种植面积大约为 7 000 万亩，种植面积较大的有山东、河南、河北、广东、安徽、广西、四川、江苏、江西、湖南、湖北、福建、辽宁 13 个省份，年产量约 1 800 万吨。花生抗旱耐瘠、适应性强，相同生产条件下，种植花生与其他作物相比用工省、效益高，还可以起到提高地力、增加后茬作物产量的作用。

一、花生生育时期

花生具有无限生长的习性，其开花期和结实期较长，在开花后很长一段时间内，开花、下针、结果连续交错进行。从栽培角度一般将花生分为 5 个生育时期：发芽出苗期、苗期、开花下针期、结荚期、饱果成熟期。

1. 发芽出苗期　从播种到 50％幼苗出土、第一片真叶展开，完成了休眠并具有发芽能力的种子在适宜的外界条件下即能萌发，温度、水分以及氧气等因素都能够影响花生发芽出苗。

2. 苗期　50％的种子出苗到 50％的植株第一朵花开放。花生苗期生长缓慢，主茎高，叶面积、干物质积累都处于缓慢增长期，绝对生长量小，但相对生长量最快，水分、日照等因素都能够影响幼苗生长。

3. 开花下针期　50％的植株开始开花到 50％的植株出现鸡头状幼果的时期，这是花生植株大量开花下针、营养体开始迅速生长的时期。开花下针期对养分、温度和水分要求较高，对光照时间和光照强度也较为敏感。

4. 结荚期　50％的植株出现鸡头状幼果到 50％的植株出现饱果为结荚期。结荚期是花生营养生长与生殖生长并盛期，光合强度和干物质积累量均达到高峰，同时也是营养体由盛到衰的转折期。结荚期也是花生全生育期吸收养分和耗水的最盛期，所吸收的氮、磷占全生育期吸收氮、磷总量的 60%～70%，日耗水量可达 5～7 毫米/天，对缺水干旱也最为敏感。此外也是一生中光照不足对产量影响最大的时期，同时对温度的要求也较高。

5. 饱果成熟期　50% 的植株出现饱果到大多数荚果饱满成熟。这一时期，营养生长逐渐衰退，干物质积累速度变慢，这一时期所增加的果重一般占总果重的 40%～60%，是荚果产量形成的主要时期，水分、温度和光照均能影响饱果数和果重。

二、花生的营养需求

花生的必需营养元素有 17 种，其中，碳、氢、氧、氮、磷、钾、钙、镁、硫 9 种元素的需求量较大，占花生植株干物质重的 0.1% 以上，其余 8 种在 0.1% 以下，最低的只有 0.1 毫克/千克。

碳、氢、氧主要来自二氧化碳和水，不考虑肥料的施用。

氮主要来自根瘤固氮、土壤供应和施肥三个方面，根瘤固氮能够满足其需氮量的 50% 左右，其余的氮需从土壤和施肥中获得；磷主要来自土壤和施肥，通常以正磷酸盐的形式被吸收，进入植株后，大部分成为有机物，一部分仍保持无机物形态；钾主要来自土壤和施肥，以离子态被吸收，且多以离子态存在于植株体内，主要集中在生长点、幼针、形成层等活跃的部位。花生平均每生产 100 千克荚果需要吸收氮（N）5.0～5.5 千克、磷（P_2O_5）0.9～1.3 千克、钾（K_2O）1.9～3.3 千克，比例为（5～6）：1：（2～3），同时花生对钙的需求量也较大，每生产 100 千克荚果需要吸收 CaO 1.5～3.5 千克。

在花生施肥方面，以基肥为主、追肥为辅，提倡增施有机肥，控制氮肥和磷肥用量、适当增加钾肥用量。基肥氮肥、磷肥、钾肥均衡施用，追肥以氮肥、钾肥为主。在缺钙和微量元素地区，补充钙肥和硼肥、钼肥，有条件的地区配合施用花生根瘤菌剂。可以选择有机肥＋化肥一次性底肥施用模式，但将全部有机肥、40% 的氮肥、70%～80% 的磷钾肥用作底肥，将剩余肥料作为追肥效果更佳，提倡水肥一体化进行追肥，采用地膜覆盖栽培总施肥量应提高 20%。

三、花生的水分需求

花生是比较耐旱的作物，但整个生育期的各个阶段都需要有适量的水分才能满足其生长发育的要求。花生总的需水特点是苗期少、开花下针和结荚期较多、生育后期荚果成熟阶段少，形成"两头少、中间多"的需水规律。

1. 发芽—苗期　种子发芽出苗时，需要吸收足够的水分，水分不足则种子不能萌芽。出苗时，土壤相对含水量以 60%～70% 为宜，低于 40% 容易造成缺苗，高于80％会导致土壤中的空气减少，降低发芽率。如水分过多，甚至会造成烂种。苗期根系生长快，地上部的营养体较小，需水量小，土壤相对含水量以50％～60％为宜，若低于40％，花生根系生长受阻，幼苗生长缓慢，还会影响花芽分化；如果高于70％，会导致花生根系发育不良、地上部瘦弱，影响开花结果。

2. 开花下针期　花生开花下针阶段既是植株营养体迅速生长的时期，又是大量开花、下针、形成幼果进行生殖生长的盛期，是花生一生中需水量最大的阶段。这一阶段土壤相对含水量以60％～70％为宜，若低于50％，开花数量显著减少，过于干旱甚至会造成中断开花；若土壤水分过多，排水不良，土壤通透性差，会影响根系和荚果的发育，甚至会导致根系徒长倒伏。

3. 结荚成熟期　荚果成熟阶段，植株地上部营养体的生长逐渐缓慢，以致停止，需水量逐渐减少，土壤相对含水量以50％～60％为宜，若低于40％会影响荚果的饱满度，若高于70％则不利于荚果发育，甚至会导致烂果。

四、花生灌溉的原则

据测算，花生每生产1千克干物质，需水450千克左右（含叶面蒸腾和地面蒸发）。由此测算，产量为4 500千克/公顷时，需水量约为4 050米^3。其中，结荚期需水量最大，占全生育期需水量的44.2％；其次是花针期、饱果期，分别占30.1％和15.2％；苗期需水量最小，为10.5％。

灌溉时期和次数根据花生生育期降水量多少、土壤条件以及花生各生育期对土壤水分的需求来确定，不同花生产区上述条件差异较大。因此，灌溉次数、时间应视具体情况而定。北方花生产区保水性好的地块，只要播种时墒情适宜，一般年份春播花生苗期不要灌溉。因为苗期温度低，植株生长缓慢，植株小，蒸发量低，灌溉降低地温，不利于花生生长发育，仅在相对含水量低于40％时可适度灌溉。开花下针期和结荚期对水分均比较敏感，相对含水量低于55％时就应进行灌溉。在干旱条件下，在结荚期和饱果成熟期进行灌溉，增产效果最佳。如只灌溉一次，在结荚中后期灌溉效果最佳。保水性差的地块应根据气候条件和各生育阶段水分需求适当增加灌溉次数，一般在花生开花后27～40天、54～99天结合部分肥料进行水肥灌溉。南方花生产区特别是旱地花生和秋植花生常常受干旱影响，灌溉时期应根据干旱时期确定，尤其应重视结荚期灌溉。

五、花生水肥一体化

水肥一体化技术是灌溉与施肥融为一体实现水肥同步管理和高效利用的节水农业技术。在此基础上运用物联网系统采集作物生长环境中的温度、相对湿度、土壤电导率等田间信息，通过各种仪器仪表实时显示或将其作为自动控制的参变量添加到水肥管理的自动控制中，技术人员可对多个地块的作物水肥环境进行远程监测和控制，实现智能水肥一体化。

（一）基本条件

1. 基本要求 选择地势平坦、耕层深厚、理化性状良好、水源获取方便、排灌便利的壤土、轻壤土或沙壤土地块，水源要求井水、泉水等地下水，或江河、湖泊、水库、池塘等地表水，水质应符合灌溉水有关标准。

2. 动力选择 根据水源状况、灌溉面积、扬程等条件选择适宜的水泵类型，同时配置相应动力。

3. 过滤器选择 含沙量较大的水源采用离心式过滤器，下游配合筛网过滤器或砂石过滤器使用，筛网过滤器孔径为 100～150 目，含有机污染物较多的水源采用砂石过滤器。

4. 配套设备 主要包括阀门、流量和压力调节器、流量表、安全阀、压力表、进排气阀等，在管道的适当位置安装排气阀、逆止阀和压力调节器等装置。

5. 管网建设 管网由干管、支管、滴灌带和控制阀等组成，干管直径一般为 80～120 毫米，具体可根据灌溉面积和流量进行确定，支管直径一般为 32 毫米或 40 毫米；滴灌带直径为 15～20 毫米，滴孔间距为 15～20 厘米，工作时滴灌带压力为 0.05～0.10 兆帕，流量为 1.5～2.0 升/时。根据地形布设支管和滴灌带，支管布设方向与花生种植行向垂直，滴灌带铺设走向与花生种植行向同向，支管与滴灌带布置成梳子形或"丰"字形。施肥装置可安装于滴灌系统首部和干管相连组成水肥一体化系统，亦可安装于支管或者滴灌带的上游，与支管或者滴灌带相连组成水肥一体化系统。

6. 设备清洗 一般每 30 天清洗肥料罐一次，并依次打开各个末端堵头，使用高压水流冲洗主、支管道，大型过滤器压力表出口读数低于进口压力 60.80～101.33 千帕时清洗过滤器。

（二）水肥一体化要点

1. 整地 花生播种前，深松、旋耕土壤，整地达到松、细、平、净、墒、齐为好。

2. 品种选择 依据当地的气候条件和市场需求选择高产、优质、耐肥、综合抗性好的适宜花生品种。

3. 种子处理 播种前 7～10 天剥壳，剥壳前晒种 2～3 天，剥壳时随时剔除虫、芽、烂果和杂色、异形的种子。剥壳后依据种子大小分成 1 级、2 级、3 级，籽仁大而饱满的为 1 级，未成熟、干瘪、不能萌发出苗的种子为 3 级，重量介于 1 级和 3 级之间的为 2 级。选用 1 级、2 级作为种子。根据病虫害发生情况和不同种衣剂剂型进行种子包衣，东北地区"倒春寒"现象发生严重，应选择耐低温种衣剂。

4. 施肥时期和用量 施肥量依据不同地块的目标产量和施肥水平确定，提倡有机无机肥配施。亩基施有机肥 2 000～4 000 千克，其他化学肥料基肥、追肥配合施用。氮肥 40%、磷钾肥 70%～80% 作基肥施用，其余肥料生长期内采用滴灌追肥。

5. 播种 春花生适宜播期为 5 厘米土层日平均地温稳定在 12℃以上，可采用双行垄作、单垄栽培、覆膜栽培等方式，铺设滴灌带。每亩单粒精播13 000～18 000 粒，双粒播种 8 000～10 000 穴，播种时镇压或播后镇压。

6. 灌溉要求 在花生不同生育时期进行测墒滴灌，0～40 厘米土壤相对含水量低于该时期适宜指标时（表 7-11）可进行灌溉。

表 7-11　不同生育时期适宜土壤相对含水量

项目	出苗期	苗期	开花下针期	结荚期	饱果成熟期
适宜土壤相对含水量（%）	65±5	55±5	65±5	65±5	55±5

7. 追肥方法 滴灌肥料可选择花生专用肥或水溶肥料，选择于苗期、开花下针期、结荚期和饱果成熟期进行 4 次追肥，分别以总肥量的 10%、25%、20%、5% 滴灌施入，后期可选择追施含氨基酸水溶肥料。追肥方法如下：首先，将肥料充分溶解备用；其次，将 1/3 的水量灌入田间，再进行注肥，注肥时间约为总灌水时间的 1/3，注肥流量根据肥料总量和注肥时间确定；最后，继续灌水直至达到预定灌水量。

8. 病虫防控 一般苗期—开花下针期主要防治蚜虫，结荚期主要防治叶斑病、蛴螬、棉铃虫等。

9. 收获 适时收获，当 70% 以上荚果果壳硬化、网纹清晰、果壳内壁呈青褐色斑块时，及时收获、晾晒。春花生于 9 月中下旬收获，夏直播花生于10 月上中旬收获，选用花生联合收获机或两段式收获机收获，收获后及时晾晒至荚果含水量为 10% 以下可入库储藏。

10. 管带回收 收获后及时回收主路管道和滴灌带，并排净管内积水，回收的主路管道和滴灌带，可视情况第二年再利用，同时应将地里的残膜拣净，减少残膜污染。

第四节　大豆浅埋滴灌水肥一体化技术

浅埋滴灌是将滴灌带（管）埋在地表下土壤中 3～5 厘米处，覆土浅埋固定，以滴灌的形式进行灌溉的方法。优点：①减少土壤表面蒸发，更加节约用水。②避免鸟、鼠等破坏滴灌带。③减轻杂草生长和湿度大引发的病害。④农作物所需养分可直接到达作物根部，提高肥料利用率，避免因撒施化肥挥发而污染环境。

一、大豆的需肥规律

（一）大豆必需的矿质元素

大豆是需肥较多的作物，对氮、磷、钾三要素的吸收一直持续到成熟期，形成相同的产量大豆所需的三要素比禾谷类作物多。所需营养元素种类全，大豆除吸收氮、磷、钾三要素外，还吸收钙、镁、硫、氯、铁、锰、锌、铜、硼、钼等多种营养元素。

（二）大豆的需肥量

对国内外的 14 份资料进行统计可知，大豆产量水平在 1 339.5～4 030.5 千克/公顷时，每生产 100 千克籽粒需吸收 N 6.27～9.45 千克、P_2O_5 1.42～2.60 千克、K_2O 2.08～4.90 千克（平均为 7.99 千克、1.93 千克、3.52 千克）；如果按每公顷产量为 3 300～4 030.5 千克（这个产量水平是我国目前能达到的）进行统计，每生产 100 千克籽粒吸收 N 8.71（8.10～9.35）千克、P_2O_5 2.10（1.64～2.47）千克、K_2O 3.49（2.90～3.67）千克。

据内蒙古农业大学研究，在田间条件下，当大豆产量水平在 3 000～3 180 千克/公顷时，每生产 100 千克籽粒需吸收 N 8.32 千克、P_2O_5 2.2 千克、K_2O 3.2 千克。此数据与国内外研究的结果基本吻合，可作为内蒙古地区指导大豆施肥的依据。其他地区应根据产量水平、品种特性、施肥量、土壤肥力等进行适当调整。

（三）大豆根瘤菌的固氮作用

一般生产条件下，根瘤固氮能供给大豆氮需要量的 30%左右，适宜条件下可供给 70%～80%。美国学者研究发现，大豆根瘤菌每固定一个氮分子需 15 个三磷酸腺苷分子。因此当土壤养分不足时，大豆与根瘤菌之间会竞争养分，影响共生关系，所以施肥不单纯是供给寄主植物营养，还能促进根瘤菌发育，改善大豆与根瘤菌的共生关系，提高大豆产量。

（四）大豆对氮、磷、钾的吸收

大豆氮、磷、钾的吸收积累从出苗到籽粒成熟随植株干重的增加而增加，且对钾的吸收稍快于氮和磷。内蒙古农业大学研究发现，大豆不同生育时期三要素积累百分率不同，苗期为 2.21%～3.34%，分枝期为 6.62%～8.92%，开花期为 19.73%～22.19%，结荚期为 47.88%～52.92%，鼓粒期为 77.08%～80.12%，成熟期为 100%。由此可见，大豆吸收三要素有两个快速增长期，前一个快速增长期为花芽分化期，从分枝到开花的 20 天左右，三要素吸收量占总吸收量的 20%~25%。第二个快速增长期是开花—鼓粒期，在生长的第 45 天左右，氮、磷、钾三要素的吸收量分别占总量的 57.35%、58.86% 和 58.48%，是三要素吸收量最大的时期。

二、大豆的需水规律

大豆是需水较多的作物，每形成 1 克干物质，消耗水分 600~1 000 毫升，比小麦、谷子、高粱等禾谷类作物高 4~10 倍。单株一生需水 17.5~30.0 升，每形成 1 千克籽粒，耗水 2 米³ 左右。随着产量的提高，水分利用率提高。在相同气候条件下，土壤肥力高、合理密植，大豆生长旺盛，光合作用效率高，干物质积累多，每生产 1 份干物质的需水量较低（表 7-12）。

表 7-12　大豆籽粒产量与耗水量

籽粒产量（千克/公顷）	耗水量（米³/公顷）	每千克籽粒耗水量（米³）
1 317.0	3 690	2.80
2 467.5	3 870	1.56
3 012.0	4 350	1.44
3 619.5	5 100	1.41
3 703.5	6 375	1.72

资料来源：张智策等，1998，大豆综合高产新技术。

由于大豆群体结构及各生育时期的生理特点不同，各生育时期需水量也不同。总的趋势是生育前期需水量最少，生育中期最多，生育后期减少。

1. 出苗期　播种到出苗期需水量占总需水量的 5%。种子萌发需水量为种子重的 1.0~1.5 倍，土壤相对含水量达 70% 时有利于出苗，土壤相对含水量低于 55% 或超过 80% 时出苗率降低。

2. 苗期　苗期需水量占总需水量的 13%。该期根系生长较快，茎叶生长较慢，叶面积较小，株间土壤蒸发量大，适宜的土壤相对含水量为 60%~70%。当土壤相对含水量不低于 50% 时，不必灌溉。苗期适当干旱有利于扎根，形成壮苗。如果土壤水分过多，土壤温度低，茎基节间伸长，根系沿浅层土壤扩展，后期容易倒伏、花荚脱落增多。

3. 花芽分化期　花芽分化期需水量占总需水量的 17%。由于该期营养生长与生殖生长并进，植株需要大量水分，最适宜的土壤相对含水量为 70%~80%。干旱或水分过多都会影响花芽分化，造成严重减产。若水分含量过高，应进行深松散墒，促进水分下渗，使土壤增温、透气。

4. 开花—结荚期　开花—结荚期对水分反应敏感，需水量占全生育期需水量的 45%，是需水临界期。此时气温高，蒸发量大，每小时的蒸腾量能超过植株的含水量，每株大豆每日吸水量可达 500 毫升以上，光合作用强，代谢旺盛，适宜的土壤相对含水量为 80%。如果水分不足，叶片的气孔就会关闭，蒸腾受阻，减少对二氧化碳的吸收，生长发育受抑制，严重时植株萎蔫，花、荚脱落。如果水分过多也会影响大豆生长发育，主要是使植株旺长、过早郁闭、光合产物不足，营养体与花荚争夺养分也会导致花荚脱落。

5. 鼓粒一成熟期 鼓粒一成熟期需水量占全生育期需水量的 20%。该期营养生长停止，生殖生长旺盛，籽粒干物质积累较多，仍是需水较多的时期，适宜的土壤相对含水量为 70%。鼓粒初期干旱，会形成空瘪粒；鼓粒后期干旱，粒重降低。水分充足有利于加速鼓粒，确保粒大饱满。如果土壤水分过多，会使侧根与底叶早衰，成熟延迟，产量降低。

三、大豆浅埋滴灌技术要点

(一) 整地

选择地势平坦、土层深厚、保水保肥能力强、具有滴灌条件、不重茬和迎茬的适宜茬口地块。深松或深翻 30 厘米以上，打破犁底层。深松、深翻后适时耙地，做到深浅一致、地平土碎。

(二) 种子准备

根据当地有效积温条件选择通过国家、省级审定，适合当地生态类型区的优质大豆品种。播前进行机械或人工精选，剔除破粒、病斑粒、虫食粒和其他杂质，精选后的种子要籽粒饱满，种子纯度在 98% 以上，净度在 99% 以上，发芽率在 85% 以上，含水率≤12%（高寒地区≤13.5%）。播种前将精选后的种子用大豆种衣剂按照药种比 1∶（70~80）进行包衣，包衣后阴干。

(三) 播种

5 厘米以上土壤温度稳定通过 10℃ 即可播种。选用大豆大垄密植浅埋滴灌专用精量播种机一次性完成播种、施肥、铺设滴灌带、镇压等作业。播种量为每亩 4~5 千克。镇压后播种深度为 3~4 厘米。

(四) 种肥施用

采用测土配方施肥技术施肥。一般每亩施用磷酸二铵 8~9 千克、尿素 3~4 千克、硫酸钾 2~3 千克，或施用含相应养分的大豆专用肥。

(五) 管网连接及滴灌

播种后，将毛管、支管、主管和首部连通。当土壤墒情不足时及时进行苗前滴水 1 次，滴水量为每亩 20~30 米^3，保证出苗所需水分。在大豆开花期和结荚期，根据土壤墒情灌水 2~3 次，每次灌水量为 20~30 米^3/亩。

（六）田间管理

1. 化学除草 土壤封闭除草：在春季土壤墒情和气候条件较好的情况下，采取播前或播后苗前土壤处理，每亩用 48％氟乐灵乳油，播前 5～7 天施药，喷药后 1～2 小时内混土。有机质含量≤30 克/千克的地块，每亩用药量为 60～110 毫升，有机质含量＞30 克/千克的地块，每亩用药量为 110～140 毫升，对水 25 千克喷施。

苗后除草：在杂草 3～4 叶期，每亩用 10.8％精喹禾灵乳油 50～75 毫升＋48％苯达松水剂 150～200 毫升，或用 25％氟磺胺草醚乳油 120 毫升＋12.5％烯禾啶乳油 125～150 毫升，对水 15～25 千克叶面喷施。喷施应选择晴天，气温在 13～27℃，空气湿度大于 65％，风速小于 4 米/秒，6：00—10：00 或 16：00—20：00 进行。

2. 中耕 苗齐后和封垄前分别中耕 1 次，实现垄沟深松，作业深度在 25 厘米以上。

3. 叶面追肥 开花期每亩用尿素 0.3 千克＋磷酸二氢钾 100～150 克＋多元素叶面肥 20 毫升，对水 15 千克；结荚期每亩用尿素 0.3～0.5 千克＋磷酸二氢钾 0.2 千克，对水 15 千克进行叶面喷施。

若出现药害、冻害、涝害、雹灾等，可用油菜素内酯 2～3 克，对水 7～10 千克进行叶面喷施，视药害程度可间隔 7 天喷施 1～2 次。

4. 病虫害防治 大豆孢囊线虫病、根腐病：选用抗线品种；用 62.5 克/升精甲·咯菌腈悬浮种衣剂 300～400 毫升拌种 100 千克；深松增加土壤透气性。

大豆食心虫：在成虫发生盛期用 2.5％氯氰菊酯乳油 20～30 毫升，对水 25 千克喷雾防治。

双斑长跗萤叶甲、草地螟：实行统防统治，及时铲除田边、地埂、渠边杂草，破坏其生存环境。发生田间危害，达到预防指标时，用 2.5％氯氰菊酯乳油 20～30 毫升，对水 25 千克喷雾防治。

（七）收获

黄熟末期至完熟初期，大豆叶片全部脱落、豆粒完全归圆时适时收获。收获前回收滴灌带，以旧换新或送至回收网点，避免污染。

第五节　马铃薯高垄滴灌水肥一体化技术

一、技术简介

高垄滴灌是北方干旱半干旱地区马铃薯种植广泛应用的一种节水灌溉技术，将滴灌水肥一体化与高垄栽培结合，可实现节水节肥、增产增收。

二、技术要点

（一）选地

马铃薯是需要深耕的作物，只有耕层土壤松软，才有利于根系发育、块茎膨大。马铃薯高垄滴灌水肥一体化技术应选择地势平坦、土壤疏松肥沃、土层深厚、保水保肥能力强、易于排灌的耕地，不宜选择陡坡地、石砾地、盐碱地、瘠薄地等。避免重茬或迎茬，适宜与禾谷类作物轮作，不宜与茄科作物和块根作物轮作。

（二）整地

深耕翻、细整地。一般深耕 30~35 厘米。结合耕地增施有机肥，耙碎糖细整平。要求按照"秋耕（翻）宜深、春耕（翻）宜浅"的原则进行耕翻，以利于土壤蓄水保墒。

（三）施肥

按照有机肥与无机肥相结合的原则安排肥料施用。通过增施农家肥和商品有机肥提高土壤肥力，增加产量，改善品质。根据目标产量和土壤养分测试结果，按照每生产 1 000 千克马铃薯块茎，需氮（N）5~6 千克、磷（P_2O_5）2 千克左右、钾（K_2O）12~13 千克计算化肥施肥量。

种肥施用磷酸二铵、尿素或配方肥等；追肥施用尿素、硫酸钾、水溶性肥料或液体肥料等。具体施用方法：农家肥结合翻耕施入；磷肥作为种肥一次性施入；氮肥、钾肥 60%~70% 作种肥施入，30%~40% 作追肥结合灌溉分次施入。追肥前期以氮肥为主，后期以钾肥为主，同时施入中微量元素。

（四）选用良种

1. 种薯选择 根据无霜期长短、土壤条件、栽培管理水平以及市场需求等选择适合种植的品种。种薯选用优质脱毒良种，级别为原种、一级或二级，充分发挥品种的丰产性，要求薯块完整、无病虫害、无伤冻、薯皮洁净、色泽鲜艳，按 2 250 千克/公顷（150 千克/亩）预备种薯。

2. 种薯处理 晒种：将种薯提前 20 天出窖，首先淘汰环腐病、软腐病、晚疫病及病毒病薯块。将健壮薯置于温暖避光的室内（堆高 30~50 厘米），8~18℃条件下催芽，3~5 天翻动一次，10 天左右即可萌芽，芽长 2~4 毫米时立即见光通风。

切种：种植前 2~3 天对种薯按芽切种，应尽量采用平分顶部芽的方法切块，薯块重量不低于 30 克，每个薯块保证不少于 2 个芽眼。

消毒：切块时应注意细菌性病毒病，特别是环腐病的切具传染，一旦发现有病薯，应及时对切具用 0.5% 高锰酸钾或 75% 酒精消毒。

拌种：切块后的种薯用 40% 甲醛稀释 200 倍的溶液或 0.5%~1.0% 硫脲

喷洒，混合均匀后，用薄膜覆盖闷种 2 小时，然后平铺摊开，通风晾干后播种。或者选用 75％甲基硫菌灵∶滑石粉＝3∶100 的混合粉剂拌种。

（五）施肥情况

按照测土配方施肥技术要求，马铃薯的施肥量应依据需肥规律、土壤供肥能力和肥料效应、目标产量进行综合分析。马铃薯高垄滴灌水肥一体化施肥以基肥和种肥为主，以追肥为辅。种肥一般施用磷酸二铵、尿素或配方肥等；追肥一般施用尿素、硫酸钾等。用法：结合翻耕施入农家肥，一般 2 000～3 000 千克/亩；氮肥、钾肥 60％～70％作种肥、30％～40％作追肥，磷肥作种肥一次性施入。追肥前期应以氮肥为主，后期以钾肥为主。种肥一般亩施马铃薯配方肥 40～50 千克。

（六）播种

1. 播种时期　适期早播可早出苗，早发育，早形成块茎，避免晚霜危害。一般在当地晚霜前 20～30 天，土壤 10 厘米地温达到 7～8℃时为适宜播期。

2. 播种深度　播种深度因气候、土壤条件而定，一般为 8～10 厘米。黏土适当浅播，沙壤土适当深播，但不能超过 12 厘米。

3. 种植密度　高垄滴灌采用大垄种植，行距为 90 厘米，株距为 20 厘米，亩株数为 3 700 株左右。

4. 播种方式　采用 4 行或 2 行播种机条播。行距为 90 厘米，要求下种均匀、覆土厚度一致。

5. 滴灌带铺设及安装　播种机直接铺设滴灌带：播种时点种和铺带同时进行，滴灌带在种子上面，覆土厚度（距垄顶）为 5～10 厘米。

播种后铺设滴灌带：滴头间距为 30 厘米，每垄一根铺在垄顶正中，每间隔 2～3 米横向覆土压带，防止大风吹移滴灌带影响灌溉效果。

连接滴灌带与预先设计好的支管，封堵滴灌带末端。

（七）水肥一体化关键环节

1. 灌溉　马铃薯灌水标准：播种—现蕾前（芽条生长、幼苗生长期），0～30 厘米土壤相对含水量保持在 65％左右；现蕾—终花期（地下块茎形成—膨大期），0～30 厘米土壤相对含水量保持在 75％～80％；终花期—叶枯萎（淀粉积累期），0～30 厘米土壤相对含水量保持在 60％～65％。

根据马铃薯的需水规律和种植区域的降水情况，在常年降水量的基础上，北方干旱半干旱地区高垄滴灌马铃薯全生育期灌溉定额一般为 120～180 米^3。

2. 追肥　高垄滴灌马铃薯追肥需选用易溶肥料。肥料品种以氮肥和钾肥为主，并注意补充锌、硼等微量元素肥料。追肥方法：前期以氮肥为主，后期以钾肥为主，遵循少量多次原则。施肥前先滴清水，再加入肥料，肥料滴完再滴清水清洗管道。施肥和灌水可视苗情、长势做适当调整。

马铃薯一般追施尿素 30～40 千克/亩，追施硫酸钾 10～15 千克/亩。具体追肥比例可参考表 7-13。

表 7-13　马铃薯滴灌水肥一体化灌溉施肥参照表

灌水次数（次）	生育时期	灌水量（米³/亩）	施肥量（占追肥总量百分比，%）	
			氮（N）	钾（K₂O）
1	苗期	10	—	—
2	苗期—块茎形成期	15	20	5
3	块茎形成期	15～30	40	40
4	块茎形成—膨大期	20～30	20	20
5	块茎膨大期 1	15～20	10	20
6	块茎膨大期 2	10～15	10	15
7	块茎膨大—淀粉积累期	10	—	—

3. 追肥操作程序

（1）打开施肥罐，将所需滴施的肥料倒入施肥罐中，可溶性的固体颗粒不宜超过罐体容量的 1/2。

（2）打开进水球阀，当肥水混合物达到施肥罐容量的 2/3 后关闭进水阀门，并将施肥罐上的盖拧紧。

（3）滴灌施肥时，先打开施肥罐出水球阀，再打开其进水球阀，稍后缓慢关两球阀间的闸阀，使其前后压力表差比原压力差增加约 0.05 兆帕，通过增加的压力差将罐中肥料带入系统管网之中。

（4）一般 20～40 分钟可完成，具体情况根据经验以及罐体容积大小和肥量的多少判定。

（5）滴施完一轮灌组后，将两侧球阀关闭，先关进水阀后关出水阀，将罐底球阀打开，把水放尽，再进行下一轮灌组灌溉施肥。

4. 注意事项

（1）罐体内肥料必须溶解充分，否则会影响施肥效果，并且可能堵塞罐体。

（2）肥料应在每个轮灌小区滴水 1/3 时间后滴施，并且在滴水结束前半小时必须停止施肥。

（3）轮灌组更换前应有半小时的管网冲洗时间，即滴纯水冲洗半小时，以免肥料在管内沉积。

（4）在安装时特别要注意进出水口的安装，以免装反。

（八）田间管理

1. 查苗补苗　苗基本出齐后检查田间出苗率，发现缺苗断垄要坐水移植补齐全苗，保证亩株数。

2. 中耕培土　目测出苗率达到 20％时立即开始中耕培土，第一次中耕培土在出苗 30％以前完成。用拖拉机牵引中耕机进行中耕培土，培土厚度为 5～8 厘米，将幼苗及杂草全部埋掉。

幼苗长至 15～20 厘米，培土厚度为 10～15 厘米。垄台尽可能大，两次中耕培土深度控制在 20～25 厘米。漏培的要进行人工培土。中、后期发现有大草要组织人员及时拔除。

3. 病虫害防治　马铃薯要重点防治早疫病、晚疫病、软腐病等真菌、细菌病害以及黑痣病等土传病害，同时要预防和灭杀蚜虫、斑蝥等地上害虫。

商品薯一般整个生育期打药 3～6 次，具体根据实际情况确定。

4. 杀秧　杀秧前要及时拆除田间滴灌管和横向滴灌支管。可用杀秧机杀秧。

（九）收获

机械杀秧或植株完全枯死 1 周后，选择晴天进行收获。尽量减少破皮、受伤，保证薯块外观光滑，提高商品性。收获后薯块在黑暗条件下储藏，以免变绿影响食用和商品性。收获时，有条件的农户可将滴灌带收起来，第二年继续使用。

第六节　马铃薯膜下滴灌水肥一体化技术

一、技术简介

膜下滴灌是地膜覆盖与滴灌水肥一体化技术的结合，即在滴灌带或滴灌毛管上覆盖一层地膜。膜下滴灌综合了地膜覆盖蓄水、保墒、增温的特点以及滴灌少量多次灌溉施肥、水分养分直达根区的优点，经济效益、社会效益和生态效益显著。

二、技术要点

（一）选地

马铃薯是需要深耕的作物，只有耕层土壤松软，才有利于根系发育、块茎膨大。一般膜下滴灌种植马铃薯选择地势平坦、耕层深厚、肥力中上、土壤理化性状良好、保水保肥能力强的地块，不宜选择陡坡地、石砾地、盐碱地、瘠薄地等。要避免连作和与茄科作物轮作。

（二）整地

3 年深耕或深松一次，深度为 25～30 厘米。要求按照"秋耕（翻）宜深、春耕（翻）宜浅"的原则进行耕翻，以利于土壤蓄水保墒。一般要求 2 年或 3 年轮作一次，减少连作障碍，恢复地力。

(三) 施肥

按照有机肥与无机肥相结合的原则安排肥料施用。通过增施农家肥和商品有机肥提高土壤肥力、增加产量、改善品质。根据目标产量和土壤养分测试结果，按照每生产 1 000 千克马铃薯块茎需氮（N）5 千克左右、磷（P_2O_5）2 千克左右、钾（K_2O）9 千克左右计算化肥施肥量。

种肥施用磷酸二铵、尿素或配方肥等；追肥施用尿素、硫酸钾、水溶性肥料或液体肥料等。具体施用方法：农家肥结合翻耕施入；磷肥作为种肥一次性施入；氮肥、钾肥 50%～60%作种肥施入，40%～50%作追肥结合灌溉随水分次施入。追肥前期以氮肥为主，后期以钾肥为主。

(四) 选用良种

1. 种薯选择 根据无霜期长短选择中早熟品种，选用优质脱毒种薯，级别为原种、一级或二级，要求薯块完整、无病虫害、无伤冻、薯皮洁净、色泽鲜艳，按 2 250 千克/公顷（150 千克/亩）预备种薯。

2. 种薯处理 晒种：将种薯提前 15 天出窖，首先淘汰环腐病、软腐病、晚疫病及病毒病薯块。将健壮薯放在室内 13～15℃条件下催芽，堆放高度以 20 厘米为宜，一般 10～15 天可催出短芽，3～5 天翻 1 次，当薯芽伸出 0.5～1.0 厘米时，晒种 5 天，白芽变绿即可切块播种。

切块：种植前 2～3 天对种薯按芽切块，应尽量采用平分顶部芽的方法切块，薯块重量不低于 30 克，每个薯块保证不少于 2 个芽眼。

消毒：切块时应注意细菌性病毒病，特别是环腐病的切具传染，一旦发现有病薯，应及时对切具用 0.5%高锰酸钾消毒，或在食盐水中沸煮消毒。

拌种：切块后的种薯用 40%甲醛稀释 200 倍的溶液或 0.5%～1.0%硫脲喷洒，混合均匀后，用薄膜覆盖闷种 2 小时，然后平铺摊开，通风晾干后播种。或者选用甲基硫菌灵和滑石粉进行表面处理。

(五) 施肥情况

根据测土配方施肥技术要求，依据马铃薯的需肥规律、土壤供肥能力和肥料效应、目标产量综合分析马铃薯的施肥量。膜下滴灌马铃薯施肥以基肥和种肥为主，以追肥为辅。种肥一般施用磷酸二铵、尿素或配方肥等；追肥一般施用尿素、硫酸钾等。用法：结合翻耕施入农家肥，一般为 2 000～3 000 千克/亩；氮肥、钾肥 60%～70%作种肥，30%～40%作追肥，磷肥作种肥一次性施入。追肥前期应以氮肥为主，后期以钾肥为主。种肥一般亩施马铃薯配方肥 60～70 千克。

（六）播种

1. 播种时期　马铃薯的播种期应该遵循 3 条原则：①薯块形成膨大期与当地雨季相吻合，同时应避开当地高温期，以满足马铃薯对水分和温度的要求；②根据品种的生育时期确定播种期，晚熟品种应比中熟早熟品种早播，未催芽种薯应比催芽种薯早播；③根据当地霜期来临的早晚确定播种期，以便躲过早霜和晚霜的危害。结合当地降水和气温情况，一般土壤 10 厘米地温稳定在 8℃左右时即可播种。例如内蒙古中西部地区一般在 5 月上旬至 5 月下旬开始播种。

2. 种植密度　膜下滴灌采用大小垄种植，大行距为 70 厘米，小行距为 40 厘米，株距为 30～35 厘米，亩株数为 3 400～4 000 株。

3. 播种方式　马铃薯膜下滴灌播种、铺管使用播种覆膜铺管一体机一次性完成。

（七）灌溉追肥

1. 灌溉　马铃薯灌水标准：播种—现蕾前（芽条生长、幼苗生长期），0～30 厘米土壤相对含水量保持在 65％左右；现蕾—终花期（地下块茎形成—膨大期），0～30 厘米土壤相对含水量保持在 75％～80％；终花期—叶枯萎（淀粉积累期），0～30 厘米土壤相对含水量保持在 60％～65％。

根据马铃薯蓄水规律和马铃薯种植区域的降水情况，在常年降水量的基础上，膜下滴灌马铃薯全生育期灌溉定额一般为 120～140 米^3（图 7-1）。

图 7-1　灌溉

2. 滴灌带　根据土质和地形情况，滴灌带铺设长度一般为 60～120 米，沙性土壤应选择滴头流量大的滴灌带，黏性土壤应选择滴头流量小的滴灌带（图 7-2）。

图 7-2　滴灌带

3. 追肥　膜下滴灌马铃薯追肥需选用易溶肥料。肥料品种以氮肥和钾肥为主，微肥多追锌肥和硼肥。追肥方法：前期以氮肥为主，后期以钾肥为主，遵循少量多次原则。施肥前先滴半小时清水，再加入肥料，肥料滴完再滴半小时清水清洗管道。可视苗情、长势做适当调整。

膜下滴灌马铃薯一般追施尿素 30～40 千克/亩、硫酸钾 10～15 千克/亩。可参考表 7-14 灌溉施肥（北方干旱半干旱区）。

表 7-14　马铃薯膜下滴灌施肥（北方干旱半干旱区）参照表

灌水次数（次）	生育时期	灌水量（米³/亩）	施肥量（占追肥总量百分比,%）	
			氮（N）	钾（K₂O）
1	苗期	5～10	—	—
2	苗期—块茎形成期	10～15	20	5
3	块茎形成期	15～20	40	40
4	块茎形成—膨大期	15～25	20	20
5	块茎膨大期1	15	10	20
6	块茎膨大期2	15	10	15
7	块茎膨大—淀粉积累期	10	—	—

（八）田间管理

1. 查苗补苗　苗基本出齐后检查田间出苗率，发现缺苗断垄要坐水移植补齐全苗，保证亩株数。

2. 病虫害防治　马铃薯要重点防治早疫病、晚疫病、软腐病等真菌、细菌病害以及黑痣病等土传病害，同时要预防和灭杀蚜虫等地上虫害。商品薯一般整个生育期打药 3～6 次，具体根据实际情况确定。

（九）收获

马铃薯生育期结束，茎叶枯萎时收获。收获时，有条件的农户可将滴灌带收起来，第二年继续使用。

第七节　棉花滴灌水肥一体化技术

一、棉花的需水需肥规律

棉花是比较抗旱的作物，但生态条件和生产条件不同，其需水需肥规律有所不同。棉花在整个生育期要消耗大量的水分，对于干旱和半干旱地区，这些水分主要靠灌溉来补偿，从种子发芽、出苗到成熟的整个生育期，除了苗期应适当控制水分进行蹲苗外，从现蕾至吐絮成熟，棉花的需水量逐渐增加，花铃期达到峰值，吐絮期逐渐下降。因此，必须根据降水情况和墒情浅灌勤灌，使棉花各个生育阶段处在适宜的土壤水分条件下，再配合其他田间管理技术措施，才能实现棉花的高产稳产。

（一）棉花不同生育时期对水分的需求

棉花不同生育时期对水分的要求不同，由于生育前期植株矮小、地面覆盖不严，田间水分的消耗主要是棵间蒸发，生育中、后期植株较大，由于封行，地面覆盖较好，土壤水分的消耗则以叶面蒸腾为主。在整个生育过程中，既要尽量减少棵间蒸发，又要保证棉花通风透光（表 7-15）。

表 7-15　棉花各生育时期的需水情况

生育时期	需水量（毫米/亩）	占总需水量的百分比（％）	天数（天）	平均每日需水量（毫米/亩）
苗期	37	0.86	55	0.67
蕾期	113	26.40	30	3.76
花铃期	238	55.60	45	52.88
吐絮期	40	0.93	70	0.57
合计	428	100.00	200	2.14

（二）棉花不同生育时期需水特性及影响因素

在棉花出苗阶段，由于地膜的增温保墒效应显著，棉籽发芽出苗快。一般膜内 0～20 厘米土层土壤相对含水量以 70％～80％为宜。抢墒播种，若土壤水分过多，则地温降低、空气不足，不仅发芽慢而且会引起烂种。苗期正值气温低而不稳阶段，覆盖棉花根系生长发育较快，地上部棉株生长相对较慢，叶面积小，植株蒸腾作用和土壤蒸发量不大。此时 0～40 厘米土层土壤相对含水量为55％～70％较合适。现蕾期外界气温稳定上升，现蕾后棉株营养体生长快，干物质积累多，叶面积发展快，棉株蒸腾作用和土壤蒸发量都随之加大，叶片蒸腾量与土壤蒸发量所占比例几乎相等。这一时期0～60厘米土层土壤相对含水量以55％～60％为宜，低于55％应及时进行灌水。花铃期处在高温季节，营养生长与生殖生长旺盛，植株蒸腾强烈，田间耗水量最多，占总耗水量的55％～60％。花铃期水分亏缺会导致蕾铃脱落。地膜覆盖棉花根系分布浅，对水分缺乏更敏感，不耐旱，容易早衰。所以，此期是棉花水分临界期，应及时灌水，并适当增加灌水量，缩短灌水间隔。0～80厘米土层土壤相对含水量以70％～80％为宜。到了棉花吐絮期，气温下降较快，棉株叶面蒸腾减弱，棉田耗水量降低。但是为了植株上部棉铃成熟和棉纤维发育，仍要求土壤保持一定的水分，即土壤相对含水量为55％～70％。此期应把握好停水时期，停水过早会影响种子、棉纤维正常发育；停水过晚易导致棉株贪青晚熟。

（三）棉花必需的矿质元素

棉花是需肥较多的作物，棉花正常生长发育必需的矿质元素中，大量元素为氮、磷、钾，中量元素为钙、镁、硫，微量元素为铁、锰、铜、锌、钼、硼等。棉花在生长发育的过程中要从土壤中不断地吸收各种养分，合成供自身生长发育的有机物质。在整个生育期，棉花吸收较多的养分元素有氮、磷、钾、硫、钙、镁，主要是氮、磷、钾。土壤中大部分元素可以满足棉花生长的需要，因而施肥主要是施氮肥、磷肥、钾肥3种肥料。生产实践中，在重视氮肥、磷肥、钾肥施用的前提下，应充分考虑中量元素和微量元素的作用，应特别注意主要矿质元素间的平衡施用。了解棉花的需肥规律、掌握正确的施肥技术是夺得棉花高产的重要措施。

（四）棉花的需肥规律

棉花营养生长和生殖生长并进时期长，主要通过施肥和耕作来调节棉田土壤养分供应和改善棉株营养状况。一般以施用氮肥为主，配合施用磷肥、钾肥。在棉花从播种到收获的全部生产周期中，苗期和成熟期对钾的吸收较少，现蕾期以后逐渐增多，初花—盛花期最多，各生育时期吸收养分的比例因产量和生长情况而变化。从出苗到现蕾，吸收氮、磷、钾分别占总量的3.18％～3.74％、2.22％～4.22％和2.29％～2.40％，从现蕾到开花的25天内吸收的氮、磷、钾占总量的18.3％～23.6％、14.3％～19.6％和18.26％～29.92％；从开花到盛铃的35天内前半期营养生长较快，后半期生殖生长加快，结铃多，铃重增加，是产量形成的关键时期，此期出现需氮、需钾高峰，其吸收量占总量的49.60％～52.36％和60.00％～60.28％，需磷高峰期推迟到吐絮期前，从盛铃到吐絮的27天内吸收的磷占总量的41.49％～50.90％。

二、灌溉施肥制度的确定

（一）灌溉制度的确定

灌溉制度是以当地正常年份的降水量、降水规律和棉花各生育时期需水量为依据来计算的，一般需要进行大量的灌溉试验，没有试验资料的，参照气象、土壤条件相近地区的研究结果确定。在实际生产中，要根据棉花品种需水特性、土壤性质、灌溉条件、棉花各生育时期需水规律、降水情况和土壤墒情确定灌水次数、灌水时期和灌水定额，制定灌溉制度。膜下滴灌棉田苗期土壤相对含水量控制在 50％～70％、蕾期控制在 60％～80％、花铃期控制在 65％～85％、吐絮期控制在 55％～75％可较好满足棉花各生育时期对水分的需求。根据需求，每次灌水定额因生育时期的不同而不同：一般膜下滴灌每亩棉花全生育期需灌水 8～12 次，需水 220～280 米^3，出苗水10 米^3/亩左右；生育期第一水一般在 6 月上中旬进行灌溉，20 米^3/亩左右；开花后棉花对水分的需要量大，灌水量为 25～30 米^3/亩，灌水周期为 5～7 天，最长不超过 9 天。盛铃期以后每次灌水量可逐渐减少，最后停水时间一般在 8 月下旬至 9 月初，遇秋季气温高的年份，停水时间适当延后。由于膜下滴灌棉花的根系吸水层浅，湿润峰小，所以其抗旱能力不及沟灌棉花，灌水间隔天数要严格把握，宁可短，不可长。理论上，首先应根据土壤持水能力计算灌水量，以防止深层渗漏，然后根据算出的灌水量和棉花日需水量计算灌水周期。

（二）施肥制度的制定

施肥制度按照养分平衡和少量多次的原则制定，综合考虑土壤养分含量、作物需肥特性、目标产量、肥料利用率、施肥次数、施肥方式等，确定作物全生育期的总施肥量、每次施肥量及养分配比、施肥时期、肥料品种等。

1. 施肥原则　坚持"有机肥和无机肥并重，氮、磷、钾及微肥密切配合"的原则，配方施肥、以产定肥。通过增施农家肥达到提高土壤肥力、增加产量的目的。合理施肥是棉花获得高产的保证。尽管棉花在整个生育期都需要营养，但在不同生育时期吸收养分的绝对数量和相对数量是极不平衡的。现蕾以前植株干物质积累较慢，平均日吸收养分量很少，养分的吸收量只占吸收总量的 5％左右，但这一阶段棉花对营养特别敏感，需要营养量虽不多，但不能缺乏。现蕾期，地膜棉营养体的生长速度明显加快，吸收养分的能力不断增强，这时正好与基肥的作用相吻合，即基肥的肥效在盛蕾期开始发挥作用，最大肥效期在初花阶段，从盛蕾末期开始提前进入吸肥高峰期，一直到盛花期，这个阶段养分吸收强度最大、吸收量最大，约有 50％的养分集中在这个阶段被吸收。这个阶段也是营养体生长最快，蕾、花大量形成发育，营养生长与生殖生长矛盾最突出的阶段，但仍是营养生长占优势，营养体极易过旺生长。因此，既要保证有充分的营养，又要使养分尽快向生殖体转化，促使花的发育。

2. 施肥制度

（1）基肥和种肥。农家肥结合翻耕施入；磷肥、钾肥、锌肥和硼肥可以结合耕翻或播种（种、肥隔离，穴施或条施）一次性施入。氮肥 10％～15％作种肥施入，85％～90％作追肥结合灌溉随水分次施入。磷肥也可以选择 30％在播种时施用，70％在中后期随滴灌施用。钾肥也可以选择 20％在播种时施用，80％在中后期随滴灌施用。

（2）追肥。滴灌棉田一定面积的施肥总量是根据其目标产量、肥料的利用率和土壤养分供给状况确定的。每次施肥量则要根据棉花各个生长发育阶段对养分的需求量确定。应根据作物总施肥和全生育期分几次施来确定施肥周期。一般在棉花生长前期和后期每 10 天施一次；中期每周施一次。一般每次施肥基本分三个阶段进行，第一阶段先用无肥水将土壤表层湿润，一般为 30～45 分钟，第二阶段肥水同步施入，一般需 3～4 小时，第三阶段用清水冲洗系统。

（三）水肥一体化方案

水肥一体化方案确定的主要原则是肥随水走、少量多次、分阶段拟合。根据灌溉制度将肥料按灌水时间和次数进行分配，对棉花全生育期的灌水定额、灌水周期、一次灌溉延续时间、灌水次数与棉花全生育期需要投入的养分量及其各种养分比例、棉花各生育时期所需养分量及其比例等进行拟合，制定合理的水肥一体化方案。表 7-16 中为干旱半干旱区棉花常用的水肥一体化方案。

表 7-16　水肥一体化方案

施肥种类	不同灌水时间灌水量（％）												合计
	5 月 25 日	6 月 10 日	6 月 20 日	6 月 28 日	7 月 5 日	7 月 11 日	7 月 16 日	7 月 21 日	7 月 27 日	8 月 4 日	8 月 12 日	8 月 25 日	
氮肥	3	6	10	15	15	15	12	12	6	4	2		100
磷肥	8	12	15	10	12	11	11	11	10				100
钾肥			8	10	13	16	15	15	14	9			100

三、棉花滴灌水肥一体化技术要点

（一）播前灌溉与施基肥

1. 冬前储水灌溉　冬灌时间：南疆 10 月中旬至 11 月初，北疆 10 月下旬至 11 月初。茬灌时间：9 月中旬至 9 月下旬。技术要求：不串灌、不跑水。灌水深度为 0.20 米左右（冬灌，亩用水 120～180 米³；茬灌，亩用水 60～80 米³）。没有进行冬灌的棉田，或虽进行冬灌但春季缺墒的棉田应进行春灌。春季地表解冻后，及时进行平地、筑埂、灌水。

2. 冬前深施肥　滴灌棉田，冬耕前施基肥，包括全部有机肥和8%～15%的氮肥、20%～30%的磷肥和钾肥。

（二）土壤处理

1. 冬耕　冬耕的时间：冬灌后，封冻前。耕地深度≥28厘米，要求适墒地、不重复、不漏耕、到边到角、地面无残。盐碱化较轻的农田可于冬前进行平地、耙地作业。

2. 播前整地　冬季已进行整地的农田，播前适墒耙地至待播状况；春耕的棉田应在重耙切地之后及时平地至待播状况。播前整地的质量要求为齐、平、松、碎、净、墒。

3. 拾净残膜、残茬　每次作业后，应捡拾残茬、残膜一次。

4. 化学除草　土地粗平后，播前用除草剂进行土壤封闭，然后切至待播状态。除草剂使用技术：①48%的氟乐灵100～120克/亩，于夜间喷施后及时耙地混土，混土深度为3～5厘米；②90%的乙草胺乳油60～70克/亩或72%异丙甲草胺乳油130～150克/亩，施后浅耙混土，耙地深度为5～6厘米；在土壤墒足的情况下，乙草胺喷后可以不混土。滴水出苗和墒情过大的棉田不宜施用乙草胺。

（三）播种时间

当5厘米地温（覆膜条件下）连续3天稳定超过12℃，且离终霜期≤10天时，即可播种。

（四）行株距配置

行距为10厘米＋66厘米＋10厘米＋66厘米，株距为910厘米。

（五）机械播种

选用棉花滴灌多功能联合作业播种机，施肥、播种、打药、铺带、覆膜、覆土一次性完成。播种深度为1.5～2.5厘米，覆土宽度为5～7厘米并镇压严实，覆土厚度为0.5～1.0厘米，每穴下籽1～2粒，空穴率≤3%。边行外侧保持≥5厘米的采光带。播行要直，接幅要准，播种到边到头。开始作业前，按规定的播种密度、播种深度调整好机具，装好滴灌带、地膜、种子、化肥；先从滴灌带卷上抽出滴灌带一端，固定在地头垄正中间，然后从地膜卷上抽出地膜端头放在地头，并用土封好两侧，然后开始作业，以免大风将地膜掀开；作业过程中，机手和辅助人员要随时检查和观察作业质量与工作情况，发现问题应及时处理，做到播种深浅一致，不漏播、不重播，减少空穴，做到行直、行距准确均匀。

（六）苗期管理

苗期管理的重点是出早苗、争齐苗、保全苗、留匀苗、促壮苗早发。未储水灌溉或不足的棉田，于种后35天滴出苗水。滴水量以与底墒相接为准。一般冬茬灌溉棉田 8～12 米³/亩，储水灌溉的棉田 20～25 米³/亩。棉苗出土 50%、子叶转绿时开始查苗、放苗、封孔。棉苗出齐后，于子叶期开始定苗，一片真叶时定苗结束。定苗要求去弱留壮，去病留健，每穴一苗。在定苗的同时，人工拔除穴内及行间杂草。现行后及时中耕 1～2 次，铲除大行杂草。子叶期至 2 叶期，低温年份、黏质土壤、对甲哌鎓敏感的品种、拟实施机械采收的棉田和地下水位高的棉田，亩用甲哌鎓 0.1～0.3 克叶面喷施；其他田可适当增加甲哌鎓用量。6～8 叶期的壮苗田和旺苗田，亩用甲哌鎓 0.5～1.2 克叶面喷施。弱苗棉田，苗期喷施叶面肥 1～2 次。叶面肥的品种和数量：尿素 150 克/亩，磷酸二氢钾 100 克/亩。缺锌棉田亩用 0.1%～0.3%硫酸锌溶液喷施，连施两次，两次间隔 10 天。僵苗棉田，叶面喷施 20 毫克/千克赤霉素溶液，溶液用量为 15～20 千克/亩。当棉田有 5%～10%的棉叶背面出现银白色斑点或无头株率达到 3%～5%时，用 40%的乐果乳剂 1 500～2 000 倍液喷雾，防治棉蓟马。要求叶片正反两面均匀着药。叶螨点片发生或扩散初期，及时用噻螨酮 5 060 毫升/亩，对水 40～80 千克叶面喷雾；低温多雨年份，雨后及时中耕防根病。

（七）蕾期管理

蕾期管理的重点是在搭好丰产架子的基础上，促棉株由营养生长向生殖生长转化，争取早现蕾、多现蕾。壤土和黏土棉田，蕾期中耕 1～2 次，中耕深度为 16～18 厘米。同时，结合人工拔除株间杂草。沙壤土棉田可中耕 1 次或不中耕；根据苗情，蕾期可进行 1～2 次化学调控；盛蕾期的旺苗棉田，亩用甲哌鎓 1.0～2.0 克；初花期的壮、旺苗棉田，亩用甲哌鎓 1.5～3.0 克；弱苗棉田，亩用尿素 200 克加磷酸二氢钾 150 克，叶面喷施 1～2 次。缺微量元素的棉田，酌情加入相应的微肥；对于棉叶螨危害，蕾期以防治中心株及点片挑治为主。在挑治时，交替使用专性杀螨剂等农药；对于棉铃虫危害，在成虫羽化期，摆放杨树枝诱杀或采用频振式杀虫灯等灯光诱杀。当棉铃虫达到当地的防治指标后，可选用生物农药或对天敌杀伤力小的农药如 Bt（苏云金芽孢杆菌）制剂等交替使用。

（八）花铃期管理

花铃期管理的重点是增花保铃增铃重，减少脱落防中空，控制群体防旺长，通风透光促早熟。

根据苗情诊断结果制定灵活的实施方案。旺苗田推迟灌水，适当减少施肥量；弱苗适当提前灌水，适当增加施肥量；盛花期的壮、旺苗棉田，亩喷施甲哌鎓 3～4 克。打顶后，当顶端果枝伸长 5～7 厘米时，亩喷施甲哌鎓 6～8 克，或分两次化学调控。各棉区因地制宜适时打顶，南疆地区一般在 7 月 5 日至 10 日，北疆地区在 7 月 1 日至 5 日；旺、壮苗棉田应进行整枝，整枝时，下部果枝保留 2 个果节，上部果枝保留 1 个果节，已经结铃的叶枝，可剪去结铃果节以上枝梢，同时抹去棉株顶部芽。杂交棉下部果枝可保留 3 个果节。棉叶螨虫害大发生的棉田，用烟草石灰水（烟草：石灰：水＝1：1：100）或对天敌较安全的 5％噻螨酮等交替喷施，比例为 1：（1 000～1 500）；花铃期人工挖蛹和捕捉幼虫，或喷 Bt 制剂等对天敌较安全的农药。

（九）收获

采收时，要求霜前花、霜后花、虫花、落地花、脏花、僵瓣花分收。机械采收棉田，在棉花自然吐絮率达到 30％～40％且连续 7～10 天气温在 20℃以上时，喷施脱叶剂。若药后 1 小时内遇中到大雨应当补喷。棉花采收后及时回收滴灌管（带），清除田间残膜。

第八节　果树水肥一体化技术

一、苹果树

（一）苹果树水肥需求规律

苹果树作为全世界栽培面积最广的果树种类之一，在我国农产品中也占据重要地位。我国苹果种植面积和产量均占全世界 50％以上，2020 年种植面积超过 3 000 万亩，产量达 4 100 万吨，已形成渤海湾、西北黄土高原、黄河故道、秦岭北麓和西南冷凉高地四大主产区，苹果的栽培面积、产量和出口量均居世界首位。但是我国苹果树的栽培技术和发达国家相比，尚处于比较落后的水平，苹果单产较低，而水肥管理技术是影响苹果产量和品质的重要因素。根据苹果树的水肥需求规律，建立科学的灌溉施肥制度，对于改善苹果产量品质、提升水肥利用效率、提高经济效益具有重要意义。

1. 苹果树需水规律　水是苹果树的重要组成部分，果实含水量达到 80％～90％。苹果树生物量较大，属于需水量较大的果树，整个生育期可划分为萌芽期、开花期、新梢及幼果生长期、花芽分化期、果实膨大期、果实成熟期和落叶休眠期 7 个时期，各生育时期对于水分的需求规律不同。苹果需水量受品种、树龄和生育时期等的影响，种植地区的光照、温度和空气相对湿度等气象因素，以及土壤质地等因素也会影响苹果树的需水量。总体而言，苹果树整个生育期总需水量约为 500 毫米，1—3 月和 11—12 月落叶休眠期蒸腾量约为 0.5 毫米/天，约占总量的 40％；4—10 月蒸腾量约为 1 毫米/天，最高可达 2.0 毫米/天，该阶段蒸腾量约占蒸腾总量的 60％。果实膨大期是苹果树需水量最大的时期，落叶休眠期是苹果树需水量最小的时期。各生育时期按照需水量从大到小依次为果实膨大期、果实成熟期、新梢及幼果生长期、花芽分化期、开花期、萌芽期、落叶休眠期。萌芽期到新梢及幼果生长期的需水量约占总需水量的 10%，新梢及幼果生长期到果实膨大期约占 5%，果实膨大期到落叶休眠期约占 85%（表 7-17）。

表 7-17　不同生育时期苹果树的需水量

项目	萌芽期	开花期	新梢及幼果生长期	花芽分化期	果实膨大期	果实成熟期	落叶休眠期
需水量（毫米/天）	1.5～1.8	1.4～1.8	2.5～2.8	1.5～1.8	2.5～2.8	2.0～2.5	1.0～1.5

2. 苹果树需肥规律　苹果树的生长发育需要大、中、微量元素肥料均衡施用，氮是苹果树生长所需要的关键营养元素之一，对苹果树器官发育、光合作用和产量形成具有重要作用。但是氮肥施用过量会导致营养生长过旺，不利于品质、风味物质的积累，也容易引发系列病害。目前生产 100 千克苹果需要氮（N）0.6～1.0 千克，整个生育期氮肥用量建议不高于 24.0 千克/亩。磷肥参与果树生理代谢和品质形成各个环节，对于花芽分化、新梢生长和果实生长具有重要作用。但是过量施用氮肥会影响锌等微量元素的吸收，同时会造成养分流失，导致土壤和水体面源污染。生产 100 千克苹果需要磷（P_2O_5）0.2～0.3 千克，整个生育期 P_2O_5 推荐用量为 20.0 千克/亩。钾对苹果果实品质的形成具有重要作用，在果实膨大期对钾的需求最为旺盛，生产 100 千克苹果需要钾（K_2O）0.6～1.0 千克，整个生育期钾的推荐施用量为 70.0 千克/亩。钙、镁、锌等中微量元素参与到苹果树光合作用、酶活性、抗逆性等各项生理代谢活动中，缺乏中微量元素会严重影响苹果树的正常生长。比如钙不足会引发苦痘病等生理病害，缺锌易引发小叶病，缺硼不利于花粉萌发和花粉管伸长，从而影响苹果树结果。中微量元素可以采用土施或叶面喷施等方法补充，需要严格控制用量和浓度。

苹果树在不同树龄的各个生育阶段的养分需求各不相同，在以营养生长为主的幼树阶段，应该以氮肥为主，适当补充磷肥和钾肥；初结果阶段从营养生长逐渐转变为生殖生长，养分需求以磷钾肥为主，应适当补充微肥；转入结果期以后对养分的需求量大幅增加，各种养分元素需要均衡充足。根据不同生育阶段的养分需求规律进行施肥，萌芽至新梢生长期需要大量施用氮肥，新梢旺长期则需要补充磷肥促进花芽分化，果实发育期需要追施钾肥促进果实品质的形成，果实采收后需要及时补充有机基肥、重施氮肥配施磷肥。

（二）苹果树灌溉施肥制度

1. 苹果树灌溉制度　灌溉制度是指全生育期的灌水次数、灌水时间、灌水定额和灌溉定额，要根据苹果的需水规律制定科学合理的灌溉制度。部分果园没有灌溉条件，完全依靠自然降水，特别是随着树龄的增加，水分消耗加剧，水分亏缺会导致苹果产量和品质下降。虽然苹果树属于需水较多的作物，但是如果灌溉过量不仅会浪费水资源，使土壤湿度过大容易滋生病虫害，还会使苹果口感变差。通过科学的水分管理措施，根据果树的水分需求灌溉，用水分来平衡果树营养生长与生殖生长的关系，最终提高果实产量及品质。要实现"因需定水"，为苹果树提供适宜的土壤水分条件，就需要准确地把握苹果树的水分需求信号，根据需水信号精量控制灌溉。

　　生产者可以根据气象因素、土壤条件以及苹果树自身的生理指标掌握果树的需水信号。根据种植地的太阳辐射、风速、水气压、空气温度等气象因子，利用彭曼公式计算蒸发量，结合作物系数计算苹果树的需水量。

$$PE = \frac{0.408\Delta(R_n - G) + \gamma\frac{900}{T_{mean} + 273}u_2(e_s - e_a)}{\Delta + \gamma(1 + 0.34u_2)}$$

式中：PE——可能蒸散量，毫米/天；

　　　Δ——饱和水汽压曲线斜率，千帕/℃；

　　　R_n——地表净辐射，兆焦/（米²·天）；

　　　G——土壤热通量，兆焦/（米²·天）；

　　　γ——干湿表常数，千帕/℃；

　　T_{mean}——日平均温度，℃；

　　　u_2——2米高处风速，米/秒；

　　　e_s——饱和水气压，千帕；

　　　e_a——实际水气压。

$$ET_c = K_c ET_0$$

式中：ET_c——苹果树需水量，毫米/天；

　　　ET_0——参考作物蒸发蒸腾量，毫米/天；

　　　K_c——作物系数，参照 FAO 推荐的作物标准系数提供的苹果树作物系数 $K_{cini} = 0.6$，$K_{cmid} = 0.95$，$K_{cced} = 0.75$（无地面覆盖，无霜冻，作物最大高度 4 米）。

　　还可以根据土壤的干湿程度判断是否需要灌溉，可以采用最简单的"攥土成团法"判断，也可以借助土壤水分传感器，实时测定土壤含水量，获得更精准的土壤墒情，根据灌水定额计算公式计算灌溉量。还可以根据土壤含水量的上、下限实现自动灌溉。花前期、开花期和生长后期土壤相对含水量保持在 65%～75% 较为合适；坐果期和果实膨大期保持在 70%～85% 较为合适；果实成熟期需要适当控制土壤水分，水分含量过高不利于果实转色和糖分积累，宜保持在 60% 左右。

$$I = 0.1 \times (\beta_{max} - \beta_0) \times r \times p \times H / \eta$$

式中：I——灌水定额，毫米；

β_{max}——土壤重量含水量上限，％；

β_0——土壤重量含水量下限，％；

r——土壤容重，克/厘米³；

p——土壤水润比（滴灌 25％～40％，微喷 40％～60％）；

H——计划湿润层深度，米，一般取 1 米；

η——灌溉水利用系数，取 0.95～0.98。

还可以根据苹果树树干的液流通量变化、直径变差和果树冠-气温差更直接地得出果树的水分需求，通常采用热脉冲法、热平衡法、热扩散法等测定树干的液流通量；还可以根据果树茎秆直径的微变化诊断水分亏缺情况，此方法简单易行、对植株不具破坏性、可连续监测、可自动精确记录。水分供应充足时的冠层温度值要低于缺水时的冠层温度值，基于这一理论，可以将果树冠层温度作为水分亏缺的诊断指标。但是目前这些方法依赖高精密的仪器设备，主要用于试验研究，尚没有大面积推广应用。

根据苹果树的耗水规律，结合当地的水文气象条件，制定合理的灌溉制度，综合而言，在降水保证率为 50％的平水年，整个生育期的灌溉次数为 4～8 次，最佳灌水时期为萌芽期、新梢及幼果生长期、果实膨大期及封冻前，灌溉定额为 300～500 米³/亩，灌水定额为 50～80 米³/亩，干旱年份可以适当增加 10％～20％。

2. 苹果树施肥制度 施肥制度是指根据苹果树的目标产量和养分需求规律，结合种植地块的养分特征，制定科学合理的施肥量、施肥时间、养分配比和施肥方法等。施肥量不足或者元素不均衡易出现缺素症，影响苹果正常生长，但是施肥量过多会导致养分浪费，增加生产成本，同时也会导致苹果树养分失调、果实风味变差。判断是否需要施肥，可以根据苹果树的养分需求规律、外部症状凭经验判断；也可以进行科学的营养诊断，利用仪器分析苹果树叶片、土壤等指标，为施肥提供可靠的数据支撑。

（1）施肥原则。应该根据树龄和土壤地力制定科学合理的施肥制度，有机肥、无机肥、微生物肥相结合，基肥和追肥相结合，水肥一体化追施和叶面喷施相结合，大量元素控氮、稳磷、增钾，适当添加中微量元素，根据苹果树的长势适时调整。

（2）施肥制度。

①基肥。根据苹果树品种选择施用基肥的时间，一般中早熟品种宜在采收后施用，晚熟品种宜在采收前施用，基肥以有机肥为主、以化肥为辅，一般目标产量在 3 000～4 000 千克/亩的盛果期苹果树，每亩施用腐熟有机肥 2 000～

3 000 千克，50%～70%的化肥可以采用基施的形式与有机肥一起施用。施肥一般可采用环状、半环状沟施、放射沟施、条沟施，沟深 40～80 厘米，沟宽 20～40 厘米，挖沟时应距主根 50 厘米以上，避免伤到大根，将肥料均匀施入沟内，注重水肥结合，避免烧根现象的发生，同时促进根系吸收养分。

②追肥。苹果树根系可达 5 米以上，2 米内的根系占总根量的 90% 以上，适合采用微灌水肥一体化的形式进行灌溉施肥。根据苹果树的生长阶段，可进行 3 次追肥：第一次是 3—4 月萌芽期施花前肥，这一阶段需肥较少，但是对肥料较为敏感，以氮肥为主，配以磷肥，可选用磷酸二铵或者其他高氮低磷复合肥，每亩追施 20～40 千克。第二次是在 5—6 月新梢及幼果生长期施坐果肥，这一阶段是营养生长向生殖生长转换的关键时期，需要根据长势进行养分的调控，以磷肥、钾肥为主，配合氮肥，可选中氮低磷高钾的复合肥，每亩追施 30～50 千克，可以根据苹果树新梢长势适当调整氮肥用量。如果新梢长度小于 30 厘米，需要加大氮肥用量；如果新梢长度大于 50 厘米，则需要减少氮肥用量。第三次是在 8—9 月果实膨大期追施膨果肥，促进产量提升和果实品质物质积累，以钾肥为主，根据目标产量适当调整氮、磷、钾的比例，注重微肥的施用，可选低氮低磷高钾复合肥，每亩追施 40～60 千克。

追肥宜采用水肥一体化形式，将肥料溶解于水中，精准输送到苹果树根系附近，水肥耦合可以有效提高肥料利用率，还可以使苹果的产量和品质得到提升。在降水保证率为 50% 的平水年，制定计划湿润层深度为 50 厘米的苹果树的水肥一体化灌溉施肥制度（表 7-18）。

表 7-18　苹果树水肥一体化灌溉施肥制度

项目	萌芽期	新梢及幼果生长期	果实膨大期	封冻前
灌溉次数（次）	1	1	1	1
灌水定额（米³/亩）	30～50	80～120	100～150	40～60
施肥量（千克/亩）	20～40	30～50	40～60	—
氮、磷、钾养分比例	1∶1∶0.5	1∶1∶1	1∶0.5∶1	—

还需要根据苹果树的长势，适当地采用叶面喷施的形式进行根外追肥，整个生育期可以喷施 5 次左右，喷施浓度控制在 0.3%～0.5%，少量多次，避免产生肥害，要特别注意在开花坐果期注重钙肥的补充，叶面喷施最好选择在晴天 10∶00 之前或者 16∶00 之后进行。

二、桃树水肥一体化技术

桃树是蔷薇科李属植物，起源于我国陕甘地区，果实甜美多汁，桃花还具有观赏价值，栽种范围广泛，2017 年全国桃树种植面积在 1 366.84 万亩，对桃树进行科学合理的水肥管理，有利于树干的生长发育，同时能提高果实产量和品质，具有重要意义。

（一）桃树的需水需肥规律

1. 桃树需水规律　桃树属于浅根系果树，大根浅而多，须根少，以毛细根为主，根系主要集中在 20～40 厘米土层，抗旱能力较差，但是积水过多也会影响根系的呼吸作用，涝渍会导致根腐病等病害，甚至导致树干死亡。桃树的年生长周期主要可以划分为萌芽期、硬核期、果实膨大期和落叶休眠期等。全年耗水呈先增加后下降的趋势，全生育期耗水 400～600 毫米，耗水强度为 0.5～5.0 毫米/天；其中每年的 5—6 月是桃树水分需求的关键期，但是北方地区这一时段普遍高温少雨，所以需要加强灌溉管理；7—8 月北方地区降水较为集中，可以满足桃树的水分需求；9—10 月气温降低，桃树的水分需求也逐渐下降，如果降水持续偏多，需要做好排涝工作（表 7-19）。

表 7-19　桃树不同生育时期的水分需求

项目	萌芽期	硬核期	果实膨大期	落叶休眠期	合计
需水量（毫米）	40～80	100～150	200～400	10～50	400～600
需水强度（毫米/天）	1.0～3.0	1.5～3.5	1.5～5.0	0.5～1.5	—

2. 桃树需肥规律　桃树具有生长快、成熟早的特点。桃树在不同生育阶段需要不同的营养元素，在新梢生长时期，对氮的敏感性较强，若施用氮肥过量，会引起徒长，使花芽分化受到影响，导致落花落果等；磷对桃树坐果、提高果实糖分具有重要作用，但是桃树对磷的需求较低，对钾的需求较高，钾吸收量为氮的 1.6 倍，果实膨大、风味物质积累都需要钾元素的参与，钾肥不足时，果实较小，品质下降。一般每生产 100 千克桃需要氮（N）0.4～0.6 千克，磷（P_2O_5）0.2～0.3 千克，钾（K_2O）0.5～0.8 千克，对氮、磷、钾的吸收比例大致为 1∶0.5∶（1～2）。

（二）桃树灌溉施肥制度

1. 桃树灌溉制度　桃树属于水分敏感型果树，应该严格控制灌溉量，将土壤相对含水量控制在 40%～60% 较为适宜，结合桃树的生育时期，一年一般灌溉 4 次，即花前水、催梢水、成花保果水和休眠冬灌水，桃树萌芽至开花阶段需浇透水，保证土壤的水分供应，促进新梢和叶片的生长，奠定果实养分的供应基础。新梢生长和果实生长的硬核期是水分需求的关键阶段，这一阶段果树的营养生长也较为旺盛，果实虽然未达到生长高峰，但是种胚处于迅速生长期，属于水分临界期，如果土壤中水分不充足，影响果树的水分和养分吸收，则容易导致落花落果，水分过多则营养生长过旺，也影响坐果，这一时期应浅浇"过堂水"。果实迅速膨大和成熟阶段需要及时灌水，以保证产量和品质。冬季到来之前，桃树开始落叶休眠，要进行灌溉，既可以防寒抗冻，也有利于花芽发育，为来年丰产奠定基础，"冻水"不宜浇得过晚，以免根部积水发生病害。灌水定额和灌溉定额可以参考苹果树的灌溉制度，根据当地的气象条件，利用彭曼公式计算，或者借助土壤张力计、土壤水分传感器等设备制定桃树的灌溉制度。

2. 桃树施肥制度　桃树施肥的原则是基肥充足、追肥及时，结合桃树根系的特点，施肥应该适当深施，施入 30～50 厘米土层较为适宜，施得过浅易导致根系上浮。

（1）基肥。土壤中富含有机质对桃树生产具有重要作用，是获得优质桃和高产的基础条件，桃树基肥的施用原则是宜早不宜迟、以有机肥为主、辅以无机肥。一般基肥施用量占全年养分的 50%～70%，基肥可以施用充分腐熟的鸡粪等农家肥 2 000～4 000 千克/亩、复合肥 40～80 千克/亩。适宜时期是 9—10 月，因为此时地温较高，有机肥可以充分腐熟，而且该阶段桃树根系的吸收能力仍较强，在休眠前充分吸收养分，为来年开花结果储藏养分，此时根系生长旺盛，施肥碰伤挖断的根系有较强的恢复能力，施肥促发新根。基肥可采用撒施和挖沟施等施用方式，沟施分为环状沟、放射沟和条状沟，一般沟深 30～50 厘米、宽 20～40 厘米，幼树适用全环沟，成年树适用半环沟、放射沟等。

（2）追肥。桃树应该采用水肥一体化形式，每年追施 4 次左右的水溶性肥料，包括萌芽肥、花后肥、硬核肥和采后肥，萌芽肥应在春天化冻后至萌芽前施入，宜早不宜迟，补充营养，促进根系和新梢生长，肥料应以速效氮为主，约占全年养分量的 10%。花后肥一般在开花后 10～20 天施用，用以补充开花坐果消耗的养分，为果实膨大和新梢生长储藏养分，施肥种类仍以速效氮为主，配以磷钾肥，施肥量占全年养分量的 5%～10%，如果营养生长过于旺盛，可以酌情减少施肥量。硬核肥是在果实硬核时期施肥，促进果实生长、花芽分化，同时也为下一年坐果奠定基础，此阶段施肥应以钾肥为主，施肥量占全年养分量的 20%～30%。采后肥是在果实采收后进行补充追肥，果树经过一年的生长、开花、结果，消耗了大量养分，要及时进行施肥补充，促进根系吸收养分、储藏营养、安全越冬，施肥量占全年养分量的5%～10%。

三、桃树水肥一体化设备的选择与使用

水肥一体化技术具有节约水资源、提高水肥利用效率、节省灌溉施肥用工、提升作物产量和品质的作用。采用水肥一体化技术，需要根据当地的气候条件、地形地势等，选择合适的水肥一体化灌溉施肥设备，科学使用并及时维护保养，才能发挥技术的最大优势。

（一）节水灌溉方式和设备

桃树灌溉水源可以根据生产地条件收集雨水，采用湖水、河水等地表水，或者采用地下水等，灌溉水质量符合《农田灌溉水质标准》（GB 5084—2021）要求即可。桃树水肥一体化的节水灌溉方式主要分为 3 类：覆膜沟灌、地下穴灌和管道灌溉。

覆膜沟灌是指在桃树两边的树冠投影外围挖灌水沟、起垄覆膜，在每个灌水沟前设置阀门控制启停的一种灌溉方式。灌水沟一般采用梯形断面，沟深 30～50 厘米，沟顶宽 50～60 厘米，沟底宽 30～50 厘米，将挖沟的土培在树干基部，沿行向筑高 10～30 厘米、顶宽 30～50 厘米、底宽 80～100 厘米的土垄，在垄上面覆盖黑色地膜，每次灌溉时打开每条灌水沟前面的阀门。

地下穴灌是指在桃树冠投影外围挖"肥水穴"，在底部铺设防渗材料，将灌水管置于穴内的一种节水灌溉方式。一般每株桃树设置 4～8 个"肥水穴"，均匀排布于桃树周围，穴长、宽 20～40 厘米，深 40～50 厘米，穴底部可以填入有机肥、粉碎的枝条、保水剂、复合肥等，将灌水管插入穴中间，穴上部采用黑色地膜覆盖。

管道灌溉是指利用输水管道将水直接输送到桃树根系附近的一种节水灌溉方式，包括喷灌、微喷灌和滴灌等，种植者可以根据水源和电力状况安装合适的节水灌溉系统。采用喷灌技术应按照《喷灌工程技术规范》（GB/T 50085—2007）进行田间管道布设，喷灌系统雾化指标为 3 000～5 000。也可在果树的行间铺设微喷带，根据种植面积使进水口压力保持在一定程度，一般选择 5 孔或者 7 孔微喷带，通过喷孔将水喷洒出进行灌溉。滴灌可以采用环绕式滴灌技术，围绕桃树干 50 厘米铺设一条环形滴灌管，每株安装 4～6 个滴头，滴头流量为 5 升/时左右。

（二）水肥一体化施肥方式和设备

采用水肥一体化技术需要使用水溶性较好的单质肥或者复合肥，要求水溶肥不溶物杂质最好低于 0.5%、溶解度高、溶解速度快、对灌溉系统腐蚀性低、水肥混合液 pH 适宜，不同肥料混用时，避免发生化学反应产生沉淀或拮抗作用。施肥前先将肥料溶解混合均匀，利用施肥装置将肥液带入灌溉系统，实现水肥一体化。目前桃树常用的施肥设备主要包括 3 类：重力自压施肥、水力驱动施肥和注入式施肥。

重力自压施肥装置是利用高差实现肥料的自动注入，很多果园建在丘陵地带，水源位于果园高处，可以在水源处建设蓄水池，在蓄水池的上方建设施肥池，通过阀门控制灌溉施肥。该设备结构简易、操作简单、成本低，适合具有一定高差的果园使用，但是缺点是对地形有一定要求，且需要将肥料运至高处，施肥浓度不稳定。

　　水力驱动施肥装置是指依靠灌溉水流动力驱动实现施肥的一种设备，包括压差施肥罐、文丘里施肥器和比例施肥器等。压差施肥罐是指利用进液和排液产生的压差将肥液压入主管路中的一种施肥装置，主要由施肥罐、进出口软管和控制阀门组成，优点是结构简单、操作容易、不需要外部动力、价格低；缺点是施肥浓度不稳定，肥液浓度随时间的推进而不断降低，灌溉施肥前期浓度高，后期浓度逐渐降低。文丘里施肥器是指利用水流经过文丘里管产生的负压吸力将肥液吸入灌溉系统的一种施肥装置，不需要外源动力，结构简单，造价低廉，操作方便，可以实现对施肥浓度的简单调节，施肥浓度较稳定；缺点是压力损失较大，适用于灌溉面积较小的种植户。比例施肥器是指利用水力驱动内部的活塞往复运动，将肥液按照一定比例吸入灌溉施肥系统的一种施肥装置，不需要外源动力，不受系统压力和流量影响，且可以实现施肥浓度的精准调节；缺点是设备价格较高，需要定期维护保养配件，水质较差会影响施肥器的使用寿命。

　　注入式施肥是指利用外源加压泵将肥液注入灌溉系统的一种施肥方式，适用于深井泵或潜水泵抽水直接灌溉地区，不消耗灌溉系统压力，操作简单方便；缺点是需要外源动力，通电不方便的地区可以借助蓄电池进行注肥。

（三）水肥一体化设备使用与维护

　　种植者需根据当地生产条件以及技术需求选择合适的灌溉施肥设备，做好灌溉施肥系统设计，根据种植面积和地形做好灌溉首部设计，确保灌溉系统适宜的压力和流量。布设田间管道既能满足灌溉要求，又不影响农事操作，管道铺设应平行于果树种植方向，可采用铺设于地表、架空倒挂和地埋等方式，首部需要安装过滤器，滴灌系统过滤精度应不低于 120 目，微喷灌系统过滤精度应为 80～120 目。

　　要让水肥一体化系统发挥最大的作用，使用者需根据作物特点采用节水灌溉施肥制度，如果仍采用传统大水漫灌的管理模式，不仅会造成资源浪费，还会对灌溉施肥系统的造成浪费。灌溉施肥时采用"水＋肥＋水"的三段灌溉施肥模式，将肥料充分溶解，在进行施肥前先灌溉 30 分钟左右的清水，再开始往灌溉系统加肥，施肥结束后再灌溉 30 分钟左右的清水冲洗管道。

　　注重灌溉施肥系统的维护保养可以提高设备的使用效果，延长其使用寿命，在第一次灌溉前，要对灌溉系统进行仔细检查，发现漏水的地方及时维修；最后一次灌溉后，对设备进行清洗，冬季到来前，北方地区需要进行排水。同时还需要定期清洗过滤器，防止堵塞现象的发生，过滤器进出口压差值超过 0.07 兆帕时，应及时进行清洗。

第八章 区域水肥一体化技术发展报告

第一节 辽宁省水肥一体化技术发展报告

辽宁省位于我国东北地区南部，水资源总量为 342 亿米^3，人均水资源占有量为 860 米^3，居全国倒数第三位，分别为我国和世界平均水平的 1/3 和 1/12，亩均水资源占有量为 597 米^3，分别为全国和世界平均水平的 1/3 和 1/4，是全国严重缺水省份之一。

一、辽宁省水肥一体化概况

辽宁省旱地农业区域包括除东部、沿海及水田生产之外的所有地区，是辽宁省主要的畜牧业基地和经济作物生产基地，也是重要的商品粮生产基地。辽宁省旱作农田面积约为 4 000 万亩，占耕地面积的 65％，其中 55％集中在辽西北风沙半干旱区。旱作农田区域水资源严重不足，旱灾发生频繁，风蚀沙化和水土流失严重，耕地质量逐年下降，光、温、水等资源利用效率不高，经济效益低，农田综合生产能力低且不稳，降水变化较大，十年九旱是其基本的气候特征。

干旱是旱地农业区域的主要障碍因素，按旱情发生季节有春旱、夏旱、秋旱之分。辽西地区春季和秋季发生严重干旱的次数最多，平均每 10 年左右一次，春旱发生的区域性最明显，主要发生在辽西和辽南部分地区，其中以朝阳地区最重，直接影响播种出苗。其他地区春旱时有发生，但大部分对农业生产影响不大，伏旱和"秋吊"在除辽东地区外的全省大部分地区都有发生。

辽宁省水肥一体化技术应用起步较晚，与新疆、甘肃、宁夏、河北等中西部省份相比，采用的设备设施普遍比较简陋，施肥技术相对落后，应用规模较小。水肥一体化前期设备投入较大，生产效益较低，现阶段辽宁省只有少数种植大户和合作社在应用水肥一体化技术，经营规模小的散户、经营大田的农户的积极性不高。

二、辽宁省水肥一体化技术模式及应用

水肥一体化是将肥料溶解在水中，借助管道灌溉系统，灌溉与施肥同时进

行，适时适量地满足作物对水分和养分的需求，实现水肥一体化管理和高效利用，包括喷滴灌、浅埋滴灌、膜下滴灌、地埋可伸缩喷灌等水肥一体化技术模式，配置高效灌溉、精准注肥、水分养分自动监测等设备，配套施用水溶肥、液体肥等，实现水肥资源高效利用。

（一）技术要点

1. 灌溉和施肥设备　灌溉设备应满足农业生产和灌溉施肥需要，符合国家现行相关标准的规定。施肥设备根据系统要求、应用面积、施肥精度等进行选择。

2. 系统布设　干支管应根据地形、水源、作物分布和灌水器类型等进行布设，相邻两级管道应相互垂直，使管道长度最短而控制面积最大。当水源离灌区较近且灌溉面积较小时，可只设支管，不设干管。在丘陵山地，干管应沿山脊或等高线布置，支管则垂直于等高线。在平地，干支管应尽量双向控制，两侧布置下级管道。毛管和灌水器应根据作物种类、种植方式、土壤类型、灌水器类型和流量进行布置。

3. 水分管理　开展田间墒情监测，根据作物需水规律、土壤墒情、根系分布、土壤性状、设施条件和节水农业技术措施等制定灌溉制度，包括作物全生育期的灌溉定额、灌水次数、灌水时间和灌水定额等。

4. 养分管理　根据作物选择适宜的养分成分较全、配比合理的水溶肥料。若固体肥料水不溶物含量较高，需提前采取溶解、沉淀和过滤等措施。按照目标产量、作物需肥规律、土壤养分含量和灌溉施肥特点制定施肥制度，包括施肥量、施肥次数、施肥时间、养分配比、肥料品种等。

5. 灌溉施肥制度制定　按照肥随水走、少量多次、分阶段拟合的原则制定灌溉施肥制度，包括基肥水肥比例和作物不同生育时期的灌溉施肥次数、时间、灌水定额、施肥量等，满足作物不同生育时期的水分和养分需要。根据灌溉制度将肥料按灌水时间和次数进行分配，充分利用灌溉系统施肥，适当增加追肥数量和追肥次数，实现少量多次，提高养分利用率。根据施肥制度对灌水时间和次数进行调整，作物需要施肥但不需要灌溉时，增加灌水次数，减少灌水定额，缩短灌水时间。根据天气变化、土壤墒情、作物长势等实际状况，及时对灌溉施肥制度进行调整。

（二）适宜区域

根据不同地区气候特点、水资源现状、农业种植方式及水肥耦合技术要求，以蔬菜、果树、玉米三大作物为重点，推广水肥一体化技术模式：①全省范围内设施农业及露地蔬菜瓜果等地区。②全省果园具有滴灌、微喷灌水肥一体化设备的地区。③辽西旱区玉米及杂粮作物种植地区。

（三）推广应用

辽宁省水肥一体化在推广应用上存在以下三大特点：①农民专业合作组织是应用主体。近年来，辽宁省农民专业合作组织（专业合作社、种植大户等）异军突起，经营的大田作物一般为几百亩至上万亩，经营的保护地为几十座到几百座大棚，经营的果树达到几千株。由于经济实力较强，在实施水肥一体化方面投入了大量资金，采用统一标准进行规模化经营。②在设施农业（保护地）中应用广泛。蔬菜、果树、草莓等设施农业效益较高，农民的积极性也高，应用面积相对较大，而露地和大田作物应用较少。③经济效益好的作物应用较多。在蔬菜、果树和瓜果等效益可观的作物上水肥一体化应用得较多，而在玉米、水稻、花生等效益不高的粮油作物上应用得较少。据初步统计，全省农作物（不含水稻）灌溉总面积为1 700多万亩，其中蔬菜500多万亩，水果400多万亩，玉米500多万亩。

（四）效益分析

1. 经济效益

（1）大田作物。以朝阳地区玉米为例。人工普通灌溉每亩用水50～60米^3，采用水肥一体化可节水50%以上，同样用水量可额外增加1亩的灌溉面积，额外增加产量100千克，增收80元，亩节省肥料5千克，节肥增效20元，节省人工费80元，按50元投入计算，亩增效130元。

（2）保护地。以蔬菜为例，一茬蔬菜亩节约水电费100元，节约肥料投资200元，节约农药投资100元，与常规技术相比平均亩增产1 000千克，亩增产增效1 000元以上，亩节本增效1 400元。

（3）果树。以苹果树为例，一般亩节省投入200～300元，增产增收300～400元，节本增效500～700元。

2. 其他效益

（1）节水。水肥一体化技术可减少水分的下渗和蒸发，提高水分利用率。在露天条件下，微灌施肥与大水漫灌相比，节水达50%左右。保护地栽培条件下，每亩大棚一季节水80～120米^3，节水30%～40%。

（2）节肥。水肥一体化技术实现了平衡施肥和少量多次施肥，减少了肥料挥发和流失以及养分过剩造成的损失，具有施肥简便、供肥及时、作物易吸收、提高肥料利用率等优点。在作物产量相近或相同的情况下，水肥一体化与传统技术施肥相比节省化肥10%～30%。

（3）改善微生态环境。保护地栽培采用水肥一体化技术：①明显降低了棚内空气湿度。与常规畦灌施肥相比，可使空气湿度降低8.5～15.0个百分点。②保持棚内温度。比常规畦灌施肥减少了通风降湿以降低棚内温度的次数，棚内温度一般高2.0～4.0℃。③增强微生物活性。与常规畦灌施肥技术相比可提高地温 2.7℃，有利于增强土壤微生物活性，促进作物对养分的吸收。

（4）省工省时。水肥一体化技术以自动化设备替代人工追肥，大幅度降低了劳动强度，省工省时，操作简单。特别是配有自动化控制系统的设备，进一步省略了人工操作控制阀门程序。一般玉米节省 1～2 个工，设施蔬菜省工更多。

三、主要做法

（一）加强组织领导，夯实顶层设计

辽宁省高度重视水肥一体化工作，将其纳入重点工作之一抓好落实。在组织方式上，建立省级牵头总负责、市级抓监督、县级具体实施的工作机制，压实责任分解到地块，有序推进各项工作的开展。在技术支撑方面，成立以辽宁省农业科学院孙占祥副院长为组长，包括栽培、土肥、节水、农机、耕作、环保等多领域专家的强大技术团队，以辽宁省旱作节水工程技术研究中心为技术依托单位，加强成果转化，推动辽宁省水肥一体化工作有序开展。

（二）促进成果应用，注重技术创新

辽宁省组织技术专家组召开专题研讨会，明确了辽宁省水肥一体化工作方向及技术要点。专家组为辽宁省确定了凌源设施花卉水肥一体化，北票市设施蔬菜水肥一体化，喀左县冷棚葡萄水肥一体化，建昌县苹果水肥一体化，建平县玉米、杂粮水肥一体化，阜蒙县、义县花生降解地膜（液态地膜）＋水肥一体化技术等多种模式。组织开展辽宁省土肥水领域四新成果征集，2019—2020年转化节水相关技术成果 12 项。同时还组织专家编制了《旱作节水技术指导手册》下发到示范县，实现了技术指导精准到位，提高了水肥一体化技术的推广应用效果。

（三）开展试验示范，筛选最新技术

为集成创新节水农业技术新模式，筛选适合辽宁省水肥一体化技术推广的新产品、新技术，制定了水肥一体化试验示范技术方案，在玉米、花生、果树等作物上布置对比试验和示范展示，让农民群众看有样板、学有技术，十分明显的对比效果和良好的收益使农民充分认识到水肥一体化是改变农业生产方式、确保稳产高产最直接、最有效、最可行的方法，提高了农民使用水肥一体化技术的积极性。

（四）组织现场观摩，展示模式样板

为确保辽宁省水肥一体化技术推广工作效果直观、技术落地，省、市、县各级部门多次组织技术专家组、农资企业、农化服务组织、种植大户等召开水肥一体化观摩会，展示玉米、花生、蔬菜、果树等多种水肥一体化技术模式样板。针对近几年新冠疫情的特殊情况，通过网上工作群组进行现场视频转发和

互动交流，形成"现场有观摩、纸上有技术、网上有互动"的新型观摩展示形式，取得了事半功倍的效果。各地重点在春耕和秋收两个时段分别展示水肥一体化工作新模式、新技术，推进水肥一体化工作深入开展。

(五) 加强宣传影响，扩大舆论造势

为进一步推广水肥一体化技术，辽宁省充分利用广播、电视、报刊等宣传媒介做了大量宣传。2020年辽宁省农业发展服务中心召开3次水肥一体化现场观摩和培训会，并邀请相关媒体、种植大户、合作社参加，全方位宣传工作成效、经验和典型，取得了很好的效果。据不完全统计，2018—2020年，全省举办技术培训班30余次，媒体报道20余次，组织现场观摩会50多场，发布网络信息和简报300余篇，培训技术骨干5 000多人次，发放培训和技术资料5万余份。通过舆论和宣传扩大了水肥一体化工作的影响，增强了农民的节水意识，促进了新成果、新技术的转化，为水肥一体化技术的快速发展奠定了坚实的基础。

四、"十四五"发展思路

(一) 因地制宜推广水肥一体化技术

根据辽宁省旱区的特点，在不同旱区结合不同技术推广水肥一体化。辽西地下水充足区重点在设施蔬菜和玉米上结合新型肥料和地膜覆盖技术推广水肥一体化，辽西北山地丘陵区重点在果树、马铃薯和玉米上结合集雨窖推广水肥一体化，辽西北地下水匮乏区重点在花生上结合地膜覆盖推广水肥一体化，辽中平原区重点在水稻上结合测墒控灌推广水肥一体化。

(二) 加强节水技术集成

充分研究降水时空变化规律、掌握农田水分状况，将多项节水技术有机集成，如集成"降解地膜＋水肥一体化""保水剂＋抗旱抗逆技术＋水肥一体化""测墒灌溉＋新型肥料＋水肥一体化"等技术模式，构建了一个"土、肥、水联合调控"的技术体系，从而实现了辽宁省节水农业的跨越式发展，为农业稳产、高产提供了技术保障。

(三) 加强自动墒情监测点建设

墒情监测是水资源合理利用、水资源科学管理和抗旱救灾决策最重要的基础工作，测墒灌溉是水肥一体化技术的重要手段。辽宁省将继续依托相关农业项目，不断加强自动墒情监测点建设，提高覆盖率，力争"十四五"期间新建自动墒情监测点100个以上，为水肥一体化技术的深入推广服务。

(四) 强化媒体宣传和技术培训

①完善现有技术队伍，充实技术力量，提高基层技术人员的服务水平和能力。②采用举办农民培训班、召开现场观摩会、技术人员田间指导等形式，真

正让农民掌握技术并会操作应用。③充分利用媒体网络、科普大集、发宣传单等形式广泛开展宣传活动，使广大农民群众真正了解和认识到节水农业的重大意义，推动水肥一体化的持续发展。

第二节　内蒙古自治区水肥一体化技术发展报告

一、发展背景

内蒙古自治区地域辽阔，总土地面积为 118.3 万千米^2，农牧业资源相对丰富，是国家重要的优质粮食和绿色农畜产品生产、加工、输出基地和祖国北方重要的生态屏障。总耕地面积为 1.38 亿亩，人均耕地 5.6 亩，居全国第二位，是全国 13 个粮食主产区和 6 个粮食净调出省区之一，每年为国家提供商品粮 200 亿斤以上。主要优势作物有玉米、马铃薯、小麦、水稻、大豆等。2020 年农作物播种面积 1.1 亿亩以上，粮食总产 732.8 亿斤，创历史新高，实现了历史性的"十七连丰"。

内蒙古自治区耕地面积大、人均耕地多，但农业生产基础条件差，受"旱、寒、弱"等因素制约严重。全区旱地面积占总耕地面积的 68% 以上，大部分农作区年降水量在 200～450 毫米，亩均水资源量不到 450 米^3，不足全国亩均水量的 1/4。①水资源短缺，农业用水占比大。全区大部分地区属干旱半干旱地区，2019 年全区平均降水量为 279.5 毫米，水资源总量约为 447.87 亿米^3，占全国总量的 1.55%；全区农业灌溉用水 121.92 亿米^3，占全区总用水量的 63.9%，占全国农业灌溉用水的 3.31%。②农业用水利用率较低。全区有效灌溉面积为 4 794.75 万亩，亩均毛用水量为 271 米^3，全国亩均用水量为 368 米^3，是全国的 73.65%；2019 年全区农田灌溉水利用系数为 0.547，较全国的 0.559 低 0.012。③水资源空间分布不均。东部 4 个盟（市）水资源量占全区的 81%，中西部地区 8 个盟（市）仅占 19%，全区水资源年内变化较大，6—8 月降水量占全年降水量的 70% 以上。2019 年黄河内蒙古段用水量 50.86 亿米^3。水资源短缺、区域水资源供需矛盾尖锐已经成为制约内蒙古自治区农业可持续发展的瓶颈之一。

十年九旱、连年春旱是内蒙古自治区的生产现状。随着农业生产的发展，一些地区不断扩大水浇地面积，为保证有效灌溉，无序大量地开采地下水，导致地下水位逐年下降，遇到干旱年景，人畜饮水都有困难，加上受工业发展、城镇建设等的影响，农业生产用水、城镇用水和生态需水矛盾十分突出，全区农业灌溉用水量逐年降低，农业用水量占总用水量的比例逐年降低，2009—2018 年农业灌溉用水量减少 8.3 亿米^3。水资源短缺且分布不均一直以来都是内蒙古自治区农业发展最主要的制约因素，并且在一段时间内较难改变。内蒙古自治区还存在无霜期短、农业生产遭受低温冷害和早霜冻影响的概率较大、农业生态十分脆弱等问题。

"十三五"期间，在农业农村部的大力支持下，在内蒙古自治区党委政府的领导下，内蒙古自治区坚持绿色、环保、可持续发展的理念，以节水灌溉为根本措施，转变耕作和生产方式，大力发展以滴灌为主的节水灌溉工程，进行平原灌区节水改造、旱改水标准农田建设和水肥一体化示范区建设，实施了"节水增粮""千亿斤粮食增产工程"等重大项目，累计投资 100 多亿元，建成滴灌面积 1 500 多万亩，新发展农田有效灌溉面积 400 多万亩，灌溉水利用率明显提高，高效节水农业得到快速发展。实践证明，高效节水灌溉水肥一体化技术具有节水、节肥、省药、省工、增产、节地和改善生态环境的作用，属于节水节肥绿色环保生态农业技术。因此，大力发展高效节水农业，尤其是水肥一体化技术是解决内蒙古"旱、弱、寒"问题的重要途径。

二、发展历程

水肥一体化技术在内蒙古自治区从 2007 年伴随滴灌技术的推广而兴起。但是，初期由于大部分农民没有掌握水肥一体化技术应用知识，滴灌设备闲置浪费的现象十分普遍。内蒙古自治区土肥站在农业农村部的大力支持下，连续 14 年在全区各地组织实施"水肥一体化技术研究与推广"项目，以建设高标准示范区和示范推广滴灌水肥一体化技术集成为核心，配套水肥一体化设备，实施以滴灌水肥一体化和测墒灌溉为主的一整套水肥一体化综合配套技术，建立核心试验区 158 个，开展水肥一体化相关技术研究，以试验示范为基础，通过示范区建设进行展示，经过多年的探索研究和引进、集成、完善、配套、创新等过程，目前已经形成了一套完善、实用且本地化的水肥一体化集成技术，形成了适合不同区域的膜下滴灌、浅埋滴灌、高垄滴灌、井黄双灌等节水灌溉水肥一体化技术模式，同时研发了适用于小规模地块的便携式滴灌、太阳能滴灌以及适用于规模经营的自动测墒灌溉——自动化滴灌，引领了全区水肥一体化技术的发展。同时，为了扩大和展示滴灌水肥一体化技术，连续多年在各地召开农田节水现场观摩交流会、水肥一体化现场会和培训班。这些宣传和展示使各级领导、技术人员和农民充分认识了滴灌高效节水技术的巨大增产效益，在各级政府和农业部门的全力支持下，水肥一体化高效节水滴灌技术的推广规模迅速扩大，并实现了跨越式的发展。截至 2020 年，全区高效节水灌溉面积 3 000 万亩左右，水肥一体化技术推广面积 2 000 万亩左右。

三、主要工作及成效

（一）集成了一批适合不同区域的水肥一体化技术模式

自 2007 年引入滴灌技术以来，内蒙古自治区在消化吸收的基础上不断创新熟化，因地制宜进行技术改进，寻找最适合本地区的技术模式。内蒙古自治区土肥站依托农业农村部财政专项优势农产品重大技术推广旱作节水膜下滴灌项目，连续几年在内蒙古自治区东部、中部、西部分作物开展技术试验示范，目前形成了适合不同区域的高效节水灌溉水肥一体化模式，在西辽河灌区重点推广玉米浅埋式滴灌水肥一体化技术模式，在燕山丘陵区重点推广玉米膜下滴灌水肥一体化技术模式，在阴山南北麓浅山区重点推广马铃薯高垄滴灌水肥一体化技术模式，在黄土丘陵区重点推广经济作物集雨太阳能移动式补灌水肥一体化技术模式，在河套灌区重点推广井黄双灌水肥一体化技术模式。尤其是2016—2018 年，依托农业农村部旱作农业技术推广项目资金建设滴灌水肥一体化技术示范区 10 万亩以上，建设千亩高标准水肥一体化农业样板示范区 58 片，建设万亩高标准水肥一体化农业样板示范区 20 片。通过核心示范区的辐射带动作用，各级部门积极开展项目整合、资金打捆和部门协作等，带动了全区滴灌高效节水灌溉技术的应用，全区水肥一体化应用面积从 2007 年的 2 万亩发展到现在的 2 000 多万亩，实现了跨越式发展。

（二）制定了一批水肥一体化技术规程

针对内蒙古地区干旱缺水、基础设施差、生态环境脆弱、先进技术应用率低等问题，内蒙古自治区土肥站以滴灌系统工程理论为指导，开展滴灌生产模式下灌溉施肥以及综合配套增产技术集成研究。重点开展了马铃薯、玉米等主栽作物滴灌条件下灌溉量次确定、肥料品种及量次确定以及灌溉施肥对经济、生态效益影响的研究。项目实施期间，在喀喇沁旗、丰镇市、察右中旗、太仆寺旗、科右前旗、敖汉旗、翁牛特旗、杭锦后旗、开鲁县等 36 个旗县区的玉米、马铃薯上开展了滴灌灌溉施肥制度研究，主要研究内容包括：滴灌条件下不同灌溉定额、不同灌溉频次对玉米、马铃薯产量和经济效益的影响；滴灌条件下降水量、灌水量的交互作用对产量的影响；不同灌溉条件对土壤墒情动态变化的影响；滴灌条件下量化指标灌溉制度的建立；滴灌条件下不同施氮量对玉米、马铃薯生长的影响；滴灌条件下量化指标施肥制度的建立；开发了集雨太阳能滴灌设备、便携式滴灌水肥一体化设备和自动化控制精准施肥系统；初步集成了河套灌区井黄双灌灌溉制度。累计开展试验示范 236 项次，累计建成核心试验区 158 个，设置试验小区 3 540 多个，试验区占地面积达 4 000 余亩，采集各项试验数据 70 800 多个，根据多年多点的试验示范结果，建立了降水量与灌溉量对产量影响模型、灌水量与氮肥交互作用关系模型、墒情监测设备与传统测试方法关系模型、灌溉量与土壤水分动态变化关系模型，确定了玉米、马铃薯水肥一体化技术参数，形成了滴灌玉米、马铃薯水肥一体化节水节肥高效绿色技术模式，推进了水肥一体化技术的升级和完善。通过系列试验示范，形成了地方技术规程4项，分别是《阴山丘陵区马铃薯高垄滴灌水肥一体化技术规程》（DB15/T 553—2013）、《阴山丘陵区马铃薯膜下滴灌水肥一体化技术规程》（DB15/T 554—2013）、《燕山丘陵区玉米膜下滴灌技术规程》（DB15/T 555—2013）、《平原灌区玉米膜下滴灌生产技术规程》（DB1505/T 017—2014）；编写了《玉米膜下滴灌实用技术手册》，参与编写了《主要作物节水农业技术模式》《中国马铃薯产业发展研究——西北灌区马铃薯膜下滴灌节水栽培技术模式》等技术图书，这些资料使内蒙古地区有了适合本地区农业生产的实用技术指导书籍，受到广大农技人员和农民的欢迎。

（三）筛选了一批新型水溶性肥料

2016—2017年，内蒙古自治区农牧厅联合内蒙古自治区工商行政管理局、内蒙古自治区质量技术监督局、内蒙古广播电视台开展新型肥料遴选鉴优管控助农行动。内蒙古武川县、丰镇市、科右前旗、敖汉旗、翁牛特旗、喀喇沁旗、开鲁县等36个旗县开展水溶肥料肥效遴选对比试验示范，共对山东金正大生态工程股份有限公司、深圳芭田生态工程股份有限公司、上海联业农业科技有限公司等24个厂家生产的金生水硝硫基长效灌溉肥、黄腐酸滴灌肥、利宝多多元大量元素水溶肥等48种水溶肥料开展田间肥效对比试验示范，研究水肥一体化条件下不同品种水溶肥料对玉米和马铃薯产量、效益的影响。筛选出适合马铃薯水肥一体化应用的6种增产效果和经济效益均较好的水溶肥料，筛选出适合玉米水肥一体化应用的4种高氮型水溶肥料，综合分析几年来试验示范的结果可知，在玉米上追施普通尿素经济效益较高，并能起到增产效果。通过示范引导，引入新型肥料品种56个，其中水溶肥料48个，全区水肥一体化应用新型水溶性肥料1 340万亩，占滴灌水肥一体化的74%。同时针对内蒙古农田严重缺锌的状况，在玉米、马铃薯等6种作物上开展了锌肥用法用量试验研究，共计在全区17个旗县对不同缺锌地块锌肥施用量、不同作物施用锌肥的增产效果以及锌肥的不同施用方式进行了深入的研究。开展锌肥试验示范20 000多亩，辐射带动锌肥应用面积达100万亩以上，促进了微量元素肥料在水肥一体化中的推广应用。

（四）研发了便携式新型灌溉设备

在引导农民推广应用水肥一体化技术的同时，内蒙古自治区农技人员一直没有放松对农田基础设施建设和滴灌新设备、新技术的研究。针对内蒙古自治区黄土丘陵沟壑山区土地零散、水源极缺、地头通电困难等问题，从澳大利亚引进了太阳能直流水泵，结合当地农业生产实际，将当地降雨利用小蓄水工程

（如水窖、旱井、小蓄水池等）收集起来，在春季播种时或者夏季干旱时利用太阳能提水系统将收集的雨水通过滴灌系统一滴一滴地向有限的作物生长土壤空间供给，同时根据需要将化肥和农药等随水滴入作物根际土壤。通过引进、消化、吸收、应用4个环节，将"集雨水窖＋移动式太阳能提水＋膜下滴灌"结合起来形成集雨太阳能节水补灌技术，建立了适宜黄土丘陵区的玉米、谷子太阳能集雨补灌技术集成模式。其中集雨太阳能补灌种植马铃薯、玉米、谷子等作物一般亩增产50%～80%，与传统灌溉方式相比，节水30%～50%。示范技术简单，易被农民接受，灌溉方便，适合一家一户小规模经营模式，被黄土丘陵区农民认可和接受。目前，该技术推广面积达4 000多亩，该技术的应用推广成功为内蒙古干旱无电的丘陵高原农业区乃至全国的节水农业发展找到了一条新的出路。同时还开展了便携式滴灌、自动化滴灌等技术试验示范。其中，便携式滴灌是以柴油机为动力带动水泵，适合无电地区灌溉，应用面积近2万亩；自动化滴灌是从以色列引入的，监测土壤含水量变化和EC值、pH等，首部控制系统通过计算直接判断是否需要灌溉施肥并下达指令，实现了精准化灌溉施肥，内蒙古连续几年建成自动化控制滴灌水肥一体化示范田3 000亩，目前已经取得大部分技术参数。一系列水肥一体化新技术的研究为农业可持续发展提供了强有力的技术支撑，对全区节水技术在旱作区的大面积推广起到了极大的推动作用。

（五）建立了墒情旱情评价指标体系

农田土壤墒情监测是节水农业的重要组成部分，也是一项基础性工作，是适时播种施肥、农业抗旱减灾、指导科学灌溉的必要手段。内蒙古自治区从2007年开始进行农田土壤墒情旱情监测，几年来不断完善监测技术和手段，在全区45个粮食主产旗县建设225个监测站开展墒情监测预报工作，基本实现了农区全覆盖，合计采集土样16.5万个，收集相关数据3 000万个，发布墒情旱情监测简报5 628期。根据连续几年的土壤墒情监测结果和对原有气象、作物、栽培和土壤等资料的分析整理，建立了内蒙古地区主要作物墒情旱情评价指标体系。同时开展了传统烘干法与水分速测仪器设备校正系数测试试验，建立了墒情水分监测设备与传统烘干测试方法关系曲线方程和系数模型，当土壤重量含水量为8%～22%时，土壤质量含水量真实值与土壤水分速测仪含水量测定值之间的关系可用方程 $y = 0.012\ 3x^3 - 0.544\ 6x^2 + 8.170\ 3x - 18.444$ 来换算。依托农业农村部农田节水项目在全区26个旗县建设土壤墒情自动监测站65台套，开展田间小气候和农田水分动态实时监测，截至2020年底，自动监测站点共采集相关数据950多万项次。开发了内蒙古自己的土壤墒情监控信息网，并搭建了墒情监测自动化信息平台，通过平台自动汇总监测数据，并自动对数据进行处理，输出墒情监测结果。同时与内蒙古自治区气象局深度合作，通过信息与数据共享，确保监测精度、扩大了覆盖范围，为指导农民适时播种、测墒灌溉、科学施肥、节水技术应用以及抗灾减灾等方面提供了科学依据。

（六）促进了综合配套技术推广

为了确保实现高产高效，内蒙古自治区土肥站开展了一系列配套技术研究，完善了技术模式，形成了较为完善的以水肥高效利用为主的现代节水农业技术体系。在玉米上推广以水肥一体化为核心的"一增九改"技术模式，即增加种植密度，改大水漫灌为膜下滴灌，改普通品种为耐密型品种，改粗放施肥为测土配方施肥，改"一炮轰"施肥方式为水肥一体化施肥，改人工种植为全程机械化作业，改匀垄种植为大小垄种植，改半膜覆盖为全膜覆盖，改病虫害单户防治为统防统治，改普通 0.008 毫米地膜为 0.010 毫米地膜，全区推广面积约 380 万亩。马铃薯水肥一体化重点推广"两增五推"技术，即增加密度、增施有机肥，推广脱毒种薯、设施化栽培、机械化作业、配方施肥和病虫害统防统治，推广面积约 220 万亩，还有浅埋式滴灌、测土配方信息化、测墒灌溉等配套技术。在推广水肥一体化技术的过程中，项目区实现了"五个百分百"，即优良品种应用率达到 100%、测土配方施肥应用达到 100%、机械化生产达到 100%、高密度栽培达到 100%、病虫草害综合防治达到 100%。这些配套技术的推广不但是项目区实现增产的根本保障，也是水肥一体化技术大面积推广的基础支撑。

（七）探索了技术推广新模式

在水肥一体化技术推广过程中，内蒙古自治区土肥站试验示范并行，典型辐射带动。在项目管理上，形成了政府主导、部门配合、农民主动、上下联动的工作机制；采取了"一转五动双提"工作组织模式，"一转"就是转变干部群众思想认识和节水用水观念，"五动"就是行政推动、项目拉动、典型带动、机制促动和宣传发动的工作方法，"双提"就是要提高水肥利用效率；同时形成了将分散种植小农户管理整合为大统一的推广服务模式，实行了产学研企联合协作的技术推广手段。从工作机制、工作方法、推广服务模式和推广手段方面探索出了一套可持续运行、农民易接受的水肥一体化技术推广模式。通过典型示范样板引领带动了全区规模化经营发展，规模化经营耕地面积 3 215.4 万亩，其中规模化经营水肥一体化应用面积 370.8 万亩。实现了技术到位率 100%，技术普及率达 90%。

四、主要经验与做法

（一）统一思想认识，加强组织领导

内蒙古自治区是全国最严重的缺水省区之一，连年的干旱和节水农业区连

年的丰收使得全区从领导到农民都对节水农业有了新的认识，各级政府主动把发展高效节水农业放到全区经济社会发展大局中，统筹安排，同步推进。使节水农业技术推广由农业部门行为上升为各级政府行为。以盟市、旗县为单位成立组织机构，协调各相关部门，整合各种资源，提供互补性服务，避免规划设计缺陷和低水平重复建设。通辽市政府实施了 1 000 万亩粮食节水功能区建设；赤峰市政府整合各部门项目资金 5 年完成了 500 万亩膜下滴灌建设；乌兰察布市市长带领多部门协同推进旱作节水工作。全区形成了"政府主导、部门配合、农民主动、上下联动"的工作机制，为大面积推广高效节水农业奠定了坚实的基础，也为全区高效节水农业向更大规模、更广范围、更高层次发展提供了强大的动力。

（二）试验示范并行，典型引领带动

在农业技术推广上，内蒙古自治区土肥站一直把典型示范、技术培训和广泛宣传作为自己的农技推广"三法宝"，在水肥一体化技术的推广过程中，内蒙古自治区土肥站把"典型引路、示范带动"作为技术推广的开路先锋。通过典型示范样板引领带动使水肥一体化面积由 2 万亩发展到 2 000 多万亩，实现了跨越式发展。同时，针对水肥一体化技术关键环节，内蒙古自治区农技人员立足生产实际，从优良品种的选用、种植模式的开发、灌溉施肥制度的建立、病虫害的统防统治和新型水溶肥料的筛选、滴灌设备的研发应用等多方面开展试验示范，根据试验结果制定了适合内蒙古不同区域和不同作物的技术标准和指标体系，推进了水肥一体化技术以及综合栽培配套技术的升级和完善。

（三）整合项目资源，实现互补共赢

滴灌水肥一体化技术虽然效益十分明显，但是一次性投入非常大，无论是依靠政府财政补贴还是农民自筹，都无法满足发展需要。因此，内蒙古自治区一直以农业农村部旱作节水农业补贴项目、高标准农田建设项目、国家优质粮食工程项目、旱作农业示范基地建设项目、增粮工程、节水增粮行动、农机购置补贴和农业保险等为依托，通过整合项目资金投入带动社会投入，以政府投资为引导，拓宽投资渠道。同时对旗县的惠农补贴和优惠政策进行整合，充分利用国家各项支农惠农政策并积极吸纳企业、专业合作组织、农民大户等社会资金向高效节水农业基础建设投资，资金、技术、物资统一调配，实现技术资源、组织管理、资金物资"一体化"的叠加效益，农业部门整合项目资金达 6 亿元，为大面积推广水肥一体化高效节水滴灌技术提供了资金保障。同时，在项目实施的过程中，邀请内蒙古农业大学、内蒙古农牧业科学院共同参与，实现了科研、教学和推广的有机融合，充分整合人才、检测设备和试验基地等资源，实现理论和技术推广互补优化，加速技术升级完善和配套推广，达到了技术互补、合作共赢。

(四) 加强培训指导,强化技术服务

滴灌水肥一体化高效节水灌溉技术是现代农业的重要组成部分,在基础建设完成后,对栽培品种、栽培技术、水肥控制、田间管理等均有新的要求,因此,搞好技术指导和服务尤为重要。各级农业技术部门根据实际情况,针对水肥一体化高效节水滴灌技术模式制定了技术标准和规程,开展多种形式的技术培训和技术指导,通过举办培训班、发放宣传资料、刻录技术光盘等形式,分批、分层次开展大规模的技术培训。据统计,2018—2020年,内蒙古自治区土肥站举办水肥一体化专题技术培训班17次,各盟市、旗县也通过多种形式组织灌溉施肥技术培训工作、编辑培训材料。累计培训技术骨干8 594人,培训农民64 360人,组织现场观摩会100多次,发放培训和技术资料95 800份。农民科技文化素质明显提高,接受和应用新成果、新技术的能力和积极性大幅提升,为水肥一体化技术的快速发展奠定了坚实的基础。

(五) 广泛宣传发动,营造良好氛围

为了让各级领导和农民群众看到水肥一体化技术的好处,把应用高效节水水肥一体化技术作为一种自发的行动,在项目实施的过程中,充分利用广播、电视、报刊等宣传媒介,采取印发明白纸、安装宣传标牌等灵活多样的方式广泛宣传。近年来,农业农村部4次在内蒙古召开全国旱作节水和水肥一体化现场观摩培训会,内蒙古又召开了5次全区农田节水和水肥一体化现场培训会,每次会议都邀请相关媒体记者参加,全方位宣传内蒙古节水农业的成效、经验和典型,取得了很好的效果,据统计,电视新闻报道32次,《农民日报》专题报道2次,内蒙古广播报道48次,内蒙古门户网站报道6次,发布网络信息和简报超过240篇。推动了内蒙古节水农业工作以及水肥一体化技术向更大规模、更高水平和更高层次迈进。

第三节　甘肃省水肥一体化技术发展报告

一、发展背景

甘肃省地处黄河上游黄土高原、内蒙古高原和青藏高原的交汇处,全省地域辽阔、地貌类型复杂多样,属温带季风性气候,总土地面积45.4万千米²,位居全国第七,农牧业资源相对丰富,是国家重要的优质粮食、特色农业和绿色农畜产品生产加工输出基地和北方重要的生态屏障。总耕地面积8 065.05万亩,全省干旱少雨、日照充足、昼夜温差大,有利于特色农业的发展。主要优势作物有玉米、马铃薯、小麦、苹果、蔬菜、中药材等。2020年全省粮食作物播种面积4 006万亩,总产量达到1 180万吨,创历史新高,

实现了"十一连丰",有力地促进了农业可持续高质量发展。

甘肃省耕地面积大,但农业生产基础条件差、水资源缺乏、水资源空间分布不均、农业用水利用率较低,严重影响着农业绿色高质量发展。①水资源缺乏。甘肃省是我国典型的农业欠发达省份,也是全国水资源最为贫乏和土壤侵蚀较为严重的省份,有"十年九旱甚至十旱、三年一大旱、年年有旱灾"之说。根据2019年甘肃省水资源公报数据,2019年全省平均降水量为357.9毫米,水资源总量为325.88亿米^3,仅占全国总量的1.12%;全省农业灌溉用水78.05亿米^3,占全省总用水量的60%以上,占全国农业灌溉用水的2.11%。水资源缺乏严重影响农业生产。②水资源空间分布不均。全省年均降水量从河西走廊的40毫米过渡到陇南山区的800毫米,占耕地面积80%的中东部旱作区年降水量只有300毫米左右,时空分布不均,春季"卡脖子旱"尤为严重。而河西走廊降水量更少,年均200毫米左右,而蒸发量却高达2 000毫米以上。③地域间水资源利用不平衡。从水资源区域分布看,全省总用水量为109.96亿米^3,其中内陆河流域为68.93亿米^3,占总用水量的62.68%;黄河流域为38.63亿米^3,仅占总用水量的35.13%;长江流域为2.40亿米^3,仅占总用水量的2.1%。④灌溉水资源的利用效率偏低。全省耕地灌溉面积1 993.30万亩,仅占耕地面积的24.71%,大部分区域农作区年降水量在200~450毫米,全省人均水资源量为415米^3,低于全国431米^{3}的平均水平,农田灌溉亩均用水量为446米^3,高于全国368米^{3}的平均水平,从水资源开发利用程度方面分析,2019年全省为33.7%,其中内陆河流域为103.1%、黄河流域为27.4%、长江流域为2.0%。这表明,水资源短缺、区域水资源供需矛盾突出已成为制约甘肃省农业可持续高质量发展的重要瓶颈之一。

"十三五"以来,在省委省政府的领导下,在农业农村部的大力支持下,甘肃省以抗旱和节水为主题,以开发有限水资源的生产潜力为中心,以水资源的优化配置和可持续利用为目标,将全省分为中东部旱作集雨增水农业区、沿黄和河西灌溉节水农业区及南部山区小水截流补灌农业区三种农田节水类型,创立了"用水、保水、蓄水、拦水、截水"五大节水技术体系,确立了以"梯田、水窖、地膜、调整"为关键技术的抗旱节水农业发展思路。国家层面先后给甘肃省安排了150多亿元实施两个大型节水农业项目:《甘肃省河西走廊国家级高效节水灌溉项目》《甘肃省"十三五"高效节水灌溉总体方案》。第一个项目规划了2013—2018年的任务面积为727万亩,其中管灌389.09万亩、喷灌31.36万亩、微灌306.77万亩;第二个项目规划了2016—2020年的任务面积为550万亩,其中管灌285万亩、喷灌60万亩、微灌205万亩。省级层面先后安排3.56亿元,按照2012年甘肃省政府印发的《关于加快高效节水农业发展的意见》(甘政发〔2012〕6号)和2014年甘肃省政府办公厅印发的《甘肃省灌区农田高效节水技术推广规划》（2015—2017 年）（甘政办发〔2014〕166 号）的要求推进。到 2019 年底全省农田高效节水农业面积稳定在 1 000 万亩左右，包括微灌 400 万亩左右（含设施农业）、喷灌 50 万亩左右、管灌 550 万亩左右，其中田间垄膜沟灌面积在 700 万亩左右。构建了以旱作区实施全膜双垄集雨沟播技术为依托的旱作节水农业，灌溉农业区实施以膜下滴灌、垄膜沟灌、水肥一体化技术为依托的农田高效节水技术体系，并大力发展以戈壁农业等为支撑的新型绿色节水农业技术，促进了甘肃省绿色节水农业技术的全面发展，为全省粮食安全生产及特色农业发展，特别是精准扶贫、产业扶贫开发作出了重要贡献。

二、发展历程

甘肃省的水肥一体化工作开始于 2004 年，农业部先后在敦煌、金塔、民勤、瓜州、玉门、甘州、凉州、景泰、靖远、金川等地启动了膜下滴灌示范推广项目，土肥站将水肥一体化技术引入膜下滴灌技术体系中，将种植作物由棉花逐渐扩展到加工型番茄、制种玉米、瓜类、枸杞、葡萄等特色经济作物上推广应用，初步建立了适合甘肃省实际的水肥一体化技术应用体系，促进了水肥一体化技术在甘肃省灌溉农业区的应用。特别是 2009 年甘肃省启动"河西及沿黄主要灌区高效农田节水技术推广项目"，极大地推动了甘肃省水肥一体化技术的推广步伐。目前甘肃省灌区高效节水农业面积稳定在 1 000 万亩左右，其中以滴灌、喷灌、渗灌为主的现代高效节水灌溉面积在 550 万亩左右（水肥一体化在 200 多万亩左右），管灌面积在 450 万亩左右，甘肃省的灌溉水利用系数提高到 0.57。2017 年以来在农业农村部的支持下，甘肃省先后实施以旱作节水农业、水肥一体化技术为依托的高效农田节水技术，将水肥一体化技术作为新时期节水农业的发展重点，以灌溉农业区实施膜下滴灌水肥一体化、旱作农业区实施以软体水窖集雨补灌水肥一体化为核心的水肥一体化技术体系，强化物联网水肥一体化等高新技术的应用，建立棉花、玉米（制种玉米）、马铃薯、葡萄、果树、蔬菜、中药材等的核心示范点 350 多个，开展水肥一体化相关试验示范研究，初步建立具有甘肃特色的水肥一体化集成应用技术模式，实现由渠道输水向管道输水转变，由大水漫灌向精准灌溉转变，由土壤施肥向作物施肥转变，由水肥分开向水肥耦合转变，由单一技术向多技术集成转变，由传统农业向现代农业转变等六个转变，为甘肃省农业的可持续发展提供了动力。

三、主要工作及成效

（一）根据农业生产发展的特点确立了多样化发展模式与发展重点

根据甘肃省地域狭长、自然类型复杂多样的实际，确立了水肥一体化发展区域与发展模式。①河西及沿黄灌溉农业区重点推进棉花、加工型番茄、马铃薯、制种玉米、瓜类、蔬菜、枸杞等特色优势产业的膜下滴灌水肥一体化集成体系建设，逐步推广物联网水肥一体化技术。推进以河西石羊河、黑河、疏勒河三大内陆河为单元的综合治理，配套可控的管道供水系统，蓄水池、首部、施肥罐（池）、用水量计量、用水控制、水位监测等水肥一体化设施设备，特别是物联网设备。重点推进"土壤墒情自动监测＋智能决策＋精准水肥管理＋终端智能控制"的物联网水肥一体化应用智能控制系统，并引入手机管理系统，实现移动互联，提升水肥一体化技术的标准化、信息化、自动化应用水平，促进区域节水减肥、提质增效的灌溉农业区高质量发展。②陇东、陇中旱作农业区重点推进马铃薯、粮食作物、瓜类、蔬菜、果园等特色产业的软体水窖＋移动式滴灌水肥一体化技术，在作物生长发育的关键时期进行补充灌溉和水肥一体化技术的应用，提升雨水资源的高效利用与特色农业高质量发展。③陇南山地旱作农业区重点推进花椒、茶园、果园等特色山地小水集流补灌移动式滴灌水肥一体化技术，在作物生长发育的关键时期进行补充灌溉和水肥一体化技术的应用，提升雨水资源的高效利用与特色农业高质量发展，促进区域生态环境的改善。④日光温室种植区重点推广日光温室膜面集雨水肥一体化、物联网集雨补灌水肥一体化技术，在作物生长发育的关键时期进行补充灌溉和水肥一体化技术的应用，提升温室作物节水减肥效益，促进温室产业的可持续发展。⑤果园区推广软体水窖集雨补灌配套滴灌、微喷水肥一体化技术，在果树生长发育的关键时期进行补充灌溉和水肥一体化技术的应用，提升果品、提质增效。

（二）开展土壤墒情和养分监测，为制定水肥一体化的灌溉施肥制度提供理论依据

①建立不同生态区域的墒情监测站，开展土壤墒情监测，构建土壤墒情评价指标体系。充分利用 2003 年后在各地建立的 30 多个国家级墒情监测站，安装固定式墒情监测设备，开展土壤墒情长期定位监测，收集 30 万份 0～100 厘米土壤的监测数据，对小麦、玉米、马铃薯等作物土壤墒情变化特征进行研究，基本摸清了旱作区马铃薯、玉米集雨补灌水肥一体化及灌区玉米、马铃薯、苹果等作物膜下滴灌水肥一体化等节水技术土壤墒情变化特征，为水肥一体化灌溉制度的建立提供了理论依据。②建立长期土壤养分定位监测站，开展土壤养分监测。利用甘肃省 28 个国家级、602 个省级耕地质量长期定位监测点、5 707 个耕地质量调查点开展土壤养分等耕地质量监测，通过布设土壤监测点、田间试验记载及田间土样的采集、化验分析土壤样品等过程，累计采集土壤样品 106 013 个，完成种植、施肥现状调查表 106 013 份，化验分析95.41 万项次，摸清了黄河流域耕地土壤养分演变及盈亏变化规律，探明了甘

肃省黄河流域主要作物养分回收率、偏生产力、肥料利用率等施肥参数。系统研究了不同农业生态区主要作物肥料利用率、百千克籽粒养分需求量、土壤养分供肥量等施肥参数，为施肥制度的建立提供了理论依据。

（三）开展水肥一体化应用技术研究，提升水肥一体化应用水平

从2011年开始，依托各类项目累计完成各类水肥一体化应用技术试验示范350项（次）。①以甘肃省农业科学院土壤肥料与节水农业研究所为技术依托单位，在凉州区打造甘肃水肥一体化研发中心，在甘肃省农垦条山农场打造甘肃水肥一体化试验示范核心研究基地，在敦煌农场建立水肥一体化物联网展示中心，联合开展高标准的水肥一体化技术试验示范。②灌溉农业区重点开展制种玉米、马铃薯、蔬菜、葡萄、瓜类、果类等作物的水肥一体化技术灌溉施肥体系的试验，旱作农业区在果类、蔬菜、马铃薯等作物上开展软体水窖集雨补灌或集雨补灌水肥一体化应用效果试验研究，为大规模推广提供依据。③开展棉花、马铃薯、制种玉米、果树、葡萄、日光温室及大田蔬菜等优势作物的水肥一体化技术相关参数的研究，通过不同灌溉方式、灌水量、施肥量等对比试验示范，摸索技术模式参数，取得了一批重要的技术数据，为甘肃省灌溉施肥制度和水肥耦合机制的建立创造了有利条件。④开展水溶性肥料的试验示范工作，依托全国农业技术推广服务中心提供的10多个厂家的水溶性肥料在敦煌、金川、安定、武山等地开展了水溶性肥料的试验示范工作，摸清了甘肃省的水溶性肥料应用现状，为构建甘肃省水溶性肥料生产体系创造了条件。⑤开展马铃薯、青贮玉米水肥一体化替代地膜应用效果研究，在玉米、马铃薯、蔬菜、瓜类等作物上开展全生物降解膜试验示范研究，为甘肃省建立灌溉施肥制度、构建水肥耦合机制创造了有利条件。

（四）强化核心示范区建设，打造水肥一体化亮点

配合高标准农田建设，重点打造地域特色鲜明、亮点突出的20万亩水肥一体化核心示范区。①突出实施主体。核心示范区重点安排在土地流转种植大户、家庭农场、农业龙头企业、农业种植合作社、农业示范园区等基础条件较好的区域。②围绕确定的产业发展目标，建立多样化核心示范区。其中酒泉市肃州区、张掖市甘州区打造大田蔬菜、制种玉米智能物联网水肥一体化示范区；张掖市民乐县打造马铃薯智能物联网水肥一体化示范区；甘肃省农垦农场重点打造马铃薯、青贮玉米滴灌水肥一体化替代地膜核心示范区；定西市安定区打造马铃薯、蔬菜软体水窖水肥一体化示范区；榆中县、永靖县、靖远县打造日光温室水肥一体化核心示范区和日光温室软体水窖集雨补灌水肥一体化应用核心示范区；秦州区、麦积区、秦安区、静宁区、庄浪区打造果园软体水窖集雨补灌水肥一体化核心示范区。③主推技术模式。重点推进以滴灌（含膜下滴灌）、微喷灌（含伸缩式）、软体水窖集雨补灌（滴灌、注水补灌）、渗灌、

自动测墒灌溉、自动养分监测施肥及其自动控制、水肥一体化替代地膜等水肥一体化、全生物降解膜应用等地膜减量（替代）等核心技术示范。

（五）加强水肥一体化智能控制节水节肥技术的应用研究

2013—2015 年，积极探索了水肥一体化自动控制节水节肥技术、现代农业物联网技术、信息管理技术三项现代农业节水技术，以提高水肥一体化技术的标准化、信息化水平。2013 年在武威市凉州区羊下坝镇五沟村日光温室园区建成水肥一体化物联网自动控制智能日光温室四座；在敦煌市完成"连栋温室水肥一体化自动控制系统"，在张掖市甘州区沙井镇 200 亩制种基地实施了膜下滴灌水肥一体化联网自动控制系统。2014—2015 年在金川区神农示范园区、条山农场、敦煌市莫高镇现代高效农业节水示范园区、天水国家农业科技园、武山县蔬菜示范园区等地示范农业物联网技术、小麦微灌水肥一体化技术、水肥一体化自动控制技术等高新现代节水技术，提升了水肥一体化技术标准化、信息化管理水平。2017 年后重点探讨"土壤墒情自动监测＋智能决策＋精准水肥管理＋终端智能控制"的物联网水肥一体化应用智能控制技术的应用，先后在安定区、民乐县等项目区应用，取得了较好的应用效果。

（六）加强应用技术的标准化，制定相关技术规范

①针对甘肃省灌溉农业区膜下滴灌水肥一体化、旱作农业区软体水窖集雨补灌水肥一体化存在的技术不规范等重大技术问题，甘肃省还深化了水肥一体化应用技术标准化研究，总结形成了制种玉米、水肥一体化技术适宜作物需水量及适宜的灌溉制度，逐步建立了施肥技术体系，构建了玉米、马铃薯、蔬菜（含日光温室）、苹果等水肥一体化技术灌溉施肥推荐方案，规范了灌溉施肥的主要技术参数，为技术应用标准化提供了依据。②加强对水肥一体化全程的标准化管理，建立膜下滴灌水肥一体化棉花、温室蔬菜、蜜瓜、制种玉米、葡萄、灰枣等作物应用技术规范九项，为水肥一体化技术标准化应用提供了技术参数和技术支撑。其中《制种玉米免冬灌水肥一体化栽培技术规程》（DB62/T 4163—2020）已通过质检部门审定，其他正在报备中。③加强对水肥一体化关键设备的标准化管理。甘肃省与相关企业研制的适合旱作农区的一种集雨配肥渗灌系统已获国家新型实用专利（证书编号：11945657），智慧土肥管理系统（简称甘农宝）V1.0 获国家计算机软件著作权（2020SR 1811063）。④加强水溶性肥料的应用研发，针对甘肃省土壤大多呈碱性的特点，提出甘肃省适用水溶性肥料"pH 都在 3 左右，水不溶性物质小于 3％"的水溶性肥料应用标准，加强活化水技术的应用，有效解决了水质问题造成的堵管问题。

（七）构建水肥一体化产业应用体系

①加强产学研对接，构建与区域水肥一体化相适应的灌溉制度、施肥制度、管护制度及产业发展体系。近几年，与中国科学院寒区旱区环境与工程研

究所、甘肃农业科学院旱地农业研究中心、兰州大学资源环境学院等单位建立的节水农业技术及水肥一体化研发体系通过系统研发初步建立了自动控制（半自动控制、手动控制）节水节肥技术、现代农业物联网技术、信息管理技术等现代农业节水技术集成体系。②加强与相关生产企业的合作，形成大禹节水集团股份有限公司、亚盛亚美特节水有限公司、星硕生物科技有限公司、新大弓农化有限责任公司、施可丰生态科技有限公司等水肥一体化应用支撑企业，对甘肃省水肥一体化事业发展起到了推动作用。③加强与政府、农资服务企业的对接，做好水肥一体化最后"一公里"的服务。张掖市甘州区通过政府引导，搭建托管服务平台，通过建成水肥一体化物联网控制系统，实现自动化灌水、施肥等作业，同时通过项目倾斜的方式对托管服务费进行补贴，积极引导肥料生产企业、农业社会化服务组织参与玉米基地从种到收的全程水、肥、药技术托管服务，收到较好的应用效果。甘肃谷丰源农业科技有限公司创新了"农工场"技术托管模式，开展"农工场"技术托管模式，形成制种玉米、马铃薯、高原夏菜等作物的绿色节水减肥高质高效技术集成方案与农资配套服务，已被列为农业社会化服务典型案例［《农业农村部办公厅关于推介全国农业社会化服务典型案例的通知》（农办经〔2019〕9号）］，为水肥一体化产业的深度、广度发展创造了条件。

（八）水肥一体化应用取得了显著的效益

根据近几年的试验示范结果，马铃薯、蔬菜、玉米、枣树、葡萄、棉花等作物实施水肥一体化技术：亩均增产量224.21千克，增产率为7.95%；亩均节水180.56米^3，节水率为35.29%，亩均节约水费37.97元；亩均节肥38.34千克，亩均节约肥料费用189.91元，肥料利用率提高了38.3%；亩节省工日2个以上，亩节省用工成本334.33元，亩均节本增效1 158.57元。

四、主要经验与做法

（一）坚持把行政推动作为重要动力，形成了各级重视的好局面

甘肃省委省政府高度重视此项工作，甘肃省政府在2010年印发了《甘肃省河西及沿黄灌区高效农田节水技术推广三年规划》，2012年初又下发了《关于加快高效节水农业发展的意见》，明确了高效农田节水技术推广的总体要求、推广目标、实施区域、产业布局、重点任务和保障措施。各级政府主动把发展高效节水农业特别是水肥一体化技术作为全省经济社会发展大事，统筹安排，同步推进，使节水农业技术推广由农业部门行为上升为各级政府行为。张掖市对水肥一体技术的认识尤为深刻，2019—2020年张掖市连续两年在省人大、省政协会议上提出议案和建议，提出"张掖市大力发展以绿色农业为引领的现代农业节水技术，发展膜下滴灌技术52万亩，其中水肥一体化面积达到20万

亩，对提升玉米制种、蔬菜、马铃薯、中药材等高附加值节水农业产业作出重要贡献"的建议，对推动甘肃省水肥一体化产业发展起到了重大的推动作用。同时，各级都成立了技术指导小组，深入田间地头开展技术指导和技术培训，形成了领导重视、职责明确、上下齐抓、政技协调的工作格局，有力地推动了各项任务的落实。

（二）坚持节水与增效紧密结合，形成了以农民为主体、社会广泛参与的好现象

对甘肃省而言，推广水肥一体化技术不但能实现社会节水、生态节水，还能提质增效，广大的农民群众已积极融入这项工作，成为节水的主体、节水的大军。近几年在马铃薯、蔬菜、玉米、枣树、葡萄、棉花等作物上实施水肥一体化技术，取得了明显的节水增产效益，形成了社会广泛参与的好现象。这些节约下来的水对生态环境改善具有十分重要的作用，也日益成为各级部门关注的焦点，主要表现在：①为下游生态环境改善提供了水源，黑河上游的张掖节水为黑河下游的内蒙古额济纳旗的生态环境改善提供了较为丰富的水源；特别是石羊河流域的节水及水肥一体化推广，为下游民勤盆地提供了水源，有效地避免了民勤成为第二个"罗布泊"。②通过节水特别是水肥一体化发展，减少了对地下水的滥采，使甘肃省河西灌溉农业区地下水位逐年回升，对于遏制土地荒漠化、沙漠化进程具有积极作用，也降低了沙尘暴的发生频率，保护了河西灌溉农业区的生态环境。③通过水肥一体化发展，特别是精准施肥技术，减少了对地下水的污染，避免了化肥随大水下渗到地下污染地下水资源，也在一定程度上保护了生态环境。

（三）坚持把资金扶持作为重要保障，形成了各方配套的好形势

近年来甘肃省整合财政、农业综合开发、水利等资金，扶持高效农田节水技术推广，推广水肥一体化建设，共安排资金 1.56 亿元（财政 1.02 亿元，农业综合开发 0.505 亿元，水利 240 万元），其中 2010 年 2 080 万元，2011 年 4 242 万元，2012 年 9 270 万元。整合各类项目资金 3.75 亿元重点投资膜下滴灌，同时各地也积极配套资金，支持农田节水技术推广。据统计，市级共配套资金 418 万元，县（市、区）、企业共配套资金 6 339.38 万元，共购置地膜 10 186.5 吨、约合 6 287.465 万元，购置机械 6 563 台、约合 2 332.765 万元，发放作业费补贴 2 056.265 万元。

（四）坚持把示范引领作为重要措施，形成了各具特色的好样板

各地继续加大高效农田节水技术特别是水肥一体化技术的推广力度，紧紧围绕主要作物、优势产业，根据当地经济、水资源、土壤、作物种类等基础条件和农业生产实际，选择合适的水肥一体化主推技术，集中研发集成并示范推广了一批水肥一体化技术模式，建设了一批具有区域特色的水肥示范区。通过在不同类型区域建立农田节水示范区指导农民科学用水、规范种植,为辐射带动节水技术大面积推广发挥了重要作用,真正把示范区建设成了节水成果展示、农民现场观摩、技术集成转化的平台。全省共建立核心示范点 300 多个,示范面积 20 万亩,其中万亩示范点 3 个、千亩示范点 120 个、千亩以下示范点 177 个。共安排各类试验 350 项(次)。

(五)坚持把培训指导作为重要手段,形成了互学赶超的良好氛围

甘肃省集中培训技术人员。各项目市、县也通过召开现场会、举办培训班、发放宣传资料、播放专题片等多种形式开展技术宣传培训,引导农民学习掌握农田节水技术。为了有效加快示范推广步伐,针对中东部灌区实施软体水窖集雨补灌水肥一体化存在诸多问题的实际,组织开展了"一对一"技术对口帮学活动,将河西及沿黄主要灌区的 22 个项目实施单位与今年新列的 22 个项目县(区)相互对接,组织相互学习与交流,形成了"新老相互帮学、东西两翼协调、平衡有序推进"的工作格局。近年来共举办各类培训班 6 449 场次,召开现场会 1 833 次,举办各类电视讲座 817 次,向农民发放明白纸 213.2 万张,发放技术手册 86.6 万册,培训农技人员 13 841 人,培训农民 145.6 万人。

第四节　河北省水肥一体化技术发展报告

一、发展背景

河北省年可利用水资源量 168 亿米³,人均、亩均水资源量分别为 304 米³和 208 米³,仅为全国平均水平的 1/7(世界平均水平的 1/24)和 1/9。河北省平均每年超采地下水 40 多亿米³。其中农业用水占 70%以上。河北省多年来地下水超采严重,地下水位连年下降,部分区域浅层水基本采完,形成华北乃至全国最大的漏斗区,水资源紧缺已成为限制社会发展、人民生活提高的障碍因素。因此,发展节水农业是必由之路。

小麦、玉米是河北省两大主要农作物,是农业节水的重点。河北省常年种植小麦 3 400 万~3 600 万亩、玉米 4 000 万~4 500 万亩,是需水大省。有关测算表明,社会用水量的 70%在农业,农业用水量的 70%在小麦,所以说粮食作物,特别是小麦是农业节水的关键所在。同时,粮食作物大水漫灌现象依然存在,使农业节水具有潜力。河北省黑龙港区域、北部区域粮田大部为长条大畦整地,单次灌水量大,单次亩灌水量达 80~100 米³;山前平原区小畦多次灌溉现象依然存在,小麦整个生育期灌水次数多的达 4~5 次,科学合理用水仍有很大潜力。

　　河北省水肥管理过去仍以人工施肥为主，施肥技术相对落后，肥料利用率低，费工费力。水肥一体化是水肥管理环节解放劳动力的关键，水肥一体化省工省力省时，是发展现代农业的必然，也是农业现代化的重要标志。水肥一体化技术是将灌溉与施肥融为一体的农业新技术，借助高效灌溉系统，按土壤养分含量和作物种类的需肥规律和特点，将肥料通过管道均匀地施入作物根际土壤区域，把水分、养分定时定量、按比例直接提供给作物。水肥一体化可省去垄沟畦背，节省土地 7%～10%，可实现多次施肥、叶面施肥，具有显著的增产作用；同时由于节省劳动力，减少了用工成本，对规模化经营具有明显的促进作用。水肥一体化经济、社会、生态效益显著，还可促进规模化经营发展。2014 年国家启动河北省地下水超采综合治理试点项目，粮田水肥一体化是项目实施的重要节水技术内容之一。

二、发展历程

（一）大田作物水肥一体化开展情况

　　2011—2013 年，积极争取资金，在石家庄、保定、邯郸、邢台 4 市 23 个县开展了小麦、玉米两茬连作区域微喷灌水肥一体化技术试验示范，建立了 5 万亩示范区。通过示范，明确了小麦、玉米轮作下应用微喷灌水肥一体化技术节水、节肥、省工、增产、增效效果非常明显，初步建立了小麦、玉米轮作下的微喷灌水肥一体化技术体系，为下一步大规模应用奠定了技术基础。2014 年在石家庄市组织实施了小麦、玉米测墒微喷灌水肥一体化技术示范，示范面积为 3 000 亩。在藁城区南孟镇建设微喷灌水肥一体化技术示范区 1 900 亩。其中，在北孟村建设了智能化微喷示范区 620 亩；在丰上村示范区建立安装一套土壤墒情监测系统，能够实现对土壤墒情（土壤湿度）的长时间连续监测；在赵县王西章乡西湘洋村建立 1 100 亩规模化微喷水肥一体化示范区。通过示范工作进一步探索了智能自动化在微喷灌水肥一体化技术上的应用。

　　2014—2016 年，实施地下水超采综合治理试点项目，示范推广了以固定式、微喷式、膜下滴灌式、卷盘式、指针式等为主要灌溉模式的粮食作物水肥一体化技术，3 年累计实施小麦、玉米水肥一体化示范面积 50.2 万亩。2014 年建设冬小麦、夏玉米微喷灌水肥一体化技术面积 10 万亩，覆盖邯郸、邢台、衡水、沧州的 29 个县的 107 个乡镇、189 个村、5 387 个农户、42 个种粮大户、28 个家庭农场、79 个农业合作社和 10 个新型种植公司，主要技术模式为微喷灌水肥一体化。2015 年面积增加到 30 万亩，推广区域扩大到邯郸、邢台、衡水、沧州、石家庄的 42 个县，主要推广模式为微喷灌式、固定式、卷盘式水肥一体化。2016 年进一步增加 20.2 万亩，总面积达到 50.2 万亩，推广区域扩大到邯郸、邢台、衡水、沧州、石家庄、保定、廊坊、张家口的

47个县。微喷灌式应用规模减小，固定伸缩式大幅增加。地下水超采综合治理粮食作物水肥一体化项目的实施基本覆盖了小麦、玉米适合应用水肥一体化的区域，同时也明确了当前经营管理模式下适宜的水肥一体化技术模式。2018年在南皮县组织示范了最受农民青睐的两种小麦、玉米喷灌水肥一体化技术模式，建立了300亩自主伸缩式喷灌水肥一体化示范区、1180亩节能卷盘可折叠桁架式微喷灌水肥一体化示范区。1480亩示范区全部实现手机智能控制灌溉施肥。

（二）设施园艺作物水肥一体化技术应用

以露地蔬菜和设施蔬菜园艺作物为重点，大力组织推广了膜下滴灌、微喷灌等水肥一体化技术。2014—2016年地下水超采综合治理试点项目示范推广蔬菜膜下滴灌、微喷灌水肥一体化技术42.4万亩，覆盖了大部分适合应用区域。2014年在33个县推广膜下滴灌水肥一体化技术，配套建设雨水收集利用设施，推广面积为20万亩，其中衡水9个县（市、区）12万亩、沧州的6个县1.5万亩、邢台的8个县3万亩、邯郸的10个县3.5万亩。实现技术节水0.4亿米^3，雨水收集能力达到0.3亿米^3。2015年度在44个县（市、区）推广微滴灌水肥一体化技术10万亩，实现地下水压采0.2亿米^3，其中设施果菜类园区推广膜下滴灌水肥一体化技术，叶菜类园区推广微喷技术。2016年在张家口、廊坊、保定的18个县实施推广蔬菜微滴灌水肥一体化技术12.4万亩。设施蔬菜水肥一体化可选择膜下滴灌、微喷等灌溉模式，露地蔬菜可选择滴灌、喷灌、微喷等灌溉模式。

三、主要工作及成效

（一）探索出了多种适宜的水肥一体化技术模式

探索出微喷灌水肥一体化、自主伸缩式喷灌水肥一体化、卷盘可折叠式桁架微喷灌水肥一体化、马铃薯膜下滴灌水肥一体化、设施园艺作物软体集雨窖滴灌水肥一体化等。

微喷灌水肥一体化。微喷灌带间距：高产田1.8米，中产田2.4米。喷灌控制单元：1.0～1.5亩。优点：节水效果好，灌水较均匀，地块利用率高，增产效果好。缺点：铺管收管烦琐；灌溉单元面积小，控制阀门多，操作较复杂；鸟易破坏管子；冬季风易吹乱微喷带等。

自主伸缩式喷灌水肥一体化。技术特点：固定式喷灌田间给水立杆及喷头喷灌时靠水压自动伸出地面1.4米，喷灌结束时自动回缩到地表40厘米以下。配套供水首部、田间灌溉施肥、墒情监测智能化控制技术。降低了灌溉设备管理用工。解决了田间灌溉设备影响农业机械作业的问题。田间灌溉设备不占地，耕地利用率提高13％。节水、节肥、增产、增效显著。

卷盘可折叠式桁架微喷水肥一体化。卷盘移动式喷灌，从高耗能、灌溉均匀性差等改进为节能、可折叠桁架、灌溉均匀性好的微喷式。优点：采用先进的水涡轮技术，对水压要求低，仅需 4 千克（喷枪需 7 千克）；水蒸发损失较小；灌水均匀；灌水喷药可以两用，灌溉田块灵活。

马铃薯膜下滴灌水肥一体化。核心技术：垄高 35 厘米、垄顶部宽 30 厘米，垄距 1.3 米，铺设滴灌带，一膜一带垄顶部种两行马铃薯，株距为 20 厘米，亩保苗 4 100 株左右；选用幅宽 1 米、厚 0.01 毫米的地膜，施底肥、播种薯、铺设滴灌管、铺地膜全程机械化完成。效果：每亩产量为 3 350 千克，商品率（200 克以上）为 84%，亩增产 1 090 千克。

软体集雨窖水肥一体化技术。设施园艺作物面积 1 374 万亩，设施园艺作物年用水量约 30 亿米^3，是农业用水大户。在设施蔬菜园艺作物上集成设施膜面和新型软体集雨窖高效集雨、小流量微灌以及水肥一体化技术，强化对天然降水的充分蓄积和高效利用，以蓄积雨水替代地下水，协调保障蔬菜水果生产供应与地下水超采治理的矛盾，在设施农业上实现雨养生产，大幅度压减地下水超采，意义重大。据测算。在河北省设施果蔬产区，一个标准棚配置一个 200～300 米^3 的软体窖，一年循环蓄水 200～400 米^3，可满足设施农业一年两季生产需水量的 2/3 以上，意味着减少抽取 2/3 的地下水，或不抽取地下水。

（二）制定了主要小麦、玉米水肥一体化技术操作规程

一是建立了小麦、玉米轮作区微喷灌水肥一体化技术操作规程。采用微喷灌带的形式，在小麦、玉米上依据灌溉与施肥一体使用的农业新技术，借助压力灌溉系统，按照作物生长需求，把水分和养分均匀、准确地输送到作物根部土壤，供作物直接吸收利用。其技术要点包括设施建设和配套使用技术方案两部分。

设施系统主要包括水源首部系统、加肥系统、输水管道系统、田间微喷灌系统和附属设备设施。水源首部系统为整个灌溉系统提供加压、过滤、量测、安全保护等作用，应配备过滤器、逆止阀、进排气阀、压力表、流量计等。加肥系统主要向灌溉水中加肥，主要设备包括施肥池（罐）、搅拌泵、注肥泵等。输水管道系统主要是建立从水源到田间的地下输水管道等，一般选用直径 90～125 毫米、工作压力 0.4 兆帕的 PVC 管。田间微喷灌系统包括地表输水支管和田间微喷带。地表输水支管一般选用直径 63～90 毫米、工作压力 0.25～0.30 兆帕的低密度 PE 管。选用直径 40 毫米、壁厚 0.2～0.4 毫米、孔径 0.7 毫米、斜五孔、工作压力 0.05～0.10 兆帕的田间微喷带。

配套使用技术方案主要包括小麦、玉米浇水施肥技术方案。小麦浇水施肥技术方案：起身—拔节期（3 月下旬至 4 月上旬），微喷灌浇水 25 米^3/亩，施尿素 9～12 千克、氯化钾 1 千克。孕穗—扬花期（4 月下旬至 5 月上旬），微

喷灌浇水 20 米³/亩，施尿素 4.5～6.0 千克/亩、氯化钾 1 千克。扬花—灌浆期（5 月中旬），微喷灌浇水 20 米³/亩，施尿素 1.5～2.0 千克、氯化钾 1 千克。灌浆中后期，微喷灌浇水 15～20 米³/亩。灌水定额根据土壤质地、降雨和土壤墒情进行调整，施肥量根据土壤养分状况合理确定。夏玉米浇水施肥技术方案：选用耐密性品种，60 厘米等行距，种植密度为 4 500～5 000 株/亩，种肥同播。一般氮肥种肥施用量占全生育期施氮总量的 25%～30%，磷肥全部作种肥，钾肥大部分作种肥施用。播种期微喷灌浇水 20 米³/亩。拔节期微喷灌浇水 15 米³/亩，追施尿素 5 千克/亩左右、氯化钾 2 千克/亩。大喇叭口期微喷灌浇水 10 米³/亩，大喇叭口期追施尿素 15 千克/亩左右、氯化钾 2 千克/亩。抽雄期微喷灌浇水 10 米³/亩，施尿素 10 千克/亩左右、氯化钾 2 千克/亩。灌浆后期灌水 20 米³/亩，主要为下茬小麦播种造墒，满足下茬小麦出苗及冬季墒情。

二是建立了河北省主要粮食作物水肥一体化操作技术规程。该规程规定了主要粮食作物（冬小麦、夏玉米、马铃薯）水肥一体化技术的基本原则、适用条件、工程模式、灌溉施肥方法及水肥一体化管理制度，适用于指导河北省主要粮食作物（冬小麦、夏玉米、马铃薯）水肥一体化技术的推广与应用。

（三）推进了一批水肥一体化新技术的研发与应用

一是推动了智能化控制水肥一体化技术的发展。探索了小麦、玉米水肥一体化智能操作系统，研制了水肥一体化智能操作系统设备，在藁城小麦、玉米水肥一体化应用地块发挥了显著作用，减少了用工，使 1～2 人在办公室就能完成 200 多亩地块的施肥浇水作业。

二是推动了伸缩式喷灌水肥一体化技术的创新与推广应用。伸缩式喷灌水肥一体化是一种新型的喷灌灌溉施肥技术，它把在田间铺设的管道、立杆及喷头等装置都完全埋设到耕作土层以下的位置，应用时，打开管道上的控制阀门，靠水压把立杆和喷头顶出地面 60～90 厘米进行喷灌作业，喷杆的高度根据不同地域和作物调节，每个喷头的喷洒直径可以达到 15～20 米，喷灌作业完毕后，根据需要把所有的喷管压回地面 30 厘米以下，回压安全可靠。

伸缩式喷灌水肥一体化技术的特点主要是喷灌设备埋于耕作层以下 35～40 厘米处，不影响农机耕作。集出水杆、喷头于一体，同时具有顶出地面和喷水功能，无须寻找田间出水口位置，喷头出地面高度可达 60～90 厘米，能够满足小麦全生育期和玉米苗期灌溉。与智能化控制相结合，可以利用计算机、手机等设备控制灌溉施肥，从而可极大地降低劳动用工，大幅度降低劳动强度，提高工作效率，节本增效显著，是最受农民欢迎的灌溉施肥技术。

该技术所用设备体积小、安全可靠、使用方便，完全可以避免大型机械的碾压和人为的破坏，由于减少了裸露时间，可最大限度地延长使用寿命，使用寿命在 10 年以上。

三是推动了智能自动施肥控制系统的研发与应用。在水肥一体化系统中，加肥智能自动化也是提高水肥一体化技术效率的重要环节。为此，河北省某企业研发了水肥一体化高效施肥机。该施肥机采用变频螺旋定量计量装置，在利用水动能和水力切割原理将所施肥料瞬间溶解的同时利用加压泵的自吸功能通过调节液态肥进口阀门将固态肥、液态肥、可施农药加注到管道中，实现水、肥、药一体化功能。采用一体化结构设计，体积小，结构紧凑，可移动，便于多井使用。功能强大，既可用于固态肥又可用于液态肥，而且还可根据情况进行施药。矮化设计方便肥料装入；半倾斜大料斗设计使漏料完全；快接头管路连接，安装快速简便；智能化电脑控制，可根据作物不同生长期自动设定灌溉水量、灌溉方式等，保证肥料主要留存于作物主要根层，避免因施肥过早或过晚而造成肥料浪费。主要部件采用不锈钢材料，防腐耐用，使用寿命在 10 年以上。注肥压力大，可用于管灌、喷灌、滴灌等不同灌溉形式。一次肥料最大容量为 200 千克，施肥量控制速度在每小时 5～150 千克，施肥精度误差在 0.5％以内，注肥压力大于 0.6 兆帕、小于 1.0 兆帕。

四是推动了卷盘可折叠式桁架淋灌水肥一体化技术创新与推广应用。该技术采用卷盘式喷灌机，喷头选用插管式淋灌架，浇灌方式为淋灌，浇水均匀度要求大于等于 98％，灌溉周期为 5～7 天，喷洒幅宽 40 米，亩浇水量为 20～25 米³ 或 30～38 毫米，工作效率为 1.6～2.0 亩/时，潜水泵出水量要求不低于 30 米³，单套设备控制面积为 120～150 亩。该技术具有节能高效的特点。节能：采用扼流式（直冲式）水涡轮、6 挡变速齿轮箱、水涡轮与齿轮箱一体结构轴传动方式，水能动力转换率由 30％提高到 70％；回收速度范围为 3.6～10.5 米/时，传动速度比系数小，启动动力仅为 2 个水压就可以驱动卷盘回收。采用水涡轮与齿轮箱一体结构轴传动方式，相比于水涡轮与齿轮箱通过皮带传动方式，减少动力损失 20％。高效：出水量 50 米³/时，按每亩浇水量 20～30 米³ 计，其作业效率为 1.7～2.5 亩/时。采用插管式淋灌架喷洒方式，喷幅为 40 米，出水量为 50 米³/时，相比于喷枪喷洒方式的 20 米³/时，工作效率提升了 1.5 倍。同时，淋灌喷洒耗压低，对作物幼苗没有伤害，均匀度在 98％以上。插管式淋灌架轻便，安装快捷，一个人就可以轻松操作。

（四）经济、社会、生态效果显著

①节水压采明显提升。累计实施小麦、玉米水肥一体化 50.2 万亩，实现年压采能力 0.3 亿米³ 以上。采取高效灌溉方式解决了垄沟淋失、大水漫灌等问题，一般主体麦田可每亩节水 40 米³ 左右。②节肥、省工效果明显。据调查，水肥一体化示范区小麦比常规对照区亩减少化肥用量 3.282 千克，节省化肥 13.18％。每眼井省工 30～50 个。常规农田清垄沟、扒畦用工 0.65 个/亩、

4次浇地用工1.25个/亩，春季总用工1.9个/亩；微喷4次浇水仅用工0.4个/亩，铺拆微喷带一次用工0.5个/亩，春季总用工0.9个/亩，比对照平均亩省工1个，省时8小时左右。总的来看，水肥一体化春季每眼井可省工30～50个，每次灌溉可省时3～5天。土地利用效率提高。微喷式省去了垄沟畦背，一般节地10%左右；固定式少量占地，一般节地7%左右；卷盘式由于占用行走道，与常规占地基本相当。③增产、增效显著。采用水肥一体化技术施肥，施肥方式更加合理，施肥时间更容易调控，作物能够更有效地吸收利用养分，水肥耦合效应明显，作物增产显著。总的增产趋势是小麦增产不明显，玉米增产明显；保证足额合理用水的增产明显，用水量过小的增产不明显，甚至减产；壤土增产不明显，沙土增产明显。一般小麦增产5%左右，玉米增产15%左右，全年两季每亩可增产100千克左右，增量加之省工、省电可亩增效200元左右。

对水肥一体化技术的提升创新带动作用显著。微喷灌水肥一体化技术模式从2011年引入到项目实施得到了进一步完善，快速接口、大阀门控制、机械收铺带、收管钳、一体化施肥池等小发明不断涌现。固定式喷灌水肥一体化从原来传统的田间立管发展到地埋自动伸缩式喷灌模式，克服了原来费工、易丢失、影响农机作业等不足，极大地提高了农民应用水肥一体化技术的积极性。卷盘式喷灌水肥一体化技术更先进，卷盘淋灌化，驱动方式更节能，测墒智能控制更省工，灌水更均匀。注肥设备从传统的方式发展到智能一体化，施肥更均匀。与现代技术对接，实现物联网智能化控制，水肥一体化技术模式整体水平得到显著提升。完善了小麦、玉米水肥一体化灌溉施肥技术规程，初步建立了冬小麦水肥一体化技术规程、玉米水肥一体化技术规程、马铃薯水肥一体化技术规程，技术应用更规范，更易复制推广。

四、主要经验措施

(一) 加强领导，强化组织管理

为保证项目顺利实施，各市、县都成立了地下水超采综合治理领导小组，形成了职责明确、管理有序、运转高效的组织领导体系。如赵县农业农村局成立了农牧局局长王应州任组长，主管局长任副组长，土肥站、种植管理科等有关科室负责人为成员的地下水超采项目综合治理农业项目工作领导小组，统一谋划部署和推进试点农业项目工作，土肥站负责小麦、玉米水肥一体化技术项目具体实施，财务科负责项目检查、资金审计等。邯郸市农牧局及时调整项目领导小组，统筹推进农业项目实施，并与各项目县签订了目标责任书，还聘请石家庄市农业科学院名誉院长郭进考、河北农业大学农学院教授崔彦宏担任顾问，成立专家指导组，指导全市做好项目实施。邯郸市农牧局多次召开动员会、视频会、调度会进行安排部署。

（二）依托项目，精心安排部署

科学制定方案、规范项目运行是项目顺利实施的基础。围绕地下水超采综合治理试点项目和河北省政府《河北省地下水超采综合治理规划》，河北省农业农村厅及时制定《河北省粮食作物水肥一体化实施方案》。各项目县按照实施方案，根据各自实际，充分摸底，进村走访调查，科学确定实施地点和实施模式，实地量测，认真开展田间工程设计，制定符合实际的实施方案，确保了项目顺利开展。如正定县在摸底调查的基础上，按照有关文件精神，集中了技术站、土肥站的技术专家，通过学习领会项目实施方案精神，充分结合本地实际情况，初拟了小麦、玉米水肥一体化技术项目方案，在此基础上经过石家庄市土肥站组织的专家组评审，结合专家评审意见进行了修改完善，最终确定实施方案。隆尧县、柏乡县让农户自愿选择节水灌溉模式（半固定式喷灌、卷盘式喷灌），既充分调动了实施主体的积极性，又能达到"以补促示范、以点促推广"的目的。

（三）认真调研，抓住重点克服难点

积极开展水肥一体化技术调研工作，深入小麦、玉米水肥一体化示范项目区调研检查，开展基层座谈，走访农民，了解项目开展情况和应用效果，总结先进工作经验，分析存在的问题，探讨改进的方式方法。通过调研，完善了小麦、玉米水肥一体化灌溉模式，进一步修正了技术指标，制定了新的小麦、玉米水肥一体化技术要点。

（四）加强宣传培训，营造良好氛围

充分发挥专家的技术指导作用，开展巡回指导，利用多种渠道，采取多种形式，组织开展了不同层次的技术培训，扩大水肥一体化技术普及推广范围。各地利用多种形式进行广泛宣传，聘请专家讲解地膜栽培技术，对项目村种植大户、专业合作社人员、家庭农场主等进行培训，或抓住农时季节组织技术人员分乡包片深入生产第一线，向农民传授地膜覆盖相关技术，解决生产中存在的实际问题，将地膜栽培技术传送到千家万户，确保了各项关键技术落实到位。

（五）开拓创新，推动技术进步

技术创新、完善后续服务体系建设是确保项目健康持续运转的关键。微喷技术模式收铺带费工费力，自动铺带机和快速接口为微喷模式注入了新的活力，自动伸缩喷灌模式的研发较好地解决了农机农艺结合的问题，使农民由被动接受转为赞不绝口。邯郸市建立的由农牧局、施工公司技术人员和农业园区、专业合作社、家庭农场的技术人员组成技术服务体系，形成了长期的服务机制，保证了农民能够及时解决在使用中出现的问题，有效地促进了水肥一体化技术的推广。

第五节　河南省水肥一体化技术发展报告

一、基本情况

河南省是重要的农业大省，耕地面积 1.22 亿亩，农作物常年播种面积 2.2 亿亩左右，其中小麦、玉米、水稻等粮食作物种植面积在 1.6 亿亩左右，占全省农作物播种面积的 70%；油料、蔬菜、瓜果等经济作物种植面积在 6 000 万亩左右，占全省农作物播种面积的 30%。河南省近 4 年粮食总产量持续稳定在 1 300 亿斤以上，用全国 1/16 的耕地生产了全国 1/10 的粮食，不仅解决了自身吃饭问题，每年还调出原料及制成品 400 亿斤左右，为维护国家粮食安全作出了重要贡献。

河南省还是水资源相对紧缺的省份，年均降水量为 784 毫米，南多北少，分布不均，主要集中在 7—9 月，全省人均水资源占有量为 423.0 米^3，约为全国平均水平的 1/5；耕地亩均水资源占有量为 331.0 米^3，约为全国平均水平的 1/4。尤其是近年来，受厄尔尼诺现象影响，河南省降水量呈逐年减少的趋势，地表水占农业用水总量的比例不足 20%，超 80% 的农业用水取自地下水，农业用水供需矛盾日益突出。

二、主要成效及做法

农业以土而立、以肥而兴、以水而旺，水是农业生产的重要资源之一。"十二五"以来，农业农村部先后下发《关于推进节水农业发展的意见》《水肥一体化技术指导意见》《推进水肥一体化实施方案（2016—2020 年）》等文件，提出以节水工程建设和节水技术示范推广为重点推进节水农业发展。按照农业农村部的部署，河南省牢固树立"节水增产、节水增效"理念，把节水农业发展作为保障国家粮食安全、转变农业发展方式的重要内容，从设施建设、技术推广、合理种植、科学灌溉等方面稳步推进全省节水农业发展，取得了较大成效：①农田有效灌溉面积大幅增加。截至 2020 年底，全省有效灌溉面积 8 000 多万亩，占耕地面积总数的 66%。②节水灌溉技术快速应用。截至 2020 年底，节水灌溉面积达到 4 890 万亩，其中喷灌 1 178 万亩、滴灌 256 万亩、管道灌溉 3 456 万亩。全省水肥一体化技术推广面积达到 534 万亩，其中大田种植水肥一体化面积 358 万亩，设施农业水肥一体化面积 176 万亩。③农田水资源利用率明显提高。通过综合运用工程、农艺、管理等节水措施，到 2020 年底全省灌溉水利用系数达到 0.62，远远大于全国 0.55 的水平。农田灌溉用水亩均减少 30% 以上，节本增效 100～300 元。做法如下：

（一）大力开展节水工程建设

2012年初，河南省政府印发了《河南省人民政府关于建设高标准粮田的指导意见》（豫政〔2012〕26号），在全国率先启动高标准粮田建设"百千万"建设工程，统筹协调发改、国土、水利、农开、财政等部门，按照"渠道不乱、性质不变、统筹安排、集中使用、各负其责、各记其功"的原则，整合资金，统筹安排，连片开发，合力推进，大力开展农田井、渠、电及地埋管道建设，完善田间节水基础设施，极大地改善了农田灌溉条件，降低了水资源损耗。截至2020年底，全省累计投入资金800亿元，建设高标准农田6 320万亩。已建成高标准农田基本达到田成方、林成网、渠相连、路相通、旱能灌、涝能排的生产条件，抗灾减灾能力显著增强。

（二）积极推广农艺节水

①调整种植结构，推进结构节水。适应农业供给侧结构性改革需要，引导农民积极调减玉米，减少高耗水作物种植面积，发展大豆、高粱、谷子、小杂粮等低耗水作物。2016—2020累计调减玉米400多万亩，大豆增加80多万亩、高粱增加10多万亩。尤其是在河南西部的丘陵山区，立足于水资源紧缺的现实情况，变对抗性种植为适应性种植，积极引导农户种植谷子、甘薯等节水耐旱作物，真正实现了节水增效。比如，洛阳市压缩旱区玉米40多万亩，增加谷子、甘薯、杂豆等的种植，亩均纯收入达700～800元，不仅减少了农业用水，而且增加了种植收益。②培育推广耐旱品种，推进品种节水。近年来，围绕旱地农业发展，河南省积极引导科研院所和育种单位开展农作物抗旱品种选育推广，不断挖掘品种的节水潜力。全省选育推广了洛旱、运旱、长旱系列旱地小麦品种，年推广种植面积达300多万亩。2015年洛宁县洛旱6号万亩示范方亩产达653.9千克，刷新了全国旱地小麦产量记录。③推广节水保墒技术，推进技术节水。近年来，河南省利用各类涉农项目资金，强化项目引导，大力推广免耕少耕、深耕深松、秸秆覆盖、地膜覆盖、增施有机肥、使用抗旱保水剂等旱作节水保墒技术，实现了土壤蓄水率增加10％～20％、降水利用率提高10％以上、水分生产效率提高0.1～0.3千克/米^3，亩均增产10％～30％。

（三）大力开展科学灌溉

针对缺水与浪费并存、农田用水利用率不高等问题，河南省积极推广测墒灌溉技术，不断优化灌溉方式，提高农田科学灌溉水平。①建立覆盖重要粮食产区的墒情监测网络。立足于减少农田灌溉用水和提高水资源利用率，在粮食核心区51个县建立325个监测点和60个墒情自动监测站，组织开展常年监测，定期发布墒情信息，指导农民科学灌溉、科学抗旱。全年累计开展监测1 100多次，发布各类墒情简报1 250多期。②开展节水集成技术试验示范。

针对不同气候条件和水资源状况积极开展节水技术试验研究和技术模式创新，筛选适合河南省的节水设备、节水肥料、保水剂等新产品，探索总结水分管理与科学灌溉新技术，科学制定节水灌溉集成技术模式，为全省节水农业发展提供技术支撑。③因地制宜推广节水灌溉方式。按照节约地下水、留住天上水、保住土中水的思路，在不同地域、不同作物上推广农业节水灌溉技术模式，提高水资源的利用率。在大田作物上，以推广小白龙灌溉技术为重点，探索推广滴灌、喷灌、微喷灌、伸缩性喷灌、行走式喷灌、指针式喷灌、卷盘式喷灌等先进模式，减少农田输水、灌水损耗。在设施农业上，重点推广滴灌、膜下滴灌、微喷灌、倒挂旋转式喷灌等先进模式，开展精准灌溉。在丘陵旱区，大力推广软体水窖、蓄水池等集水补灌综合技术模式，提高自然降水利用效率。

(四) 加快推进水肥一体化技术应用

水肥一体化较常规种植技术节水 50％以上、节肥 20％～30％、粮食作物增产 8％～15％、经济作物增产 10％～30％、亩节本增效 100～300 元，具有显著的省水省肥、节本增效、改善品质等优点。对此，河南省按照"肥随水走、以肥促水、因水施肥、水肥耦合"的技术途径，针对不同区域地形地貌、气候条件、水资源状况和灌溉基础等特点，在黄淮海平原、河南西部及西北部山地丘陵区和南阳盆地三大区域，以小麦、玉米、花生、烟草、蔬菜、果树等作物为重点，分作物、分类型示范推广水肥一体化技术，先后在许昌长葛市、建安区、开封祥符区、通许县、焦作沁阳市、三门峡渑池县、平顶山汝州市等地实施了水肥一体化集成模式示范项目，累计投入资金 2 000 多万元，建设水肥一体化核心示范区 2 万多亩。通过在不同区域开展试验示范，创建了水肥一体化物联网和移动式水肥一体机等多种技术模式，形成了适合不同作物的水肥一体化技术体系，带动全省水肥一体化技术推广应用面积 300 万亩以上，极大地保护了生态环境，促进了农业节水增效。

(五) 加强节水技术宣传引导

河南省通过电视、广播、报纸、网络等平台积极宣传报道节水农业发展的好经验、好做法、好模式，加强社会各界对农田节水技术的关注，同时大力开展农业节水技术培训，引导农民主动推广应用农业节水技术、树立节水观念、增强节水意识、提高节约用水的自觉性。

三、存在的主要问题

虽然河南省节水农业发展取得了一些成绩，但也存在一些突出问题：

(一) 农田用水效率依然不高

虽然通过开展节水工程建设和推广农田节水技术，河南省农田灌溉水利用系数由 2010 年的 0.57 提高到 2020 年 0.62，但水资源利用仍然较为粗放，部分地方大水漫灌的现象依然存在，节水潜力巨大。

（二）节水工程建设投入不足

①河南省已建设高标准农田 6 320 万亩，仍有近一半耕地没有建设投入；已建成的高标准农田，由于前期投入标准低，存在机井水位低、井水电不配套等现象。②河南省目前仍有 4 206 万亩旱地，仅沿黄地区就有旱地 1 580 万亩，基本没有灌溉条件，靠天吃饭，直接影响农民的生产生活安全。③沿黄地区由于河床降低，水位下降，原有水利工程提水闸门不能正常使用，导致农业用水紧张，井灌设施需要进一步增加。

（三）水肥一体化设施一次性投入大，推广应用缓慢

据测算，以 300 亩为一个水肥一体化技术单元，需要投资 50 万元，如果引入物联网技术，需要投资 100 万元，一次投入较大，后期维护成本高，如果没有国家项目支持，一般农户基本无力承担建设投资费用，推广应用进程缓慢。

（四）农民节水意识淡薄

种粮比较效益低、用水成本低、水价改革进程缓慢使农民没有节水的自觉性，对水资源短缺问题缺乏危机感。

四、对策建议

贯彻落实习近平总书记在黄河流域生态保护和高质量发展座谈会上的讲话精神，围绕推进农业节水，结合河南省实际，提出如下对策建议：

（一）继续加大节水工程建设

与新一轮高标准农田建设相结合，加大投入力度，提高建设标准，进一步加强田间基础设施建设和配套设施建设，同步开展微灌、微喷灌、水肥一体化等高效节水灌溉工程建设，改善农田灌溉条件，最大限度降低输水、灌水损耗，提高农田用水效率。同时，建立以政府为主导、社会各界广泛参与的投入机制，多渠道、多元化增加农田节水资金投入。

（二）开展农田节水技术示范区建设

以沿黄地区为重点，加大财政投入，针对不同地区的生产条件、资源特点和耕作制度，分作物、分类型、分区域开展节水农业示范区建设，集成示范推广一批先进实用节水新技术、新装备、新模式，建设一批可推广、可复制的农田节水示范区，树立样板，发挥示范带动作用，促进大面积应用。

（三）大力推行适应性种植方式

针对沿黄地区不同区域的水资源状况，统筹规划，因水布局，合理安排农作物种植结构。尤其是在河南西部的丘陵地区，加大种植结构和品种结构调整力度，减少高耗水作物种植，推广种植耐旱作物和耐旱品种，变对抗性种植为

适应性种植，使作物生长需水期与雨季同步，提高自然降水利用效率，实现节水增产和节水增效目标。

(四) 强化农业节水技术研究

统筹教学、科研、推广和育种单位的力量，加快培育、推广高产耐旱品种，加大节水新技术、新产品研发和技术集成组装力度，加快形成一批简便易行、经济实用、群众接受度高的节水主推技术模式，为节水农业发展提供科技支撑。

(五) 加大宣传力度，凝聚节水共识

利用各种媒体大力开展节水农业宣传，形成全社会关心、支持、参与节水农业发展的良好氛围。同时，通过科技下乡、技术讲座、示范观摩、印发资料、现场培训等方式宣传普及节水农业技术，提高农民节水意识和节水的自觉性。

第六节　山西省水肥一体化技术发展报告

一、发展背景

山西省是我国农耕文化的发源地之一，农业资源丰富，在全国占有重要地位。全省土地总面积为 15.67 万千米^2，辖 11 个市、117 个县（市、区），共 115 个农业县，总人口为 3 720 多万人。全省耕地面积为 6 084 万亩，基本农田 4 891 万亩，有效灌溉面积为 2 440 万亩。①水资源不均，明显制约发展。全省平均年降水量较低，约为 508 毫米。其中，年降水量自东南向西北呈递减趋势，大约从 650 毫米递减至 400 毫米，且降水量年内分配不均，冬春两季降水量不到全年降水量的 18%，70% 集中在 7—9 月 3 个月，年蒸发量为 1 500～2 400 毫米，是降水量的 3～5 倍。全省十年九旱、十年十春旱的困境已成为制约山西省农业经济社会发展的主要因素。②水资源匮乏，供需矛盾突出。山西省位于黄土高原东部，是典型的半干旱地区。全省水资源总量仅为全国总量的 0.3%，人均水资源占有量仅为全国平均值的 17.6%，耕地亩均水资源仅为全国平均值的 13.5%。全省无灌溉条件的旱地面积占耕地面积的 70% 以上。省内水资源严重匮乏，地表水、地下水逐年减少，不少地方甚至出现河水断流、井库干枯的景象。近年来，随着城市建设和工业发展对水资源需求的增加，省内各地水资源紧缺与用水量增加之间的矛盾日益加剧。③水资源利用率低。目前全省农田灌溉水有效利用系数为 0.551，低于全国平均水平 0.565，和节水规范要求 0.680 还有很大差距。在农田水分生产率上，目前全省每立方米水量（包括降雨和灌溉给水）生产的粮食为 0.75～0.95 千克，只相当于世界先进水平的 1/2 左右，和国家规范要求的 1.2 千克相比也有相当大的差距。自然降水利用率仅为 40% 左右，每毫米降水生产粮食的量仅

为4.50～6.75千克/公顷，和发达国家相比，还有20％～25％的降水利用空间没有充分发挥。

2017年6月，习近平总书记在视察山西省时指出，有机旱作是山西农业的一大传统技术特色，要坚持走有机旱作农业的路子，完善有机旱作农业技术体系，使有机旱作农业成为我国现代农业的重要品牌。习近平总书记对山西省农业发展的精辟论述和科学定位为我们如何在相对干旱的气候下更好地发展现代农业指明了方向。因此，在维持农业用水总量不变的情况下，大力发展节水灌溉，特别是水肥一体化节水节肥技术，已成为山西省发展现代农业的必然选择。

二、发展历程

水肥一体化技术从2003年开始被引进实施，在苹果、葡萄、温室蔬菜、芦笋、棉花等作物上进行了试验示范研究，之后在农业农村部的大力支持下，依托项目区的建设示范，以试验示范为基础，通过十多年的推广普及，目前形成了适合不同区域、不同作物的微喷灌、膜下滴灌等水肥一体化技术模式，引领了全省水肥一体化技术的发展。为了大力推广水肥一体化技术，省、市、县三级联动连续多年召开水肥一体化现场观摩交流会、现场会和培训班，使技术人员和农民充分认识了水肥一体化技术的巨大优势。在各级政府和农业部门的全力支持下，水肥一体化技术的推广规模迅速扩大，并实现了跨越式的发展。特别是2017年以来，山西省委省政府深入贯彻落实习近平总书记视察山西时的重要指示，大力发展有机旱作农业，全省上下形成了发展有机旱作农业的浓厚氛围，并因地制宜、多措并举加快水肥一体化示范推广工作，全省水肥一体化应用面积不断扩大，累计新增示范推广果菜水肥一体化技术7万多亩。截至2021年底，山西省水肥一体化技术推广面积为56万亩，涉及小麦、玉米、蔬菜、水果等多种优势作物，并辐射带动全省推广旱作节水农业技术3 000多万亩。

三、主要成效

（一）取得了节水节肥增产增收的显著成效

多年来山西省在引进技术的基础上，因地制宜不断进行技术改进，探寻适合省域内不同区域、不同作物的最佳技术模式。近年来，依托农业农村部旱作农业技术推广项目，结合山西实际，立足田间节水，集成创新水肥一体化技术模式，试验示范及推广表明，露地和日光温室模式下的水肥一体化都具有"三节"（节水、节肥、节药）、"两省"（省地、省工）、"两增"（增产、增效）的明显效果。同时结合科学合理的灌溉、施肥、用药，实现了"三个提高、五个降低、一个防止"：灌溉水的利用率提高，每亩节水20％～40％，肥料利用率提高15.2％～24.2％，蔬菜产量和品质的提高；土壤及农产品中的农药残留降低 10％～25％，土壤及农产品中硝酸盐、亚硝酸盐的积累降低 15％～30％，土壤及农产品中重金属元素和有害物质含量的降低，农药用量降低 30％，人力、财力、物力的降低；同时有效防止了土壤次生盐渍化的发生。

（二）形成了适合山西省不同作物的灌溉施肥制度

近年来，随着农业结构的调整，需肥需水量大的设施蔬菜种植面积不断扩大，但在生产过程中，还存在农业用水效率不高、施肥结构不合理等问题。在生产实践中，山西省积极探索并逐步制定完善了科学合理的微灌施肥制度。

1. 中南部初果期苹果灌溉施肥制度 苹果初果期，每亩灌水总定额为 155 米^3，花前要在地下 20 厘米深处土温达 12℃ 以上时浇水，亩浇水量为 25 米^3。果实膨大期即苹果的需水临界期应及时灌足水。采果后滴灌一次，亩浇水量为 30 米^3。所施肥料品种主要是尿素、磷酸二铵和硫酸钾（表 8-1）。

表 8-1　中南部初果期苹果灌溉施肥制度

生育时期	灌水次数（次）	灌水定额[米^3/（亩·次）]	每次灌溉加入的养分量（千克/亩）				备注
			N	P_2O_5	K_2O	$N+P_2O_5+K_2O$	
收获后	1	30	3.0	4	4.2	11.2	树盘灌溉
花前	1	25	3.0	1	1.8	5.8	滴灌
初花期	1	20	1.2	1	1.8	4.0	滴灌
花后	1	20	1.2	1	1.8	4.0	滴灌
初果期	1	20	1.2	1	1.8	4.0	滴灌
果实膨大期	2	20	1.2	1	1.8	4.0	滴灌
合计	7	155	12.0	10	15.0	37.0	

2. 日光温室黄瓜灌溉施肥制度 日光温室黄瓜应大小行种植，每亩定植 3 000 株，目标产量为 1 300 千克/亩。定植前施基肥，每亩施用鸡粪 3 000～4 000 千克、复合肥（15-15-15）100 千克，或亩施尿素 19.8 千克、磷酸二铵 32.6 千克、氯化钾 25 千克。生产前期要适当控制水肥，适当减少用量，促进根系发育。采收期平均每个星期进行一次施肥。根据生长情况，叶面喷施磷酸二氢钾、含钙和微量元素的氨基酸叶面肥等（表 8-2）。

表 8-2　日光温室黄瓜灌溉施肥制度

生育时期	灌水次数（次）	灌水定额[米^3/（亩·次）]	每次灌溉加入灌溉水中的纯养分量（千克）				备注
			N	P_2O_5	K_2O	$N+P_2O_5+K_2O$	
定植前	1	22	15.0	15.0	15.0	45.0	沟灌
定植—开花期	2	9	1.4	1.4	1.4	4.2	滴灌
开花—坐果期	2	11	2.1	2.1	2.1	6.3	滴灌
坐果—采收期	17	12	1.7	1.7	3.4	6.8	滴灌
合计	22	266	50.9	50.9	79.8	181.6	

3. 日光温室番茄灌溉施肥制度 日光温室番茄种植以 pH 为 5.5～7.6 的轻壤或中壤为宜。要求土层深厚，排水条件好，土壤氮和钾含量中等水平。目标产量为 10 000 千克/亩。定植前施基肥，每亩施用鸡粪 3 000～5 000 千克，施氮、磷、钾各 12 千克/亩。第一次灌水用沟灌浇透，促进有机肥的分解。水肥管理一定要保证营养生长。开花期滴灌施肥一次。番茄收获期较长，一般采收期前 3 个月每 12 天灌水 1 次，后两个月每 8 天灌水 1 次（表 8-3）。

表 8-3 日光温室番茄灌溉施肥制度

生育时期	灌水次数（次）	灌水定额［米³/（亩·次）］	N	P₂O₅	K₂O	N+P₂O₅+K₂O	备注
定植前	1	22	12.0	10.0	12.0	36.0	沟灌
苗期	1	15	4.0	2.0	2.4	8.4	滴灌
开花期	1	12	4.0	1.0	5.0	10.0	滴灌
采收期	11	16	3.0	0.5	4.0	7.5	滴灌
合计	14	225	52.3	18.5	64.4	136.9	

4. 日光温室西葫芦灌溉施肥制度 温室西葫芦栽培以越冬茬和早春茬为主，以 pH 为 5.5～6.8 的沙质壤土或壤土为宜。留苗密度为 2 300 株/亩，目标产量为 5 000 千克/亩。定植前每亩基施优质腐熟农家肥 5 000 千克、磷酸二铵 10 千克、尿素 10 千克，小水沟灌。定植到开花期（45 天），平均每 10 天灌一次水，前期主要根据土壤墒情进行滴灌，不施肥，以免苗发过旺；后期根据苗情实施灌溉施肥，每次每亩施用磷酸二铵 2.2 千克、尿素 0.9 千克、硫酸钾 1.6 千克。每次滴灌时参照灌溉施肥制度表提供的养分量选择适宜的肥料。一般选用磷酸二铵、尿素和硫酸钾等溶解性较好的肥料（表 8-4）。

表 8-4 日光温室西葫芦灌溉施肥制度

生育时期	灌水次数	灌水定额［米³/（亩·次）］	N	P₂O₅	K₂O	N+P₂O₅+K₂O	备注
定植前	1	20	10.0	5.0		15.0	沟灌
定植—开花期	2	12					滴灌
	2	12	0.8	1.0	0.8	2.6	滴灌
开花—坐果期	1	12					滴灌
坐果—采收期	4	12	1.5	1.0	1.5	4.0	滴灌
	8	14	1.0		1.5	2.5	滴灌
合计	18	240	25.6	11.0	19.6	56.2	

（三）集成创新了多种技术模式

为了有效提高水资源利用率，并确保实现高产高效，山西省开展了一系列水肥一体化配套技术研究，完善了技术模式，形成了较为完善的具有山西特色的以水肥高效利用为主的现代节水农业技术体系。在日光温室中探索出多种模式，例如：旱井＋滴灌设施＋施肥器、浅水井＋滴灌设施＋施肥器、深水井＋水池＋滴灌设施＋施肥器、深水井＋变频器＋滴灌设施＋施肥器、深水井＋滴灌设施＋施肥桶、小泉小水＋高扬程泵＋变频器＋滴灌设施＋施肥器等。从2019年开始，引进试验示范，在丘陵山区积极探索"软体集雨窖＋路面屋面集雨＋喷滴灌＋水肥一体化""软体集雨窖池＋集引水＋喷滴灌＋水肥一体化"等雨水高效利用模式，发展补充灌溉旱作农业，解决经济作物关键季节用水问题。目前全省建设软体集雨窖 5.2 万米^3，实施集雨补灌 8 万亩，有效地蓄积了自然降水，结合滴灌、水肥一体化等技术，有效地提高了自然降水利用率。多种技术模式的产生为不同区域大面积推广水肥一体化奠定了基础。

（四）初步建立了墒情旱情评价指标体系

多年来，山西省持续推动土壤墒情监测工作，初步建立完善了不同区域（东部低山丘陵区、西部黄土丘陵沟壑区、中南部盆地边山丘陵区、北部丘陵边山区）、不同作物不同生育时期的土壤墒情与旱情指标体系，对指导农民适时播种、测墒灌溉、科学施肥、节水技术应用以及抗灾减灾等方面的科学发展具有积极指导作用。尤其是近几年来，依托农业农村部旱作节水农业技术推广项目，现已在 88 个主要农业县建设自动土壤墒情监测站，设立了 400 多个土壤墒情监测点，搜集了 3 500 多万个数据。同时，通过自动化、信息化、网络化等现代高新技术手段，突出土壤墒情监测关键技术环节，实现定点、定期监测。发布墒情简报，分析不同时期关键节点土壤墒情数据，利用图表形式表达，极大提高了土壤墒情监测评价的可视化水平，为各级政府推广指导农业抗旱减灾和科学节水灌溉技术提供了依据。

四、主要经验做法

（一）加强领导，统一思想

山西省委省政府高度重视旱作节水农业的发展。2017 年，山西省政府出台《关于加快有机旱作农业发展的实施意见》，理清了思路，明确了目标。山西省政府连续 3 年召开全省有机旱作农业现场观摩推进会，有力地推动了旱作节水农业工作的落实。大力发展节水农业，就是要促进农业发展由水资源高耗型向水资源高效型转变，促进农业生产条件由"靠天吃饭"向"旱涝保收"转变，目的是突破水资源条件的约束，实现农业可持续发展。各地不断加强学习，切实提高思想认识，把发展旱作节水农业作为一项战略性措施和基础性工作常抓不懈，把发展旱作节水作为农业部门的重要职责和服务"三农"的新手段，抓住机遇，加快推进，从而促进水肥一体化高速发展。

（二）科技引领，加快创新

多年来，山西省紧扣实际，在继承和发展传统耕作优势的基础上，积极完善旱作节水农业技术体系，积极推行集约高效的节水措施和用水制度。①做好"水"的文章。在旱区建设旱井、旱窖、新型软体集雨水窖、蓄水池等小型集雨蓄水设施，提高自然降水利用率。在灌区抓好田间灌溉管路配套，实施管灌、喷灌、微灌等节水工程，实行水肥一体化。②做好"技"的文章。积极开展新技术、新产品、新模式的试验示范研究，集成创新技术模式，深度挖掘集雨补灌、水肥一体化等技术的潜力，组织开展不同旱作节水模式效果评估，不断完善具有山西特色的"蓄水、保墒、集水、节水、用水"为一体的旱作节水农业技术体系，加快构建旱作农业绿色发展布局。推进了水肥一体化技术以及综合配套技术的升级和完善。

（三）科学引导，优质服务

为更好地推动水肥一体化技术的应用，山西省着力提供优质高效的技术服务保障。一方面，抓好技术培训的服务。派业务骨干外出参加农业农村部组织的学习培训，开阔视野，增强理论基础，同时还采取理论与田间现场实践相结合的方式，深入县（市、区），对农业技术人员和农户进行业务培训。另一方面，抓好技术指导的服务。在关键农时多次组织土肥水技术骨干到田间地头，开展现场观摩、进行"一对一"的针对性技术帮扶，对在实际开展过程中遇到的问题进行技术指导，给农民讲解水肥一体化栽培的好处与优点、讲水肥一体化实施的技术要领和事项，使农民由不认识到认识、由被动变主动，大力推广水肥一体化应用，保障其真正落到实处。

（四）广泛宣传，助推技术

为了让各级领导和农民群众认识到水肥一体化技术的好处，山西省充分利用广播、电视、报纸、网络等多种形式加强对水肥一体化工作的宣传和发动，让基层干部和广大农民群众了解惠农强农政策，选择一些有代表性和影响的农户，普及示范水肥一体化灌溉施肥技术，广泛宣传水肥一体化技术增产增效、资源节约的效果及典型经验，消除农民的思想顾虑，使农民真切得到水肥一体化技术带来的红利，提高农民运用先进科学技术的自觉性和积极性，共同营造全社会关心支持水肥一体化技术发展的良好氛围。近年来，全国农业技术推广服务中心3次在山西省召开全国旱作节水和绿色高质高效现场观摩交流会，山西省又召开了5次全省有机旱作现场会及水肥一体化现场培训会，每次会议都邀请相关媒体记者参加，全方位宣传山西省节水农业的成效、经验和典型，取得了很好的效果，推动了山西省节水农业工作以及水肥一体化技术向更大规模、更高水平和更高层次迈进。

(五）加强培训，落到实处

水肥一体化高效节水灌溉技术是现代农业的重要组成部分，对水肥控制、田间管理等均有较高要求，因此搞好技术指导和服务是有效发展水肥一体化技术的基础。山西省通过开展技术研讨、举办培训班、发放宣传资料等形式指导各县落实好水肥一体化技术建设内容，确保技术实施到位、不走样、有实效。各地也以多样化的形式开展宣传培训，营造应用推广旱作节水农业技术的良好氛围，在关键农时组织农技人员深入田间地头，开展现场观摩、技术培训等活动，提高技术服务到位率。各市、县也通过不同形式分批、分层次开展大规模的技术培训，组织水肥一体化技术培训工作。累计培训技术骨干 5 000 多人，培训农民 40 000 多人次，组织现场观摩会 30 多次，发放培训和技术资料 90 000 多份，农民科技文化素质明显提高。此外，为了增强培训的针对性和实效性，对不同对象开展精准化的技术培训，对企业人员重点介绍各种施肥设备及在不同条件下如何选用，对种植户具体重点介绍技术规程、种植作物的水肥一体化技术、操作中存在的问题及解决办法等，为水肥一体化技术的快速发展奠定了扎实的基础。

第七节　陕西省水肥一体化技术发展报告

陕西省是典型的旱作农业省份，水资源短缺是陕西省粮食生产安全的主要限制因素。从人均水资源占有量来看，全省人均水资源占有量为 1 290 米³、亩均 784 米³，仅为全国平均水平的 48% 和 42%。关中是陕西的粮仓，水资源拥有量更低，人均仅 285 米³，亩均 215 米³，分别是全国平均水平的 17% 和 12.5%。从水资源分布来看，全省年平均降水量为 676 毫米，70% 的降雨集中在 7 月、8 月、9 月的汛期。降水南多（约 1 200 毫米）北少（不足 400 毫米）。秦岭以南的长江流域，土地面积仅占全省的 35%，水资源量却占全省的 71%；秦岭以北的黄河流域，土地面积占全省的 65%，水资源量仅占全省的 29%。有限的水资源时空分布与耕地、农业布局极不匹配。从灌溉条件来看，2019 年末全省常用农业耕地面积 4 515.78 万亩，其中，旱地面积 2 851.42 万亩、占 63.1%，节水灌溉面积 1 456.9 万亩、仅占总耕地面积的 32.3%。灌溉方式落后，全省平均灌溉水利用系数为 0.576，水分生产率为 0.7~0.8 千克/亩，与国家规范要求的 1.2 千克/亩相比也有一定差距。保障粮食生产安全，重视和发展水肥一体化和节水农业技术是陕西省现代农业发展的必由之路和必然选择。

"十三五"期间，水肥一体化技术被农业农村部列为"资源节约、环境友好"现代农业的"一号技术"，在大幅提高水肥利用效率的同时，显著提高了农作物产量和品质，是实现农业绿色高质量发展和生态环境保护的主要举措。国家高度重视水肥一体化技术的推广，印发《国家农业节水纲要》《推进水肥一体化实施方案（2016—2020年)》和《水肥一体化技术指导意见》等一系列文件，明确提出通过项目引领、示范推广、培训宣传等大力发展节水农业和水肥一体化技术，并确立水资源开发利用控制红线，到2025年农业灌溉用水量保持在3 720亿米^3，2030年保持在3 920米^3。

陕西省从2009年开始开展水肥一体化技术试验示范工作，主要在蔬菜、瓜果等设施作物上推广，随后拓展到玉米、小麦、马铃薯等粮食作物上，2012年靖边膜下滴灌水肥一体化千亩核心示范区玉米平均亩产954.9千克，接近吨产，创造了全国旱地玉米的高产纪录。从2015年起，蒲城、蓝田、富平、泾阳等地在小麦上开展了补充灌溉及水肥一体化试验示范工作，通过每亩补充灌溉20~30米^{3}实现了小麦产量较大幅度的增长。2019年，在定边县白泥井镇建立1 300亩马铃薯智能水肥一体化示范区，实现比普通滴灌节水37%、节肥21%，马铃薯平均亩产3 300千克，比周边大田亩均增产595千克，1 300亩马铃薯实现纯效益255.14万元。2016—2020年全省建设水肥一体化示范区354.52万亩，辐射带动全省推广水肥一体化技术2 000多万亩，并显现节水30%、节肥20%、增产10%以上的效果，为全省粮食安全、优质农产品保供提供了有力保障。

一、主要做法

(一）加强组织领导

为了做好水肥一体化技术示范推广，陕西省结合省情实际，研究制定了工作方案，及时下达了工作任务，开展检查指导、绩效考评。各市县农业系统也及时成立了相应的机构，确定了工作人员，保证了对水肥一体化技术示范推广工作的组织领导。各市县土肥站分别设立了专项工作办公室，负责水肥一体化工作的组织和督查。成立了技术领导小组，由农业技术推广（土壤肥料）中心两名副高级以上技术人员分别任正副组长，其他业务骨干为成员。深入生产一线，开展技术指导和宣传培训，做到了技术人员到村入户、关键技术落实到田。

(二）精心选取核心示范区

为了做好水肥一体化技术示范推广，综合考虑，精心选择示范点。在全省选取主导产业是玉米、马铃薯、苹果、小麦的34个县区作为核心示范县区，示范区有灌溉水源保障。同时，县区土肥站基础条件好，业务人员责任心强，工作能力出色。在这些县区开展水肥一体化技术灌溉施肥制度试验示范，探索形成玉米、马铃薯、苹果、小麦等作物可复制、易推广的水肥一体化技术模式。选取小麦种植面积大、有补灌条件的县区，利用土壤墒情自动监测设备或常规监测方法定期定点开展土壤监测，结合小麦墒情评价指标、灌溉方式等确定灌溉量，形成小麦测墒灌溉技术模式，实现测墒灌溉，带动周边同类区域大面积推广应用。节水节肥，提质增效，推动节水农业绿色发展。

（三）创新推广模式

在水肥一体化技术的推广中，采取行政、科研、推广、新型经营主体四位一体有效融合推广机制。水肥一体化技术是部、省级旱作节水技术关键主推技术之一，在每年的旱作节水项目中对建立核心示范区有一定资金补贴，农业农村部、全国农业技术推广服务中心、省农业农村厅及相关部门多次召开会议对此项工作进行安排部署，要求大力推进。为解决该技术推广中存在的"重设备轻技术，重灌溉轻施肥"问题，依托西北农林科技大学胡田田教授专家团队开展水肥一体化灌溉施肥制度研究攻关，获取、完善灌水量、施肥量、灌水时期、施肥时期次数，灌水次数、施肥次数等技术参数，形成春玉米、马铃薯、小麦、苹果水肥一体化灌溉施肥技术要点。省、市、县技术人员全程参与项目服务和技术指导，及时解决工作中出现的问题和技术难点。为提高技术推广标准化、规模化、集约化、现代化水平，以适度规模经营的种植大户和合作社等新型经营主体为实施主体，促进技术落地。同时，为解决补充水源设备问题，提高天然降水利用率，与杨凌中灌润茵农业工程有限公司合作，完成一种大型软体蓄水池的研究，并获得实用新型专利。

（四）积极开展试验研究

①开展了春玉米、马铃薯最佳灌溉制度研究，连续三年在靖边、定边、榆阳等地安排春玉米不同生育时期的灌水量（次数）、追肥量（次数）试验以及膜下滴灌和移动式喷灌设备方式对比试验，获取春玉米、马铃薯水肥一体化技术相关参数。②在合阳、富平、陈仓、兴平等地安排冬小麦不同灌水方式、不同灌水量、水肥一体化技术不同施肥量试验及水肥一体化新型肥料肥效对比试验。初步获取了冬小麦微喷水肥一体化、测墒节灌技术参数，形成较成熟的集成技术模式。③在洛川、白水、淳化、旬邑、千阳、延川等地开展苹果水肥一体化灌溉施肥制度试验，形成初果期、盛果期苹果树水肥一体化方案等，为水肥一体化的大面积推广应用提供了有力的技术支撑。

（五）强化宣传培训

印发了水肥一体化技术工作方案，多次举办水肥一体化技术培训班，邀请全国农业技术推广服务中心节水农业技术处杜森处长、钟永红高级农艺师及西北农林科技大学翟丙年教授、朱德兰教授等专家对项目县区业务骨干进行技术培训，适时召开现场观摩会，交流经验、取长补短。核心示范县区均印发了水肥一体化技术工作方案、宣传资料、技术要点等。同时，各地也通过广播、电视、QQ群、微信群等形式进行宣传培训。据统计，5年间共举办培训班177

场次，培训人数 9.554 5 万人次，发放技术资料 33.123 8 万份，制作醒目标志牌 276 个，切实做到了技术人员到户、良种良法到田、技术要领到人，营造了水肥一体化技术示范推广的良好工作氛围。

(六) 加强指导检查

按照省级水肥一体化推广工作要求，省级技术部门推广人员 45 次赴示范县区进行水肥一体化技术指导、工作督导，通过现场考察、听取汇报、查阅档案、量化打分、点评反馈等方式对示范区的工作进展进行了量化考评。特别是在 2020 年抢抓关键农时，赴榆林靖边县、榆阳区指导，打造千亩沙地马铃薯智能水肥一体化高标准示范基地，配备耐特菲姆智能灌溉系统，实现灌溉施肥系统自动化控制、水肥精准化管理、高频次"少量多次"灌溉施肥等，发挥水肥一体化新技术的引领带动作用。通过开展检查督导，了解掌握水肥一体化技术推广技术难题、机制创新等情况，对技术推广中存在的问题提出针对性的整改措施，达到了改进工作、提升水肥一体化技术推广成效的目的。

二、取得的成效

(一) 节水节肥、增产增效提质

2016—2020 年累计建设水肥一体化示范区 354.52 万亩，经调查推算，示范区 5 年总节水 38 267.6 万米^3、节肥（折纯）3 418 万千克、增产 103 965.2 万千克、增收 233 848.6 万元，总经济效益为 157 642.5 万元，投入产出比为 1：3.5。

建设玉米水肥一体化技术示范区 131 万亩，节水 19 702.4 万米^3、节肥（折纯）775.6 万千克、增产 13 333.2 万千克、增收 23 108.4 万元、总经济效益 22 197.6 万元；建设马铃薯示范区 124.6 万亩，节水 10 964.8 万米^3、节肥（折纯）1 216 万千克、增产 66 225 万千克、增收 95 867.2 万元、总经济效益为 60 529.4 万元、商品薯产量提高 14.97%；建设苹果水肥一体化示范区 93.4 万亩，节水 7 065.8 万米^3、节肥（折纯）1 338.2 万千克、增产 24 115.8 万千克、增收 114 228.2 万元、总经济效益为 74 446.3 万元、一级果品率提高 9.89%、二级果品率提高 10.66%；建设小麦水肥一体化示范区 5.52 万亩，节水 534.6 万米^3、节肥（折纯）28.2 万千克、增产 291.2 万千克、增收 644.8 万元、总经济效益为 469.2 万元。

(二) 生态效益良好

推广应用水肥一体化技术，提高了水肥有效利用效率，生态效益良好，水肥一体化技术亩均节水 109.45 米^3、亩均节肥（折纯）9.64 千克、水分生产率提高 13.6%，降低了过量灌溉施肥导致的水肥流失引起的土壤、水体、空气污染。水资源利用率的提升防止了耕地水土流失，抑制了地表土壤水分的蒸发，有利于水土保持和耕地质量保护，促进了旱作节水农业的可持续发展。

（三）社会效益显著

①破解了长期以来旱作区农作物因旱欠种、减产、绝收的难题，有效增强了节水农业的可控性和稳定性，提升了旱作区的综合生产能力。榆林市定边县安边镇北园子村土壤碱性较大，2020 年通过推广水肥一体化技术，让以前绝收的田块亩产马铃薯 3 500 千克。②促进了土地流转和旱作区农民脱贫致富。通过政府主导、村委会协调，将项目区过去由农户零散种植的土地转变为新型农业主体规模化、标准化种植，既解决了农村劳力不足的问题，又为贫困户增加了土地租赁收入和打工收入，为贫困户稳定增收开辟了新的渠道。种植大户、家庭农场、农民专业合作社的不断形成、壮大带动了节水农业产业的发展，加速了旱作区农民脱贫致富，推动了农村社会经济的良性发展。佳县渗水地膜高粱水肥一体化技术推广带动了 5 000 多户贫困户，澄城县带动 200 户贫困户 611 人等。③提升了科技在节水农业生产中的贡献率和覆盖率，使节水农业实现了从对抗性农业向适应性农业转变、从粗放型农业向精细型农业转变、从被动节水向主动节水转变、从单一效益向综合效益转变的"四个转变"，促进了节水农业高质量发展。

（四）带动了新型经营主体适度规模化发展

水肥一体化技术大面积推广需要统一的田间管理和整片的规划设计，在技术推广过程中，以种植大户和合作社等新型经营主体为实施主体，在项目区实行"统一管理模式、统一技术方案、统一技术培训、统一灌水施肥、统一病虫害防治、统一收获"六统一模式，打破了农户分散经营的限制，最大化发挥了水肥一体化的技术优势。据不完全统计，在 5 年的水肥一体化技术推广中，形成了 80 多个有一定规模的水肥一体化技术种植大户、家庭农场等新型经营主体，促进水肥一体化农业产业发展。

（五）完善了陕西节水农业技术体系

玉米、马铃薯、苹果、小麦水肥一体化试验示范推广最大限度发挥了水肥一体化技术节水节肥、增产增效的作用，获取了关键参数，形成了相应的灌溉施肥制度和模式。结合陕北全膜双垄沟播高产高效技术模式、渭北半膜覆盖高产高效技术模式、渭北小麦玉米秸秆还田覆盖保墒高产高效技术模式以及陕南玉米常规地膜覆盖间作套种高产高效技术模式，共同构建了陕西节水农业技术体系，为提高陕西旱作节水农业综合生产能力提供了有力的科技支撑。

三、存在问题

陕西省水肥一体化技术推广工作虽然取得了一定成绩，但是还存在以下几个问题：

（一）开展技术研究及试验示范广度还不够

陕西省水肥一体化技术推广应用在产学研协作、融合力度方面做了一些有益的探索，但陕西省地域狭长、区域类型复杂、涉及作物种植模式较多，目前获取模式、参数还需拓展、完善。

（二）推广体系技术力量仍需加强

省、市、县农业节水技术推广人员中既懂节水灌溉设计又懂植物营养的专业人才缺乏，专业队伍还没完全建立起来，县乡（镇）农技推广机构的公共服务能力和手段有些不足，已有的技术成果推广速度还不够快、到位率还不高，农民应用水肥一体化及节水农业技术的积极性没有得到充分调动和发挥，不能适应现代农业绿色高质量发展的需要。

（三）田间节水灌溉施肥环节需加大投入力度

资金投入是推广水肥一体化技术的有效保障。水肥一体化技术设备虽然亩投资 2 500～3 000 元，使用年限在 10 年左右，但前期一次性投资还是较高，特别是粮食作物投入产出比低，农民由于经济条件的限制而投资少。而国家投资以水源和输配水骨干工程建设为主，针对田间节水环节的技术推广和微工程建设投资较少，这在一定程度上限制了水肥一体化技术的推广。

四、下一步发展计划

以科学发展观为指导，把水肥一体化技术作为陕西省农业的绿色高质量发展的重要抓手，重点做好以下几项工作：

（一）进一步强化技术研究及试验示范

进一步加强节水农业产学研、农科教对接的研究试验示范体系建设，加大工作力度，分区域、分作物开展水肥一体技术灌溉施肥制度研究、试验、示范、推广，获取作物种类更加齐全的数据参数，加快水肥一体化灌溉施肥技术推广，最大限度地发挥水肥一体化技术优势，夯实现代农业绿色发展的基础。

（二）健全节水技术推广服务体系

健全省、市、县、乡（镇）节水农业技术推广服务体系，在相关项目建设的经费中提高节水技术培训宣传费用的比例，加强对市、县、乡（镇）级技术人员及农民水肥一体化技术的培训，努力提高基层农技推广人员的业务素质和工作能力，表彰先进、树立典型、带动全局，使他们成为水肥一体化技术推广和项目建设的主力军。同时要宣传引导广大农民重视、应用水肥一体化灌溉施肥制度，让他们真正懂得水肥一体化技术不只是建设施、买设备，也不只是滴灌、喷灌而不施肥，还是推广应用科学、精准的水肥一体化灌溉施肥制度，配套相应的农艺技术，切实提高水肥一体化技术应用中科技的生产力。

（三）加大资金和政策支持

各级政府要加大对水肥一体化技术的推广扶持力度，继续完善政府引导、新型经营主体及社会各方投入的多元化资金投入政策，形成全方位、多渠道融资体系，进一步壮大有一定影响力和带头作用的种粮大户、农民专业合作组织队伍，示范引领水肥一体化技术更加快速、有效推广，促进节水农业绿色高质量发展。

第八节　宁夏回族自治区水肥一体化技术发展报告

一、发展背景

宁夏回族自治区位于我国西北内陆，地处黄河上游，是全国唯一的回族自治区；地理坐标为东经 $104°17'—107°39'$，北纬 $35°14'—39°23'$，东西相距约 250 千米，南北相距 456 千米。全区土地总面积 6.64 万千米^2，总人口 603 万，其中农村人口占 68%。黄河干流流经宁夏 397 千米，过境水资源 325 亿米^3。全区年均降水量 289 毫米，年均蒸发量 1 250 毫米，蒸发量大于降水量，地表水资源量 10.2 亿米^3，加上国家分配的黄河水资源 40 亿米^3，人均占有水资源 690 米^3，农业用水亩均 210 米^3，分别占全国平均值的 1/3 和 1/8，是全国水资源最少的省区。随着全球气候变暖，干旱逐年加剧，黄河来水减少，受旱范围进一步扩大，特别是宁夏中南部地区，十年九旱甚至十年十旱，严重缺水已成为宁夏的基本区情。

全区耕地总面积 1 940 万亩，其中水浇地 877.8 万亩、旱耕地 1 062.2 万亩；划定永久基本农田 1 400.2 万亩，划定小麦、水稻、玉米粮食生产功能区 644.4 万亩。近年来，灌区根据水资源条件优化产业结构和布局，以农业用水控制性指标为刚性约束，以可消耗水资源量测算农业灌溉规模，优先保障低耗水粮食生产用水和葡萄、枸杞等特色产业发展供水，严控高耗水农业种植规模；旱作区突破水资源束缚瓶颈、不断深化认识，坚持以深度挖掘旱作区农业综合生产能力为主攻方向，围绕绿色导向，千方百计蓄住天上水、保住土壤水、用好地表水，不仅将发展水肥一体化等旱作节水农业确定为全区粮食生产新的增长点，还将其确立为加快脱贫富民的抓手、发展现代农业的载体、改善生态环境的途径、实施乡村振兴的基础。2020 年：建成高标准农田 780 万亩，较 2015 年增加 155 万亩；农业取水量 58.641 亿米^3，占全区总取水量的 83.5%，较 2015 年下降了 4 个百分点；农业灌溉亩均实际取水量 591 米^3，较 2015 年下降 16%；农田灌溉水有效利用系数达到 0.551，较 2015 年提高 10%。全区发展高效节水灌溉面积 470 万亩（水肥一体化面积 218 万亩），较

2015 年增加 240 万亩；全年粮食播种面积 1 018.8 万亩，较 2015 年减少 73 万亩；粮食总产量达到 380.5 万吨，增产 2.2%；亩均产量为 373.5 千克，增长 10.1%，实现了"十七连丰"。为稳定全区粮食产能，优化供给结构，促进农业增效、农民增收，助力扶贫攻坚提供了有力支撑。

二、发展历程

宁夏降雨稀少，蒸发强烈，是典型的资源型、工程型缺水省区。全区主要依靠黄河过境分配的 40 亿米³ 水资源，农业用水占比在 85% 以上，开展农业节水既是实现水资源集约节约高效利用和推动农业高质量发展的主要途径，又是保护生态、促进经济社会健康稳定发展的必然要求。

宁夏历来高度重视高效节水农业，把农业节水作为破解水资源短缺瓶颈和促进农业农村经济发展的重要举措，从 20 世纪 90 年代中后期开始，随着"菜篮子工程""高效节水示范园区""旱作农业基地"等示范区及基地的建设，喷灌、滴灌等节水农业技术的大量应用促进了水肥一体化技术的引进与应用。2007 年伴随着滴灌技术的兴起，水肥一体化技术也逐步由设施走向大田。

2015 年，在农业农村部和自治区、市、县（区）级政府和农业部门的大力支持下，宁夏启动水肥一体化项目，连续 6 年在全区各地组织实施"水肥一体化技术研究与示范推广"项目，以建设高标准示范区和示范推广滴灌水肥一体化技术集成为核心，因地制宜开源节流，新建水源工程、配套水肥一体化首部及田间管网，实施以喷滴灌水肥一体化和测墒灌溉为主的一整套水肥一体化综合配套技术，累计建立核心试验示范区 98 个，开展水肥配合等水肥一体化相关技术研究 203 项，经过多年多点的试验研究和示范，引进集成、创新配套形成了适合不同区域的膜下滴灌、高垄滴灌、井黄双灌等节水灌溉水肥一体化技术模式，同时研发了适用于小规模地块的便携式滴灌、适用于规模经营的自动测墒灌溉；自动化滴灌，引领全区水肥一体化技术发展。同时为了扩大和展示滴灌水肥一体化技术，连续多年在各地召开农田节水现场观摩交流会、水肥一体化现场会和培训班。这些宣传和展示使各级领导、技术人员和农民充分认识了喷滴灌高效节水技术的巨大增产效益。水肥一体化高效节水滴灌技术的推广规模迅速扩大，并实现了跨越式的发展，资金从 2015 年的 340 万元增加至 2020 年末的 91 796 万元；水肥一体化技术应用面积也从 2015 年末的 70 万亩发展到 2020 年底的 218 万亩。水肥一体技术在露（或保护）地上的蔬菜、枸杞、葡萄、玉米、马铃薯等作物上得到快速发展，实现了从设施到大田、从经济作物到粮食作物全覆盖，同时也创新、集成、配套了比较完善、实用且本地化的水肥一体化集成技术模式和推广运行机制。

三、开展的主要工作及成效

(一) 夯实水肥一体化技术应用基础设施

近年来，宁夏加强高标准农田水利基本建设，特别是自 2018 年机构改革将高标准农田（高效节水灌溉）项目建设职能统一划转农业农村部门以来，持续加大政策支持、资金投入和工程建设，坚持把新模式、新技术、新材料、新设备引进试验与示范推广作为推动宁夏农田建设转型升级发展的先决条件，创新发展，积极推进，为推广水肥一体化技术提供了基础设施保障。以喷灌、滴灌为主要形式的高效节水灌溉工程建设快速推进，水资源引、蓄、调、供能力不断加强，规划、设计、施工质量逐步提高，加压、过滤、施肥、灌溉技术水平持续提升，自动化、信息化、智能化技术应用推广。宁夏高效节水农业运行管理体制机制不断完善，特别是盐池县马儿庄村探索推行"村党支部＋合作社＋农户"运行管理模式，破解了高效节水灌溉"非土地流转不可"的困局，实现了一家一户种植与大面积统一管理的有机融合，为干旱地区发展高效节水农业蹚出了一条新路子。截至 2020 年底，全区发展高效节水灌溉 470 万亩，水肥一体化面积 218 万亩。按时间分，"十一五"发展 58 万亩，"十二五"发展 172 万亩，"十三五"发展 240 万亩；按地市分，银川市 96 万亩（含农垦集团 25 万亩），石嘴山市 26 万亩（含农垦集团 1 万亩），吴忠市 154 万亩，固原市 90 万亩，中卫市 104 万亩（含农垦集团 7 万亩）；按立项部门分，水利、自然资源、农发等部门立项 352 万亩，农业农村部门立项 118 万亩。全区田间地头大变样，呈现田成方、林成网、渠相连、路相通、旱能灌、涝能排的喜人景象，为推广水肥一体化技术提供了基础设施保障，为保障粮食和重要农产品有效供给、推进黄河流域生态保护和高质量发展先行区建设提供了坚实支撑。

(二) 集成创新和配套完善了水肥一体化技术模式

通过试验示范，立足水源、灌溉方式、作物及栽培模式等的集成创新和配套完善了相应的水肥一体化技术模式。水肥一体化技术和模式的推广应用也创新和完善了宁夏节水农业技术体系，提高了农业生产水平，加快了农业由传统农业向现代农业的转变。

1. 围绕"水源"，在有黄河水资源、地下水资源和地面集雨收集水资源（库、集雨场、蓄水池、塘、窖、罐）地区集成四种模式　黄河水（自流）＋沉沙池＋滴灌（喷灌）：分布在青铜峡和沙坡头灌区，支撑玉米、瓜菜、葡萄等产业发展，占比为 35％。黄河水（扬水）＋调蓄池＋滴灌：分布在中部干旱带，支撑玉米、黄花菜、苜蓿、硒砂瓜、枸杞、红枣等产业发展，占比为 42％。机井＋管道＋滴灌（喷灌）：分布在银北、盐池县、原州区、西吉县、海原县，支撑玉米、马铃薯、蔬菜等产业发展，占比为 16％。水库（塘坝）＋

高位蓄水池＋滴灌（喷灌）：分布在南部山区，支撑马铃薯、冷凉蔬菜、中药材等产业发展，占比为 7%。

2. 从灌溉方式上集成两种模式 滴灌模式：包括膜下滴灌、起垄滴灌和露地平滴灌等。涉及玉米、马铃薯、向日葵、瓜果蔬菜、果树等作物。滴灌的主要方式有固定式地面灌溉、半固定式地面灌溉、膜下滴灌。喷灌模式：管道式喷灌模式（固定管道式、半固定管道式、移动管道式）；机组式喷灌模式（卷盘式喷灌、平移式喷灌、滚移式喷灌、圆形喷灌）。涉及马铃薯、瓜果蔬菜、中药材、草坪及景观林木等。

3. 从区域及栽培方式上集成大区域水肥一体化技术和小区域个性化水肥一体化技术两种模式 大区域水肥一体化技术模式：依托耐特菲姆公司和浙江托普智慧农业云平台引入自动智能化滴灌水肥一体化技术模式，主要应用于葡萄、枸杞、蔬菜及马铃薯等作物上，通过监测土壤含水量变化和 EC 值、pH 等，首部控制系统通过计算直接判断是否需要灌溉施肥并下达指令，实现了精准化灌溉施肥，累计建成自动化控制滴灌水肥一体化示范田 50 000 亩，目前已经取得大部分技术参数，该技术正在熟化中。年降水量在 300～400 毫米，有补灌条件，集中连片生产马铃薯及商品薯生产基地种植，主推"中南部山区马铃薯滴灌大垄宽行水肥一体化技术模式"：脱毒良种＋测土配方施肥＋起垄＋滴灌水肥一体化＋病虫草害绿色防控＋全程机械化技术模式，与常规栽培可使化肥利用率提高 30% 以上，使农药利用率提高 30%，使大薯率提高 20%，增产 20% 以上，合格薯商品率提高 20% 以上。

小区域个性化水肥一体化技术模式：依托标准化水肥一体核心示范园区建设，围绕玉米、小麦、小杂粮、马铃薯及蔬菜等作物，通过水肥灌溉制度、高浓度水溶肥、一次性施肥、增施有机肥等水肥高效利用技术集成与创新，集中展示配方肥、缓释肥、保水剂、有机肥等新型肥料和水肥一体化技术集成组合减肥增效技术，集成了"组合减肥增效水肥一体化技术模式"："腐熟畜禽粪污堆肥＋水肥一体化＋机械收获""抗旱保水剂＋有机肥＋机械条播＋滴灌水肥一体化""有机肥＋水溶肥应用＋控释肥＋滴灌水肥一体化""集雨补灌＋有机肥＋水肥一体化"等技术模式，示范区配方肥到位率 96.9%，亩均节肥 4.93千克，亩均增产 31.78 千克，亩均增收 78.49 元，示范引领效果显著。软体集雨窖集雨补灌技术模式：选择四面高、中间低的广阔地带或温室旁边的开阔地段，按照预定的软体集雨水窖的体积开挖 1.2～1.5 米深的土坑（8 米³、30 米³、50 米³、100 米³），安装软体集雨水窖，根据实际尽量扩大集雨场面积。集雨后充当水源，配上提水、输水、灌水设备及配套农艺技术就地补灌作物。在300 毫米降水量的情况下，275 米³ 的集水场可集水 50 米³，玉米产量达824.1 千克/亩，比习惯种植的 693.2 千克/亩增产 130.9 千克/亩、节本增效

161.8元/亩。针对黄土丘陵沟壑山区土地零散、水源极缺、地头通电困难等农业生产实际，将当地降雨利用小蓄水工程（如水窖、旱井、小蓄水池等）收集起来，在春季播种时或者夏季干旱时利用收集的雨水，以柴油机为动力带动水泵提水，将水通过滴灌系统一滴一滴地向有限的作物生长土壤空间供给，同时根据需要将化肥和农药等随水滴入作物根系。通过引进、消化、吸收、应用四个环节，将"集雨水窖＋移动式柴油机为动力提水＋膜下滴灌"结合起来形成集雨节水补灌技术，形成了"集雨场＋水窖＋膜下滴灌"水肥一体化技术模式："库、井、塘、池水＋移动喷灌"水肥一体化技术模式、"库、井、塘、池水＋滴灌"水肥一体化技术模式、"水窖（蓄水池、水罐）＋大（小）拱棚或日光温室＋滴灌"设施滴灌水肥一体化技术模式和"水窖（蓄水池、水罐）＋大（小）拱棚或日光温室＋喷灌"设施喷灌水肥一体化技术模式。建立了适合南部黄土丘陵区的马铃薯、玉米、谷子、蔬菜等集雨补灌技术集成模式。其中集雨补灌种植马铃薯、玉米、谷子等作物一般亩增产50%～80%，与传统灌溉方式相比，节水30%～50%。示范技术简单，易被农民接受，灌溉方便，适合一家一户小规模经营模式，得到了南部黄土丘陵区农民的认可和接受。一系列水肥一体化新技术及新模式的研究应用为农业可持续发展提供了强有力的技术支撑，对全区节水技术在旱作区大面积推广起到了极大的推动作用。

（三）引进筛选了适合水肥一体化的新型水溶性肥料

通过在同心县、海原县、中宁县及原州区等多年多点水肥一体化施肥制度和新型肥料筛选对比试验示范，共对山东金正大生态工程股份有限公司、深圳市芭田生态工程股份有限公司、上海联业农业科技有限公司等24个厂家生产的长效灌溉肥、黄腐酸滴灌肥、大量元素水溶肥等28种水溶肥料开展田间肥效对比试验示范，研究水肥一体化条件下不同品种水溶肥料对玉米和马铃薯产量、效益的影响。筛选出了适合马铃薯水肥一体化应用的4种增产效果和经济效益均较好的水溶肥料、适合玉米水肥一体化应用的3种高氮型水溶肥料，综合几年来的试验示范结果可知，在玉米拔节期、小喇叭口期及大喇叭口期追施金正大水溶肥经济效益较高，并能起到增产作用。通过示范引导，引入新型肥料品种10个，其中水溶肥料7个，全区水肥一体化应用新型水溶性肥料100万亩，占滴灌水肥一体化的54%。同时针对宁夏263.77万亩的缺锌耕地状况，在玉米、马铃薯上开展了锌肥用法用量试验研究，累计在全区10个县区对不同缺锌地块开展锌肥施用量、不同作物施用锌肥的增产效果以及锌肥的不同施用方式等53项试验研究。开展锌肥试验示范5 000余亩，辐射带动锌肥应用面积20万亩以上，示范区玉米比不施锌亩均增产59.3千克、马铃薯比不施锌亩均增产271.8千克，推进了微量元素肥料在水肥一体化中的推广应用。

（四）制定了本地化的水肥一体化技术规程

针对宁夏干旱缺水、基础设施差、生态环境脆弱、先进技术应用率低等问题，宁夏以农业农村部旱作节水技术示范推广和水肥一体化技术示范推广项目、自治区粮食作物优新技术（示范推广项目）水肥一体化示范项目为抓手，以滴灌系统工程理论为指导，分别在沙坡头区东园镇八字渠村（露地）、同心县马家河湾村（覆膜）、红寺堡区梨花村（覆膜）、盐池县花马池镇杨记圈村（覆膜）、利通区金银滩镇沟台村（露地）、盐池县冯记沟乡三墩子村（覆膜）等地开展滴灌生产模式下玉米（马铃薯）滴灌水肥一体化灌溉制度、玉米（马铃薯）滴灌水肥一体化施肥制度、沙地西瓜水肥一体化试验、玉米水肥一体化氮肥减量、水溶肥料筛选试验等不同灌溉模式、不同追肥量、不同类型水溶性肥料、中微量元素肥料施用以及不同追肥设备等灌溉施肥以及综合配套增产技术集成研究 203 项、设置试验小区 3 045 个、试验区占地面积达 600 余亩，采集各项试验数据 27.4 万个，根据多年多点的试验示范结果，建立了降水量与灌溉量对产量影响模型、灌水量与氮肥交互作用关系模型、墒情监测设备与传统测试方法关系模型、灌溉量与土壤水分动态变化关系模型，确定了玉米、马铃薯水肥一体化技术参数，形成了滴灌玉米、马铃薯水肥一体化节水节肥高效绿色技术模式，推进了水肥一体化技术的升级和完善。通过系列试验示范形成了《荒漠沙地西瓜水肥一体化技术规程》（DB64/T 1241—2016）、《马铃薯滴灌水肥一体化技术规程》（DB64/T 1458—2017）地方技术规程 2 项；编写了《宁夏玉米滴灌种植技术规程》，参与编写了《主要作物节水农业技术模式》等节水技术图书。这些资料使宁夏有了适宜本地区的农业节水生产实用技术指导书籍，受到广大农技人员和农民的欢迎。

（五）建立了墒情旱情评价指标体系

农田土壤墒情监测是节水农业的重要组成部分，也是一项基础性工作，是适时播种施肥、农业抗旱减灾、指导科学灌溉的必要手段。宁夏从 2008 年开始进行农田土壤墒情旱情监测，2019 年和 2020 年又依托项目建成墒情监测站 188 个。其中，46 个人工监测点每月上传 2 次监测数据，142 个自动墒情监测站正常实时上传监测数据。监测点覆盖全区三大生态区域，监测网络覆盖面积 893 万亩，全区 17 个县区注册登录全国土壤墒情监测系统，主要监测小麦、玉米、水稻、葡萄、马铃薯、小杂粮等农作物，推进监测数据接入全国墒情监测数据平台。通过不断完善监测技术和监测方法、多年多点的实践和大量的数据分析，并经过多次修订，制定了宁夏小麦、玉米及马铃薯不同生育时期墒情等级评价指标（表 8-5）。

表 8-5 宁夏主要农作物不同生育时期墒情等级评价指标

作物名称	生育时期	相对含水量（%）		
		过多	适宜	不足
小麦	苗期	≥80	60～75	≤60
	返青期	≥80	60～75	≤60
	拔节期	≥85	65～80	≤65
	灌浆期	≥85	60～80	≤60
	成熟期	≥80	60～75	≤60
玉米	苗期	≥80	65～80	≤65
	拔节期	≥80	70～80	≤70
	抽穗期	≥85	70～85	≤70
	灌浆期	≥80	65～80	≤65
	成熟期	≥70	65～80	≤60
马铃薯	播种—出苗期	≥70	50～70	≤50
	苗期	≥70	50～70	≤50
	现蕾期	≥75	65～75	≤65
	块茎形成及膨大期	≥80	70～85	≤70
	淀粉积累期	≥70	60～70	≤60
	成熟收获期	≥60	40～60	≤40

通过遥感监测、自动墒情监测站和物联网技术体系建设，建成了全区墒情自动监测服务网络，开发了移动服务 App "宁农宝"，实现了数据和信息实时共享和互联互通，初步建立了大区域土壤墒情监测网络体系，扩大了监测范围，实现了实时监测、实时数据汇总，年发布墒情信息 221 期次，其中自治区级发布墒情信息 25 期次，提高了监测准确性、时效性，也提升了因墒种植、测墒灌溉、自动控制灌溉等旱作节水农业信息化水平，为集成物联网应用、遥感监测、云计算等于一体的土壤墒情监测技术体系提供了依据，也为指导适期播种、适时灌水施肥、提高农业防灾减灾能力提供了有效保障。

（六）带动宁夏节水灌溉设备及技术服务行业发展

随着高效节水灌溉技术应用范围的不断扩大，与之相配套的节水灌溉器材和滴灌专用肥的生产得到了快速发展。以以色列耐特菲姆公司为代表的国际节水设备生产企业在宁夏设立分厂，谋求发展；新疆天业、大禹节水等明星企业已经在宁夏占据一席之地；宁夏也先后成立宁夏润禾源节水灌溉技术有限公司、西部电子商务股份有限公司、宁夏润辰节水灌溉有限公司等本土化灌溉系统综合服务商 265 家，服务人员达 1 325 人。以宁夏沃尔森节水灌溉公司为代表的地方节水设备生产企业实现了部分成型设备和工艺技术的国产化。以宁夏荣和园艺技术咨询服务有限公司为代表的滴灌专用肥生产企业生产了蔬菜、玉米、马铃薯、葡萄等作物滴灌专用肥，这些专用肥得到了较大面积的应用。节水灌溉技术、设备的引进、研发和集成促进了节水灌溉与农技、农艺、农机、智能化深度融合，集成了土壤墒情自动监测、土壤肥力调查、灌溉决策系统和自动化灌溉系统改造，提高了灌溉效率，保证了均衡灌溉、精准施肥、有效灌溉和管网运行安全，与传统的节水灌溉相比，节水 30％、节肥 15％。实现了高效节水灌溉从单一的灌溉技术模式转变为农业综合集成技术模式，功能从单一的灌溉供水转变为水、肥、药的综合供给，获得了农作物优质高产、水资源高效利用的"双赢"，也推动了农业节水及相关产业的共同发展。

（七）探索了水肥一体化技术推广新模式

为了进一步推动全区现代节水高效农业发展，按照"政府引导、部门配合、企业参与、上下联动"的工作机制，采用行政推动、项目拉动、典型带动、机制促动和宣传发动的工作方法和产学研企联合协作的技术推广手段，将分散种植小农户管理整合为大统一的推广服务模式，探索了一套可持续运行、可复制的水肥一体化技术推广模式。①探索创新了经营模式。在长山头农场、平吉堡农场项目区开展土地托管经营，由农场支付给职工一定的费用将土地回收统一经营，并成立农业技术服务中心负责技术服务。通过土地托管实现农业生产经营的"五统一""两分成"。"五统一"：统一技术标准和技术服务、统一生产资料、统一田间农事操作管理、统一机械作业、统一产品销售；"两分成"：节约的成本与职工分成、增加的产量与职工分成。通过"五统一"极大地提高了滴灌水肥一体化技术的到位率和到田率，促进了病虫害统防统治和绿色防控，实现了农业标准化生产。使农业的发展目标从单纯的数量导向逐步转变为效率和效益导向。实现了农业生产的绿色高效可持续发展。②探索创新了推广过程。采取试验示范推广同步推进的方式，引进和培育涉农企业和专业合作组织，采取土地流转承包、订单种植等形式，建立"企业＋基地＋农户＋市场"的发展模式，集成技术创新，实行全程机械化作业、标准化种植、配方化施肥、节水化灌溉、规模化生产、规范化管理、集约化经营，累计建立了千亩高标准节水节肥高效农业样板示范区 20 个、万亩高标准节水节肥高效农业样板示范区 5 个。让农民群众看有样板、学有技术，将对比效果和良好的收益充分展示给了农民，使农民充分认识到水肥一体化是改变农业生产方式，确保稳产高产最直接、最有效、最可行的方法，提高了农民使用水肥一体化技术的积极性。推广模式的应用使生产水平进一步优化，提高了土地利用率和生产效益，使水肥一体化技术成为宁夏粮食生产和农民增收的又一重要技术。

四、水肥一体化存在的问题

水肥一体化技术是发展现代集约农业的必备条件，是一项综合技术，涉及农田灌溉、作物栽培和土壤耕作等多方面，在示范推广中主要存在以下几个方面的问题。

（一）政府投入不足，部门协调配合不够密切

水肥一体化技术是一项高投入、高标准、高产出、高效益、低消耗的优势技术，发展水肥一体化需要配套田间优质的水利设施（首部设备、田间管网）、农机装备和农艺操作等，前期资金投入较大，农户的资金不足，政府虽有补贴，但投入力度不够，从而制约了水肥一体化向高层次的发展。

（二）研究基础薄弱，技术本地化不够

①宁夏不同地区、不同作物水肥互作效应及其机理尚不明确，水肥一体化设备的研发能力相对落后，管理技术大多还以传统经验为主，缺乏量化指标和成套技术。②现有水肥一体化控制设备集成度不高，田间现场数据采集传输有困难，易受环境因子耦合的影响。③目前市场上灌溉施肥和水肥一体化设备种类较多，微灌灌水器等制造精度较低，配套性差，导致茬口轮换与灌溉设施的矛盾突出，密植与稀植作物无法应用同一套灌溉设施，导致现有灌溉设施在某一作物茬口的闲置。④适用性强的灌溉方式价格高，低成本的灌溉方式与农机作业冲突。如半固定式喷灌费时费工，中心支架式喷灌存在死角，微喷灌与农机作业不配套等。

（三）农户主体作用发挥不够、认识不到位

目前宁夏一些农民文化程度较低，具备一定知识的中青年劳动力大量外出务工，农村缺乏较高素质的劳动力，水肥一体化设备一次性购置费用较大，相对传统的地面灌溉设备投入增多，追求眼前效益的现象普遍，限制了水肥一体化这一现代农业技术的推广应用。同时，受传统农业生产观念和生产模式的影响，部分农民对新技术的认知度不足、参与意识不强。此外，农民市场经济意识不足，加上缺乏信息获取渠道、农民经纪人和营销队伍发展不够等，导致农民的主体作用难以发挥。

五、推广水肥一体化的建议及对策

水肥一体化技术已经从"高端农业""形象工程"向普及应用发展，当前宁夏已经具备了大力发展水肥一体化的有利条件，重点在于解决与灌溉系统配套问题，同时在施肥精度、自动控制和智能控制方面应进一步提高，从而促进水肥一体化技术向精准农业、配方施肥、自动化信息化及施肥技术规范标准化方向发展。

（一）实行政府补贴和奖励政策，整合资源力量，多方增加投入，建立运行长效机制

政府推动是关键，优质设备是保障，规模经营是手段，宣传培训是动力。建立行政管理、推广机构、科研教学单位、生产供应企业、农民专业组织"五位一体"的水肥一体化技术补贴推广机制。稳定投资渠道，增加资金投入，推进水肥一体化技术的规模化和标准化。

（二）加强科研攻关，完善技术模式

1. 加强科研攻关，融合现代信息技术　①继续加强对水肥一体化设备的科研攻关，对其结构进一步优化，最大限度降低其成本和劳动力，增强智能化程度，研发基于 GPRS/SMS、模糊控制和虚拟仪器的首部智能化控制系统，提高灌溉施肥精度；利用物联网应用技术体系和市场，制造微型化、智能化和低成本的水肥一体化灌溉和施肥设备，积极推动宁夏发展高效节水农业和高产、优质、高效农业。②开发水肥信息数据库，建立作物水肥精准管控模型，构建实时性强、精度高的水肥智能化精准管控决策控制系统，根据作物不同生长期的需水、需肥规律或水肥处方图把水分、养分定时定量供给作物。

2. 完善技术模式，建立覆膜与露地结合、固定与移动互补、加压与自流配套的多种水肥一体化模式　针对重点区域和优势作物，做好技术模式的选择和集成创新，摸索技术参数，制定主要作物水肥一体化技术模式下的灌溉制度和施肥方案，形成本区域主要作物水肥一体化技术规程。

（三）大力推行阶梯式水价，实行超计划、超定额取水加价等科学合理的水价调节制度

将农民的微观利益和政府的宏观利益相结合，提高农用水价。水价提高势必增加农民负担，建议政府扶持资金采取以奖代补的形式，直接兑现到农户，以此调动广大农户的积极性。

（四）调结构、转方式

有计划地进行种植结构调整，鼓励农户种植低耗水、高产出的经济作物，减少高耗水型作物的种植。

第九节　黑龙江省水肥一体化技术发展报告

一、工作情况

黑龙江省"十三五"期间以巩固提升农业综合生产能力，促进节本增效、提质增效和绿色发展为目标，从 2000 年起在西部半干旱地区推广玉米坐水种、蓄水保墒，也试验过膜下滴灌和水稻覆膜技术。由于膜下滴灌成本过高和其他原因，未大面积推广开来，近几年由于技术的改进、材料成本的下降，黑龙江省在玉米、大豆上试验示范了水肥一体化技术，取得了很好的效果。黑龙江省水稻面积每年始终保持在 6 000 万亩左右，井灌稻面积占一半以上，近些年各县不断探索试验示范水稻节水控灌技术，也取得了明显的成效。2020 年借助旱作节水项目选择哈尔滨市巴彦县、绥化市庆安县、双鸭山市饶河县、齐齐哈尔市梅里斯区、大庆市大同区等五个县（区）集中连片示范推广以浅埋滴灌、蓄水保墒、水稻节水控灌、地膜减量替代、抗旱抗逆等为主的旱作节水技术，项目落实完成示范面积 60.05 万亩；农田节水技术社会化服务水平稳步提升；农田节水新技术服务农户满意度为 100％；项目区水分生产率提高了 10％以上。

（一）示范推广蓄水保墒技术面积 2.3 万亩

重点示范推广以深松深耕为主要内容的蓄水保墒技术，提高土壤蓄水保墒能力。使用大型机械，实行旱地深松，全面打破犁底层，起到蓄水保墒作用。实行秋翻秋整地，耕深达到 25 厘米左右，耕后及时镇压保墒，做到无漏耕、无立垡、无坷垃；利用旋耕机灭茬深松，深松深度在 35 厘米左右，及时起垄镇压、蓄水保墒。

（二）示范推广抗旱抗逆技术面积 55.1 万亩

针对耕地土壤保水性能差的问题，根据实际情况，因地制宜示范推广抗旱保水剂和蒸腾抑制剂，配套应用土壤墒情自动监测系统，改善土壤保水性能，提高作物抗旱能力。全面应用抗旱保水剂进行拌种，迅速吸收并留住土壤中的雨水或浇灌水，使其不流动不渗失，长久保持局部湿润，天旱时缓慢释放供作物利用。在连续高温干旱时，将抑制蒸腾剂均匀喷施于作物茎叶，在叶片表面形成一层保护膜封闭气孔，减缓新陈代谢，减少水分蒸发，起到抗旱保水的作用。

（三）示范推广地膜减量替代技术面积 1 万亩

在旱田上，该技术模式是以高强度、耐老化、易回收地膜替代传统地膜，选择 0.01 毫米地膜替代 0.008 毫米地膜，可以一膜两用或多用，减少地膜对土壤的污染。在水田上，整地打浆，沉降后采用机械覆盖地膜，覆膜的同时打孔，然后人工插秧。通过地膜减量替代技术示范，节约灌溉用水达 38.5％，同时加大农膜回收力度，提高农膜回收率 32％以上，减少了农膜对环境的污染。

（四）示范推广水稻节水控灌技术面积 1.5 万亩

采取"浅、湿、干"循环灌溉模式，达到壮根、保叶、增温、透气、节水的目的。通过示范水稻节水控灌技术，项目区节水 220 米^3/亩，井灌稻区节省油、电费用 25 元/亩，灌水成本降低 45％，水稻增产 32 千克/亩，水分利用率提高 15.2％。庆安县示范推广控制灌溉结合天然降水集成模式，示范区和辐射区水分利用率明显提高，取得了良好的经济效益和社会效益。

（五）示范推广浅埋滴灌技术 0.1 万亩

采用地膜覆盖、微灌、施肥一体的灌溉施肥模式，借助新型微灌系统，在灌溉的同时将肥料配成肥液一起输送到作物根部或直接喷洒到土壤表面或作物表面，确保水分养分均匀、准确、定时、定量供应，为作物生长创造了良好的水、肥环境，具有明显的节水、节肥、增产、增效作用。

二、主要做法

（一）加强组织领导

各实施县均成立以政府主管县长为组长，农业农村局、财政局、农业技术推广中心等单位领导和相关乡（镇）主管领导为成员的项目建设领导小组，统筹组织项目实施，明确工作任务，强化工作措施，确保高标准建成旱作节水农业示范区。项目县各乡镇成立领导组织，将旱作节水农业纳入全年农业生产重点工作，做到"主体、地点、面积、目标、责任"五落实。

（二）强化示范区建设

按照核心示范区和辐射区的比例，选择工作基础条件好、工作积极性高的新型农业经营主体，统筹布局示范建设，全省打造 5 个示范特色鲜明、亮点突出的旱作节水农业技术核心示范区，每个示范区因地制宜选择 1～2 项适合当地大面积推广应用的旱作节水农业新技术，树立规格统一的标志牌，标牌上注明了核心区地点、面积、技术模式、技术路线、核心示范区位置图、经纬度等，一目了然，提高了辐射带动能力。

（三）开展示范监测

因地制宜开展旱作节水农业新技术、新品种、新模式集成创新示范和土壤墒情监测。在抗旱抗逆示范区、节水控灌示范区安装 25 台（套）管式土壤墒情自动监测系统，全面推进自动化、信息化、智能化，提升监测能力和服务水平。

（四）加强科技服务

建立健全科技支撑体系，保障旱作节水农业顺利实施。大同区健全完善蔬菜产业主体带头人培养体系，根据主导产业发展情况、产业融合发展基础和现代农业发展实际需求，积极吸纳高端人才和技术骨干，为旱作节水农业项目提供科技支撑。同时，组织召开全省旱作节水农业技术推广项目推进落实会议和技术培训会议，集中培训 2 次、现场观摩 1 次，聚焦关键技术操作环节，对示范区广大农民和核心区新型农业经营主体进行培训，让广大农民掌握旱作节水农业技术的操作要领，保证了旱作节水农业技术在应用过程中不走样，真正发挥了旱作节水农业技术的作用。

（五）加强工作宣传

利用广播、电视、微信、发放宣传资料等多种途径，加强了宣传引导，广泛宣传旱作节水农业技术推广工作的重大意义，让基层干部和广大农民群众了解惠农强农政策，调动基层和农民应用旱作节水技术的积极性。

三、"十四五"展望

"十四五"期间，黑龙江省将坚持"节水增粮、节水增效"的原则，综合运用设施、农艺、农机、生物等措施，提高水资源利用率，增强农业防旱抗旱、防灾减灾的能力，推动旱作节水农业不断向前发展，进一步巩固提升全省粮食综合生产能力。

（一）加强政策宣传

继续通过广播、电视、报纸、微信等加强旱作节水农业政策宣传，让广大农民群众深入了解旱作节水农业技术，营造社会各界广泛关注、共同支持旱作节水的良好氛围。

（二）加强技术培训

组织科技培训，邀请专家详细讲解旱作节水技术和操作流程，组织科技人员深入村屯面对面传授旱作节水技术，开展田间博览，提高关键技术到位率。

（三）加强分类指导

细化工作方案，开展技术试验、示范、指导、效果监测等工作，引导企业、合作社参与项目实施推广，努力提高旱作节水技术推广的效果、效率和效益。

（四）加强扶持引导

积极向上争取政策支持，开展科研攻关，调动基层和农民积极性，储备实用前瞻技术，进一步扩大旱作节水技术在黑龙江省的推广应用面积。

第十节　山东省水肥一体化技术发展报告

针对水资源浪费严重、灌溉水和化肥生产效率低等问题，山东省从 1997年开始开展水肥一体化技术试验研究和示范工作，经过 20 多年的不懈努力，全省水肥一体化示范推广取得了明显成效，形成了一批技术应用模式和技术规程，水肥一体化技术社会认同程度不断提高，对全省现代农业发展、农业转型升级、农民增收节支、缓解农村劳动力短缺压力发挥了重要作用。

一、水肥一体化发展快速、成绩显著

（一）技术覆盖面不断扩展

经过 20 多年的技术推广，山东省全部县（市、区）开展了水肥一体化技术示范工作，应用地区从最初的胶东及鲁中果品蔬菜集中种植区扩大至全省范围。应用面积不断扩大，特别是自 2016 年以来水肥一体化应用面积显著增加。2016 年全省水肥一体化应用面积约 130 万亩；2016 年省委省政府发布《关于加快发展节水农业和水肥一体化的意见》，制定了"十三五"期间水肥一体化发展目标，全省水肥一体化发展迅猛，2017 年新增应用面积 173 万亩，2018 年新增应用面积 188 万亩，2019 年新增应用面积 182 万亩，2020 年新增应用面积 201 万亩。截至 2020 年底，山东省水肥一体化应用面积达到 874 万亩，"十三五"期间新增水肥一体化应用面积 744 万亩，数量在全国名列前茅，应用作物种类不断丰富。山东省坚持先易后难、逐步推进，优先在设施蔬菜、果树、马铃薯、葱姜蒜等高效经济作物，家庭农场、种植大户、专业合作社等新型经营主体的规模化种植区推广水肥一体化技术，逐步向粮、棉、油等大田作物推广应用。目前，山东省果树水肥一体化应用面积 317 万亩，蔬菜 334 万亩，粮食 137 万亩，茶园、烟草、花卉、苗木等 86 万亩。

（二）技术体系基本成熟

针对农业生产经营现状以及地形、水源上的差异，山东省开展了多种作物肥料利用率、灌水频率、节水节肥方法等试验研究，探索形成了适合不同区域、不同作物的 8 种水肥一体化技术模式，主要有蔬菜单井单棚滴灌施肥模式、恒压变频滴灌施肥模式、重力滴灌施肥模式和喷水带施肥模式，果树微灌（滴灌、微喷）施肥模式和轮灌微灌（滴灌、微喷）施肥模式，小麦喷水带施肥模式和可移动立式喷灌施肥模式。总结形成了几种作物的灌溉施肥方案，制定了日光温室有关番茄、黄瓜、草莓、油桃以及苹果的 5 项生产技术规程，并作为地方标准发布实施。编著了《微灌施肥农户操作手册》《哥俩种菜：水肥一体化技术就是好》《农田节水技术与应用研究》等科普书籍，形成了成熟的水肥一体化技术体系，为山东省水肥一体化良好发展奠定了坚实的基础。

（三）技术服务队伍不断壮大

山东省注重培养既懂施肥又懂节水技术的农业人才，为了满足水肥一体化技术推广的需要，技术推广部门定期举办水肥一体化应用、设备维护保养等相关技术培训班，省、市、县三级技术推广部门的基层技术人员已轮训一遍，现已形成了一支业务素质过硬的技术服务队伍。同时还注重培训新型经营主体、村级带头户，通过宣传、展示等形式让农民亲身感受水肥一体化技术的效果，引导更多的农民采用水肥一体化技术。

（四）设备研发体系逐渐成熟

以济南市莱芜区作为水肥一体化设备研发基地，注重水肥一体化装备创新，实现了从引进到研发、从低端到向中高端的发展，在优化设计方法、产品研发与标准化、智能水肥一体化系统、施肥设备的多功能、低能耗及精准化、水肥一体化系统的信息化与智能化方面均有收获。目前莱芜区水肥一体化技术水平已提高到中级阶段，在多项技术领域已达到或接近国际领先水平，如大型温室装备及部分微观设备的自动化控制方面已处于国际领先水平；在微灌工程设计、技术规范等方面也接近国际领先水平。同时在诸多方面还有待提高，如部分微灌产品的质量与国外领先水平差距较大、水肥一体化技术系统的管理等方面存在不足。

二、多措并举，推动水肥一体化广泛应用

（一）政府推动，促进水肥一体化快速发展

节水农业和水肥一体化工作得到了山东省委省政府的高度重视和大力支持。2016 年 8 月山东省委办公厅、省政府办公厅提出"全省'十三五'期间水肥一体化面积增加到 750 万亩"的目标，并将发展水肥一体化作为省委省政府重点工作之一。同年 8 月省委省政府召开了全省美丽乡村标准化建设暨节水农业和水肥一体化现场会，会上强调要深刻认识大力发展节水农业和水肥一体化的重要意义，着力抓好规划布局、节水工程、示范推广、用水管理、基层平台等重点任务。各级政府高度重视，上下联动，齐心协力，全力以赴做好水肥一体化发展工作。

（二）制定规划，指导水肥一体化全面发展

为落实省委省政府提出的水肥一体化任务目标，2016 年 9 月山东省农业厅发布《山东省水肥一体化技术提质增效转型升级实施方案（2016—2020 年）》，确定了到 2020 年新增水肥一体化推广面积 650 万亩的目标。方案就全省"十三五"期间水肥一体化工作的发展目标、重点任务、进度安排、预期效益、保障措施等方面做出了详细的规范要求，对新增的 650 万亩水肥一体化面积按地区、按作物、按年度都进行了详细划分。各市县相关部门也都编制了配套的实施方案，制定具体的落实措施，确定时间表、路线图，责任到人、到地块，确保按时完成任务。

（三）强化示范，引导多方参与水肥一体化建设

充分发挥财政资金的杠杆作用，先后实施了旱作节水项目、水肥一体化工程示范项目、粮食绿色高质高效创建、高标准农田建设、化肥减量增效等部省级项目及地方水肥一体化专项，创建了一批技术先进、管理规范、效益明显、可复制推广的水肥一体化示范区，在示范区树立标牌，集中展示、宣传先进水肥一体化技术模式，强化示范带动。示范区建设发挥了很好的引领带动作用，也吸引了大量的社会资金参与水肥一体化建设，充分调动了社会各界力量参与水肥一体化的田间设施建设，对推动水肥一体化的快速发展起到了巨大的促进作用。

（四）广泛宣传，营造水肥一体化发展氛围

①媒体宣传。充分利用电视、广播、网络、杂志等媒体全方位宣传水肥一体化技术，包括发展水肥一体化的优惠政策、水肥一体化技术的优点、水肥一体化操作规范、各地开展水肥一体化的活动。2016年山东省农业厅与山东省水利厅、山东省电视台农科频道共同开设了"水肥一体看山东"栏目，共播出20期，通过专家讲解、典型事例、现场报道等方式大力宣传发展水肥一体化技术的重要意义及节水节肥、增产增收成效，取得了良好的宣传效果。②科普书籍宣传。编制水肥一体化培训教材，再版《哥俩种菜：水肥一体化技术就是好》小画册，发放给实施水肥一体化的新型经营主体和适合发展水肥一体化的村级组织。③典型经验宣传。各级新闻媒体选择水肥一体化应用效果好的新型经营主体或典型农户进行宣传报道，宣传节水节肥省工增收等效果，引导广大农民采用水肥一体化技术。④节点宣传。利用"世界水日"、各种重大活动等节点，广泛宣传节水农业和水肥一体化的好处和优势，提高全民的关注度与参与意识。

（五）强化培训，提高科学灌溉意识

基层技术推广部门对种植大户、家庭农场、专业合作社和农业龙头企业等新型农业经营主体进行技术培训，提高技术水平，并全程指导服务，使之成为推广水肥一体化技术样板，示范引导和辐射带动广大群众广泛应用。2016年在泰安举办了中国（山东）节水农业与水肥一体化发展大会，大会主题为"节水、省肥、高效，迈向农业新时代"，来自国内外的权威专家为广大企业、家庭农场、合作社、种植大户带来了多场全球最新的水肥一体化发展技术报告。针对农民技术缺乏等问题，定期组织开展水肥一体化技术培训班、现场观摩会，讲解不同作物的需水需肥规律、施肥器和灌水器的正确使用等内容，使农民充分了解了水肥一体化技术，增强了农民应用新技术的能力，将水肥一体化技术正确应用于蔬菜和水果等的生产中，提高了种植效益，推动了水肥一体化技术的发展。通过技术培训的不断开展，农民的农业节水灌溉意识有了较大提高，改变了以前有水就浇的习惯，使微灌、滴灌技术得到迅速推广应用，提高了水资源利用效率。

三、水肥一体化效益显著

（一）经济效益

水肥一体化技术具有节水、节肥、节药、省工、增产和改善品质等诸多优点。山东省的示范效果表明，采用水肥一体化与常规施肥灌水相比：

节水效果：平均节水30%～40%。

节肥效果：平均亩节肥（折纯）31千克，节肥30%～50%。氮肥利用率

平均提高 18.4 个百分点，磷肥利用率提高 8 个百分点，钾肥利用率提高 21.5 个百分点。

设施蔬菜节药效果：由于降低了棚内空气湿度、提高了温度，病虫害传播和发生程度减轻，打药次数减少 1/4～1/3。

省工效果：可明显减少灌水、施肥、打药、整地等劳动用工，亩减少劳动用工 15～20 个。

增产增收效果：平均增产 10%～25%，亩效益 1 000～30 000 元。

改善品质效果：由于土壤的水肥供应条件稳定，农产品品质和商品性明显改善。据乳山市测定，苹果单果重平均增加 33 克，增重 12.3%，硬度增加 1.3 千克/厘米^2、提高了 13.1%，苹果 60% 以上着色面增加 10.0%、提高了 13.3%。据招远市测定，滴灌施肥黄瓜的维生素 C 含量明显较高，比沟灌冲肥提高 0.8 毫克/千克，提高了 6%。

（二）生态效益

水肥一体化有效缓解了地下水超采和农业面源污染问题，水肥和农药的用量明显减少，水肥利用效率显著提高，农田生态环境得到显著改善，对发展生态、绿色和可持续农业具有十分重要的意义，对构建和谐环保的美丽乡村发挥了积极的推动作用。

（三）社会效益

水肥一体化降低了灌溉和施肥的劳动强度，有利于农村集约化生产和适度规模经营的发展。提高了农民对科学施肥和科学灌溉的认识，提升了农民的科学种田水平，促进了农民增收、能源节约、环境优化。在增加农作物产量、降低生产成本的同时，提高了产品品质，增强了产品市场竞争力，对发展现代农业具有重要的促进作用。

第十一节　新疆维吾尔自治区水肥一体化技术发展报告

一、基本情况

新疆是典型的内陆干旱区，"绿洲经济、灌溉农业"是农业经济发展的特征。随着高效农业和新兴工业化、城镇化的快速发展，新疆水资源的供需矛盾日显突出。目前，新疆农业灌溉用水量仍占总用水量的 90% 以上，通过农业节水实现水资源的优化配置成为新疆可持续发展的必由之路。

为了加快解决新疆水资源供需矛盾，从 21 世纪 90 年代初期到现在，新疆节水建设经历了试点到推广跨越式的发展历程。在膜下滴灌技术这一农业高效节水技术大幅降低成本的同时，农业增产和农民增收得以大幅度提高，使大面积节水灌溉建设成为可能。2000 年新疆地方高效节水面积累计不足 100 万亩，2007 年新建 102 万亩，2008 年新建 200 万亩，2009 年新建 380 万亩，2010 年新建 400 万亩，"十二五"和"十三五"期间每年都保持在 200 万亩以上，截至 2020 年底，新疆地方农业高效节水灌溉面积超过 4 000 万亩。

二、主要成效及做法

在农业节水方面，新疆依据水资源应用特点，坚持灌区和旱区并重，在节水灌溉和旱作节水方面做了大量的工作。在灌溉农业区，大力推广渠道防渗、平整土地和具有新疆特点的膜下滴灌节水灌溉技术的推广应用，将节水灌溉工程、农艺措施和管理技术有机结合，降低了灌溉强度和灌水定额，使新疆农业用水灌溉技术提高到一个新水平。在旱作农业区开展了高标准抗旱农田建设，坚持以高效旱作农业、农机措施为重点，配套采取补灌措施，同时对种植业结构调整、节水抗旱品种、培肥地力、覆盖栽培等技术合理组装和集成，利用各种聚水保墒技术，通过田间土壤水库营建，提高了田间水分的生产效率，形成了具有新疆特点的节水抗旱、节水高效利用模式。新疆各级政府通过各种渠道加大了对节水农业的投资力度，为新疆农业节水的发展奠定了良好的基础。通过工程节水、农业节水和管理节水，使农业节水稳步推进、农民节水意识明显提高。

①农田有效灌溉面积大幅增加。截至 2020 年底，全区有效灌溉面积 7 000 多万亩，占耕地总面积的 97%以上。②节水灌溉技术快速应用。截至 2020 年底，节水灌溉面积达到 4 100 万亩，其中喷灌 118 万亩、滴灌 3 950 万亩、管道灌溉 32 万亩。全区水肥一体化技术推广面积达到 3 800 万亩，其中大田种植水肥一体化面积 3 700 万亩、设施农业水肥一体化面积 100 万亩。③农田水资源利用率明显提高。通过综合运用工程、农艺、管理等节水措施，到 2020 年底新疆灌溉水利用系数达到 0.567，超过全国 0.55 的水平。农田灌溉用水亩均减少 30%以上，节本增效 100～300 元。主要做法如下：

（一）加大财政投入，强力推进

2008 年新疆出台了《关于加强水利抗旱工作的若干意见》，采取了财政补助、先干后补、以奖代补等一系列政策，鼓励、引导农民合作组织、经济实体和农民积极投入农业高效节水灌溉。自 2009 年起新疆财政每年拿出 1.8 亿元资金专项用于补助农业高效节水建设。2009—2011 年再通过财政贷款贴息办法完成新建节水灌溉面积 100 万亩。自 2010 年起，财政每年拿出 6 亿元补助资金发展 300 万亩高效节水灌溉。一年后又将补助资金增加至 9 亿元。在投入的引导下，各地也设法对高效节水农牧民进行财政补助、对种植大户进行政策引导。阿克苏地区自 2007 年起将新增的水费收入 5 000 多万元全部纳入高效节水建设专项资金。昌吉州财政拿出 700 万元用于节水建设。2008 年玛纳斯县各农民用水者协会自行组织农户实施高效节水灌溉面积达 7.5 万亩。奇台县制糖企业对实施高效节水种植甜菜的农户每亩补助 20 元,实施订单农业。新疆以高效节水为核心的农田水利建设投入显著增加,形成了多渠道投入的机制,加快了高效节水农业的发展。

(二)因地制宜,自主创新

技术措施落实到位。新疆对高效节水灌溉中的难题难点实施联合攻关,鼓励教学、科研、水利、农技推广、农机等部门积极参与节水农业的技术开发、创新研究,加快对节水新技术的攻关,不断提高节水灌溉技术水平和灌溉技术效益,降低滴灌投入成本。建立了一套投资少、效益高、易操作,而且适合新疆不同区域及不同作物、不同种植模式的工程与农艺措施相结合的技术体系,依靠科技进步实现了经济效益、生态效益的双赢。国家项目投资优先考虑节水灌溉搞得好的区域,以项目带动企业积极进行节水灌溉技术的持续创新。①加快节水灌溉先进科技成果的集成、转化和应用。在引进、消化、吸收和创新的基础上,生产更加质优价廉的节水灌溉设备,进一步降低农业成本。②高度重视灌溉试验工作,把试验作为技术创新的延伸。加强适时灌溉、测土施肥等按作物需求保持土壤墒情最佳状态的研究,与农户应用中的创新结合起来,进一步提高水肥的综合利用效率。对于一些技术难题,组织各方面的力量联合攻关,为发展节水农业提供技术支持。

新疆滴灌节水发展较快的主要原因之一是自主研发了低成本、高性能、使用便捷的滴灌设备产品,创造了高效节水器材的低价格和较优性价比,使滴灌成为农民"用得起"的技术。特别是不同性能的固定式、移动式及地表水过滤设备和一次性滴灌带实现了本地大量生产,首部和滴灌带生产厂已经遍布全疆各地的县乡农村,可满足广大农村节水建设的需要。目前,新疆大田作物滴灌固定设备亩均一次性投入在 500~700 元,是国外同类产品投资的 1/5。滴灌带一年更换一次,每米不到 0.2 元,每亩只要 120 元左右,使用后的滴灌带可以旧换新,按照 3 年折旧亩均成本只有 140~200 元。

(三)高效节水建设成效显著,有效促进农业增产农民增收

以膜下滴灌为主的农业高效节水技术因节水增效、农民增收效果显著而成为推动发展的内在动力。与传统地面灌溉相比,滴灌节水 40% 左右,亩均节水 80~120 米³,节肥 30%,增产 20% 以上,土地利用率提高 5%~7%,亩均节约劳力费 30%~50%、节约机耕费 20%~40%。棉花亩增皮棉 20~50 千克;哈密瓜亩增 400 株,增产 1 000 千克;工业番茄亩增产 2 吨;辣椒亩增产 600 千克;打瓜亩增产 50 千克。高效节水与传统地面灌溉相比效果可概括为"两节、两高、两促进、一提高",即节水、节肥、高产、高效,促进农业生态

环境改善和农村生产经营方式转变，农民收入明显提高。

滴灌技术的应用已经遍及大田、温室大棚等各个方面，适合灌溉的农作物种类也在不断增加，采用滴灌的农作物已由原来单一的棉花等少数作物扩大到葡萄、枣、辣椒、番茄、土豆、玉米、甜菜、打瓜等。目前实施的小麦、玉米滴灌技术取得良好效果，小麦亩均增产在 100 千克以上。

高效节水建设还可以有效控制地下水位，抑制和改善盐碱地现状，加快低产田向中产田、高产田的转化；可以高效利用地下水资源，减少地下水的开采量，有效保护地下水资源。

（四）高效利用水资源，促进产业结构调整，保障农业生产安全

滴灌工程可有效缓解缺水和干旱问题，在水资源紧缺的季节使农作物得到适时适量灌溉，最大限度地提高单方水的生产能力。2009 年南疆地区遭遇了少见的干旱，河道来水只有往年的 50% 左右，由于实施了大面积的高效节水工程，结合地下水开发，使大旱之年无大灾，保证了农业生产的安全，对社会稳定起到了重要作用。同时，结余的水量可以实施高效农业生产和向工矿业供水，使全区产业结构调整成为可能。

（五）加强节水技术宣传引导

通过电视、广播、报纸、网络等平台积极宣传报道节水农业发展的好经验、好做法、好模式，加强社会各界对农田节水技术的关注，同时大力开展农业节水技术培训，引导农民主动推广应用农业节水技术，树立节水观念、增强节水意识、提高节约用水的自觉性。

三、存在的主要问题

虽然新疆节水农业发展取得了一些成绩，但也存在一些突出问题：

（一）区域发展不平衡

北疆地区经济实力较强，条田规整，高效节水灌溉推广力度大；南疆地区经济基础薄弱，加之人多地少、土地分散、林果面积大，种植结构多为果套粮、果套棉，和田地区林粮间作比例高达 83%，高效节水建设难度增大。

（二）农业生产经营方式落后

新疆农业生产仍以一家一户分散经营为主，规模化经营和农民组织化程度低。特别是南疆地区，土地流转面积仅占承包地的 30% 左右，加入农民合作社的农户数不足农户总数的 10%，严重制约了高效节水灌溉农业的发展。

（三）农田用水效率依然不高

虽然近年来通过开展节水工程建设和推广农田节水技术，新疆农田灌溉水利用系数由 2010 年的 0.5 提高到 2020 年的 0.567，超过全国水平，但水资源利用仍然较为粗放，部分地方大水漫灌的现象依然存在，节水潜力巨大。

(四) 农田超定额灌溉导致水资源浪费

新疆的农业灌溉网已基本到达条田边，水利工程建设发达的部分县市，干、支、斗三级灌渠防渗率已超过 80%，灌渠水渗漏损失已很小，农田内部超定额灌溉和渗漏导致新疆农业灌溉用水损失。因此，农业节水措施是节水农业中举足轻重的部分。

(五) 灌溉洗盐加剧了缺水矛盾

新疆耕地土壤中轻、中、重盐渍化土壤面积为 1 500 多万亩，占耕地面积的 31%，天山北麓、塔里木盆地西部各灌区、叶尔羌河等流域土壤次生盐渍化面积占该灌区耕地面积的一半，南疆伽师等县盐渍化面积占耕地面积的 90% 以上。每年需要大量水排水洗盐（灌溉定额高达 1 000～1 200 米^3，甚至更高），加剧了灌溉缺水矛盾。如何协调改良盐渍化土壤及节水灌溉的关系问题有待研究。

(六) 农民节水意识淡薄

农民目前对水资源短缺问题缺乏危机感，加上种粮比较效益低、用水成本低、水价改革进程缓慢，农民没有主动节水的自觉性。

四、对策建议

紧紧围绕粮棉增产、农民增收、农业增效，立足田间节水，坚持灌区和旱区并重，增加投入，把工程节水、农业节水以及管理环节的节水有机结合起来，提高新疆粮食综合生产能力，积极培育特色支柱产业棉花产业，实现农业发展、农民增产增收以及农业环境和水资源可持续发展的目标。

(一) 切实加强节水农业工作的指导

要高度重视农业节水工作，不断增强紧迫感和责任感，切实把节水农业工作列入重要议事日程。积极做好项目组织管理、信息引导、典型示范和技术指导工作。

(二) 加强新疆农业节水技术试验、示范及推广应用工作

要重视农田灌溉试验研究工作，把试验作为技术创新的延伸，逐步建立一套投资少、效益高、易操作、适合新疆不同区域及不同作物、不同种植模式的工程与农艺措施相结合的技术体系，依靠科技进步实现经济效益和生态效益的双赢。同时通过示范展示加快节水灌溉先进科技成果的集成、转化和应用，为发展节水农业提供技术支持。

(三) 加强新疆农业节水技术服务手段建设与农技推广体系建设

膜下滴灌是一项高新技术，也是一项复杂的系统工程。因此，要加强基层农技推广体系建设，通过农技推广网络对广大基层干部、技术人员和农民进行系统的培训，全面提高他们的专业技术素质和技术水平，特别是对农民的系统

管护培训，以适应节水农业新技术快速发展的需要。

（四）多方筹措资金，加大农业节水投入

结合新疆实际情况，积极探索符合市场经济规律、合理利用水资源的管理机制，逐步建立政府、企业和农民参与的农田水利基础设施建设和管理的产业化模式。

（五）加大水肥一体化技术的推广力度

新疆水肥一体化技术已日臻成熟。应用范围不断扩展，作物除棉花占绝大多数外，还有哈密瓜、番茄、甜菜等，效果很好。这表明，水肥一体化技术模式在新疆正向着广度和深度发展。新疆是我国最大的商品棉生产和出口基地，又大量种植哈密瓜、香梨、葡萄等瓜果作物，是蜚声中外的瓜果之乡，而瓜果作物很适合发展滴灌。因此，水肥一体化技术在新疆极具推广价值。

（六）加强宣传，强化农业节水意识

推广节水农业技术是一项传统制度的变革，涉及众多农户，应把它作为一项长期的公益性工作，让农民知道如何应用农业节水技术，知道如何充分利用国家投资建设的节水基础设施，把水当作化肥、农药一样作为生产资料投入，自己进行管理。

第十二节　安徽省水肥一体化技术发展报告

"十三五"以来，安徽省土肥部门紧紧围绕农业农村发展目标和实现化肥使用量零增长总体要求，大力推广水肥一体化适用技术，在推动化肥减量增效的同时，实现抗旱减灾、节省劳动力资源、保护土壤环境、保障农产品质量安全等多重效应。

一、强化示范，"十三五"水肥一体化推广工作成效显著

为全面推进水肥一体化技术应用，各级土肥技术推广机构因地制宜，根据不同作物及其种植方式，积极推广不同模式的水肥一体化技术，技术应用作物已由单纯的蔬菜扩展到各类主要农作物。"十三五"期间，全省累计推广面积达到736万亩次，超额完成农业农村部下达的700万亩的任务，节约灌溉用水40％以上，减少化肥用量20％以上。主要工作做法如下：

（一）科学规划引领，强化绩效考核

2016年，安徽省农业委员会印发《推进水肥一体化实施方案（2016—2020年）的通知》，明确推进水肥一体化技术工作的指导思想、基本原则、技

术路线、区域布局和重点工作，要求积极与财政、发改、水利、国土等有关部门沟通协调，整合资源，加大投入，强化技术支撑，增加示范面积；2018年，印发《关于切实加强节水农业工作的通知》，强调要突出重点，因地制宜选择节水模式。重点推广基于喷灌、滴灌、渗灌、测墒灌溉等水肥一体化的高效节水灌溉技术，尤其是在粮食作物上，应主推固定喷灌式水肥一体化技术；2018年，印发《2018年全省水肥一体化实施方案》，进一步明确目标任务，提出主要作物的主要技术模式，并下达分解水肥一体化技术推广及核心示范区任务；2020年，把该项工作列入全省土肥工作要点，要求全省建立并巩固标准化试验示范基地，集成探索不同作物水肥一体化技术示范模式，明确提出要"累计完成水肥一体化面积700万亩以上"；分管副厅长在全省化肥减量增效工作交流推进会上也强调要"大力发展高效节水农业"，要求"从品种、结构、农艺、工程、制度等方面节水入手，不断提高农业用水效率，进一步创新优化水肥一体化技术模式，推进高效节水灌溉和水肥一体化同步推进、同步发展"；在《安徽省农业农村厅关于印发2020年省政府目标管理绩效考核化肥农药使用量考核细则的通知》中，把水肥一体化与水稻侧深施肥、小麦和玉米种肥同播等施肥新技术等同布置，专门设置了3分分值，作为化肥使用量零增长行动工作推进的技术措施，纳入省政府对各市政府的目标管理绩效考核，明确规定"水肥一体化面积同比增加少于10％的扣0.5分"。

（二）注重技术指导，强化培训宣传

1. 重指导　为扎实推进水肥一体化技术在农业生产中的应用，安徽省土肥站组织技术人员深入田间地头，实地指导示范基地建设，高标准要求工程质量，确保了技术的先进性、实用性和可复制性，由此带动了市县土肥技术人员的积极性，有力地推动了全省水肥一体化技术的推广应用。

2. 强培训　各级土肥部门充分利用测土配方施肥、耕地质量建设、果菜茶有机肥替代、基层农技人员能力提升、农资经营户培训和新型农业经营主体培训等平台，通过邀请安徽省农业科学院、安徽农业大学和安徽省土肥站的专家开展技术讲座、组织现场观摩、印发资料等方式，对基层农技骨干、新型农业经营主体成员积极开展了水肥一体化技术培训，提高了人们对水肥一体化技术先进性和实用性的认识。16个市、62个县（市、区）均以不同的形式举办了水肥一体化技术专题培训班。

3. 多宣传　充分利用媒体宣传、召开现场会、发放宣传资料等形式，广泛宣传水肥一体化技术的重要性和典型经验。祁门、濉溪、阜南、芜湖埇桥区等县（区）的水肥一体化技术模式分别被中央电视台财经频道、《安徽日报》（农村版）、《农民日报》等进行了专题报道。

（三）集成创新技术模式，强化示范带动

1. 粮食和油料作物 主要推广地埋自动伸缩式、固定式、半固定式、微喷带、卷盘式平移淋灌机、自动平移式大型喷灌机、微喷带式等水肥一体化以及固定喷雾水肥药一体化技术。以小麦和玉米为主，辐射到大豆、油菜、甘薯、芝麻等作物。其中代表性示范模式有灵璧县韦集生态合作社的千亩小麦水肥一体化模式，泗城镇关庙村的百亩小麦—玉米水肥一体化模式，蒙城县楚村镇富达村的千亩小麦摇臂式固定水肥一体化模式，定远县马厂湖农场的万亩小麦—大豆、明光市潘村镇的千亩小麦—玉米微喷带水肥一体化模式，明光市潘村镇的千亩小麦—玉米、濉溪五铺农场的百亩小麦—玉米、埇桥区农业农村局所属示范园的小麦—大豆、太和县旧县镇范庙村的千亩小麦—玉米大型自动平移水肥一体化模式以及濉溪、明光、颍上、祁门、湾沚的小麦、玉米、油菜、水稻大田作物360°旋转雾化固定式喷灌式水肥药一体化技术等。

2. 露地蔬菜和瓜类 主要推广滴灌和膜下滴灌水肥一体化技术。其中代表性示范片有萧县孙圩子乡程蒋山和青龙镇的千亩胡萝卜基地、宿松县汇口镇曹湖村和洲头乡金坝村的千亩蔬菜基地、安庆市迎江区长风乡联兴村的百亩火龙果、歙县四月乡村农艺场有限公司科技示范园的草莓和火龙果等示范基地，潜山县瓜蒌子示范基地等。

3. 设施蔬菜和瓜类 主要推广滴灌、膜下滴灌、吊喷、上喷下滴、双层喷雾等水肥一体化技术。其中代表性示范技术有萧县石林的千亩反季节胡萝卜基地膜下滴灌技术、桐城市文昌街道交通村的百亩蔬菜基地自动平移机技术、长丰大棚草莓种植基地膜下滴灌技术。

4. 果树和茶园 主要推广滴灌、膜下滴灌、吊喷、上喷下滴、固定喷雾式和重力滴灌等水肥一体化技术。其中代表性示范技术有萧县圣泉园艺场万亩梨园基地的滴灌技术，宣州区孙之龙种植专业合作社的无花果上喷下滴技术，祁门县小路口葡萄和猕猴桃种植基地双层喷雾技术，宣州区千亩桂花园重力滴灌技术，砀山园艺场梨园的多层喷雾技术，旌德、祁门、歙县、宣州、宁国、旌德、东至、贵池、岳西等地的茶园固定和半固定喷雾技术，霍山万亩油茶滴灌技术等。

通过试验示范，取得了显著的成效，引导和推动周边农户自发应用先进、经济、实用的水肥一体化技术。①效果好。颍上把固定式喷雾水肥一体化技术与粮食作物、露地栽培蔬菜的农业面源污染治理结合起来，取得了理想的治理效果；设施栽培蔬菜采用吊喷式和上喷下滴技术模式，有效减轻了土壤次生盐渍化危害，发挥抗旱、喷肥、施药、节工四大作用，真正做到了减肥增效、保护环境。②评价高。2019年5月，在杭州的茶博会上，祁门县的茶园智能水

肥一体化技术得到了时任农业农村部部长韩长赋的高度赞赏；2019 年 3 月，在安徽省政府召开的全省春季农业生产现场会上，濉溪县的粮食作物固定喷管式水肥一体化技术示范基地被作为主要观摩点，其技术模式获得了好评。同时，这次观摩还成为时任安徽农业大学校长程备久教授的"粮丰工程"现场观摩会，人们就此技术模式进行了专题研讨。

二、突出重点，扎实做好"十四五"水肥一体化推广工作

（一）开展试验示范

深入贯彻《国家节水行动安徽省实施方案》，以高标准农田建设、减肥增效、土壤修复等项目为切入点，继续在不同作物上开展水肥一体化技术示范试验，总结集成适合不同作物、不同区域的技术模式。组织现场观摩，充分发挥带动辐射作用。研究不同土壤、不同气候、不同作物、不同目标产量条件下的水肥耦合效应，提出基于水肥一体化技术的高效节水技术模式。

（二）强化技术创新和应用

紧紧依托安徽农业大学、安徽省农业科学院、安徽科技学院、合肥工业大学、中国水利水电科学研究院等教学和科研机构，积极引进注重科技创新的节水企业，发动全省土肥技术推广部门，选择有代表性、有创新意识和责任心强的新型农业经营主体，协同强化节水农业技术创新，并积极学习兄弟省市的先进经验，探索适合安徽省实际、易于复制和推广的先进技术模式。同时，强化信息化、自动化在水肥一体化技术上的应用。

（三）加大宣传培训力度

通过举办各级培训班宣传培训水肥一体化技术推广的重要性、重点技术模式要点和效果，加快培养专业技术队伍，为大面积推广奠定基础。同时，利用报纸杂志、广播电视、网络等多种形式广泛宣传水肥一体化技术减肥增效、节约资源的效果及典型经验，营造良好的社会氛围，切实推动节水农业技术在全省的应用，提高水资源利用效率，促进农业可持续发展，为建设现代化五大发展美好安徽、实现农业绿色发展、助力乡村振兴作出贡献。

第九章　水肥一体化技术示范

第一节　河南省获嘉县夏玉米水肥一体化技术示范

获嘉县隶属于河南省新乡市，位于太行山南麓，为传统的平原农业区，是河南的粮食高产县之一，耕地面积50.2万亩。县域内30年间的平均蒸发量为1 540毫米，常年平均降水量559.1毫米，季节分布极不均匀，非汛期降水稀少且时间长，全县水资源严重短缺，人均多年平均水资源占有量只有221.9米³。地表水资源年际变化大，丰枯非常悬殊。多年来，由于超采地下水，县域中部形成了较大的平原地下水漏斗且不断扩大，加之持续干旱，导致地下水位不断下降，生态环境恶化，严重影响了当地群众的农业灌溉、生产生活和经济社会发展。近年来，获嘉县积极探索发展旱作节水农业的技术途径，进行了多种旱作节水技术模式的有效利用和有益尝试，现对夏玉米实施滴灌水肥一体化的示范成效进行总结，以期更大面积推广。

一、材料与方法

（一）供试材料

2020年6月，将示范区安排在获嘉县好收成农业服务专业合作社玉米种植地。该区域地势平坦、排灌方便，供试土壤为潮土，质地为重壤，肥力中上等，肥力均匀。耕层土壤养分为：有机质22.6克/千克，全氮1.35克/千克，有效磷（P_2O_5）29.4毫克/千克，速效钾（K_2O）192.1毫克/千克，pH为8.2。前茬为小麦，亩产650千克。

（二）示范方法

1. 种植模式　玉米采用行距60厘米、株距25厘米的种植模式，品种为焦单26，种植密度约为4 200株/亩，采用种肥同播机进行播种和施用底肥。

2. 滴灌施肥首部系统　水源采用5.5千瓦潜水泵抽取50米地下水，水质纯净。过滤器选用离心式过滤器。施肥器选用压差式施肥罐，容积为150升。

3. 肥料选择　滴灌水肥一体化所用肥料应具备养分含量高、水溶性好的特点。本示范所用追施肥料为尿素（N含量≥46%）。

4. 示范设计　本示范设两个处理，大区示范，不设重复。处理1为滴灌水肥一体化示范区 20 亩,处理 2 为常规畦灌对照区 5 亩。

处理 1:常规种肥同播＋玉米大喇叭口期、抽雄期、灌浆初期每亩追施尿素 10 千克、10 千克、5 千克。

处理 2:常规种肥同播＋玉米大喇叭口期每亩追施尿素 25 千克。

示范区玉米常规施肥为亩施纯 N 27 千克、P_2O_5 4.5 千克、K_2O 5 千克。示范区玉米 2020 年 6 月 3 日播种,播种时种肥同播施入 50%(31-9-10)复混肥 50 千克,播后全部畦灌造墒促一播全苗。

2020 年 6 月 19 日,处理 1 采用一管两行的方式铺设滴灌带,10 亩为一管理单元。当季玉米生长季节降水量为 516.2 毫米,具体降水信息见表 9-1。处理 2 和处理 1 玉米分别于 9 月 25 日和 10 月 7 日收获,采收时每处理随机抽 10 株进行田间调查与考种,同时每处理收获时 5 个样方调查实际产量,每个样方为 10 米²。除不同的灌溉和施肥方式外,示范区其他管理措施均同对照区。

表 9-1　2020 年夏玉米生长季节降水量

时间	降水量（毫米）	时间	降水量（毫米）	时间	降水量（毫米）
6 月 9 日	3.4	7 月 4 日	6.9	8 月 6 日	4.0
6 月 11 日	38.5	7 月 5 日	89.6	8 月 7 日	40.6
6 月 12 日	6.1	7 月 8 日	1.6	8 月 12 日	15.9
6 月 15 日	3.5	7 月 9 日	10.2	8 月 19 日	3.5
6 月 16 日	33.7	7 月 22 日	3.5	8 月 20 日	32.9
6 月 17 日	33.7	7 月 26 日	0.9	9 月 9 日	38.2
6 月 25 日	6.5	8 月 4 日	35.2	9 月 27 日	1.0
6 月 26 日	6.2	8 月 4 日	48.8	10 月 2 日	1.1
6 月 30 日	1.8	8 月 5 日	48.9	合　计	516.2

二、结果与分析

(一) 不同灌溉施肥方式对玉米生物学性状的影响

在玉米生长季节,根据田间示范需要,分别对两个处理进行了差异化的水肥管理措施,两处理田间水肥管理详见表 9-2。玉米采用滴灌水肥一体化技术的处理与常规畦灌处理虽然增加了灌水次数,但是减少了灌溉用水总量,每亩节约用水 30 米³。滴灌水肥一体化是根据土壤墒情以及作物水肥需求,借助施肥装置和灌溉系统通过滴灌带将水肥溶液滴于作物根部土壤,精准控制灌水和施肥量,充分发挥了水肥耦合效应,可以有效节约水资源、提高水肥利用效率。

表 9-2　不同灌溉施肥处理的水肥管理记载

灌水次数（次）	滴灌水肥一体化处理			常规畦灌施肥处理		
	灌水时间	亩灌水量（米³）	亩施尿素（千克）	灌水时间	亩灌水量（米³）	亩施尿素（千克）
1	6 月 4 日	60		6 月 4 日	60	
2	7 月 24 日	30	10	7 月 24 日	60	25
3	8 月 8 日	30	10	8 月 16 日	60	
4	8 月 16 日	30	5	8 月 29 日	60	
5	8 月 29 日	30				
6	9 月 16 日	15				
7	9 月 25 日	15				
合计		210	25		240	25

滴灌水肥一体化技术改善了玉米的生物学性状。由于处理 1 和处理 2 施肥条件差异，植株生长期有了明显变化。由于处理 1 适时养分供应，叶片功能期和籽粒灌浆期都相应延长，比处理 2 晚收 12 天，有效促进了产量要素的提高。从表 9-3 中可以看出：处理 1 与处理 2 相比，玉米的穗长增加了 1.2 厘米，穗粒数增加了 45.4 粒，百粒重增加了 2.3 克。说明采用滴灌水肥一体化技术较常规畦灌处理能明显增加玉米穗长、穗粒数和百粒重，改善了玉米成产因素。

表 9-3　田间调查与考种统计

处理	穗长（厘米）	穗粒数（粒）	百粒重（克）
处理 1	20.5	542.5	39.2
处理 2	19.3	497.1	36.9

注：表中数据为两个处理多点调查的平均数。

（二）不同灌溉施肥方式对玉米产量的影响

滴灌水肥一体化技术增加了玉米的产量。从表 9-4 中可以看出：滴灌水肥一体化处理与常规畦灌处理相比，平均亩增产 126.7 千克，增产率为 20.9%。对两处理产量进行 t 检验（表 9-5），处理间产量差异达极显著水平（$t=7.274 > t_{0.01}=4.604$）。由此可见，采用滴灌水肥一体化技术的处理与常规畦灌处理相比大幅度增加了玉米的产量。

表 9-4　不同处理产量结果

处理	每 10 米² 产量（千克）						折亩产（千克）	亩增产（千克）	增产率（%）
	样点 1	样点 2	样点 3	样点 4	样点 5	平均			
处理 1	11.2	10.5	10.8	11.6	11.1	11.0	733.7	+126.7	+20.9
处理 2	9.3	9.3	9.2	8.9	8.7	9.1	607.0		

表 9-5 不同处理产量结果统计分析

重复	示范区 (X_1)	对照区 (X_2)	d_i (X_1-X_2)	$d_i - \bar{d}$	$(d-\bar{d})^2$
1	11.2	9.3	1.9	-0.060	0.004
2	10.5	9.3	1.2	-0.760	0.578
3	10.8	9.2	1.6	-0.360	0.130
4	11.6	8.9	2.7	0.740	0.548
5	11.1	8.7	2.4	0.440	0.194
$\bar{x}, \bar{d}$	11.0	9.1	2.0		
$\sum$	55.2	45.4			1.452

注：$S_d = 0.602$，$S_{\bar{d}} = 0.269$，$t = 7.274**$（$t_{0.05} = 2.776$，$t_{0.01} = 4.604$）。

（三）不同灌溉施肥方式对玉米经济效益的影响

从表 9-6 中可以看出：考虑到铺设滴灌带增加的物料成本和灌水次数的增多，采用滴灌水肥一体化技术的处理 1 与常规畦灌的处理 2 相比，虽然投入增加了 30.4 元，但相应减少了灌溉和施肥用工投入，并降低了炎热酷暑天气的工作强度。

表 9-6 不同处理亩成本投入核算对比

处理	滴灌设施成本（元）	电费（元）	施肥次数（次）	追肥人工费（元）	灌水次数（次）	灌溉人工费（元）	合计（元）
处理 1	130	16.5	3	9	6	18	173.5
处理 2		23.1	1	30	3	90	143.1

注：滴灌施肥和灌溉人工费分别为每次每亩 3 元；常规畦灌施肥和灌溉人工费分别为每次每亩 30 元。

从表 9-7 中可以看出：采用滴灌水肥一体化技术的处理 1 相比于常规畦灌处理 2 亩增产 126.7 千克，增加了销售收入 304.08 元。增加的滴灌物料成本与增加的玉米销售收入两者核算后，采用滴灌水肥一体化技术的处理 1 与常规畦灌处理 2 相比，亩增效益 278.68 元。

表 9-7 不同处理亩经济效益对比

处理	成本（元）	产量（千克）	玉米单价（元/千克）	产值（元）	增加效益（元）
处理 1	173.5	733.7	2.4	1 760.88	278.68
处理 2	148.1	607.0	2.4	1 456.80	

三、结论

（1）与常规畦灌相比，滴灌水肥一体化不但节约了水资源，还有明显的增产效果。采用滴灌水肥一体化技术与常规畦灌施肥相比，每亩节约灌溉用水30 米^3，还明显增加了玉米穗长、穗粒数和百粒重，改善了玉米的成产因素；并且亩均增产 126.7 千克，增产率为 20.9%，产量差异为极显著水平（$t=7.274>t_{0.01}=4.604$）。

（2）与常规畦灌相比，滴灌水肥一体化可以提高玉米的经济效益。采用滴灌水肥一体化技术虽然增加了滴灌设备物料成本，但相应减少了灌溉和施肥用工投入，降低了炎热天气下的工作强度。由于根据玉米的需求进行灌溉施肥，促进了水肥耦合，提高了肥料利用率，延长了植株生长时间，促进了玉米高产，每亩增加经济效益 278.68 元。

总的来说，采用滴灌带水肥一体化技术，不但节约了水资源，还具有显著的增产效果，省时省工，经济效益明显增加，该技术在夏玉米生产上具有较好的推广应用价值。

第二节　河南省渑池县经济作物水肥一体化技术示范

一、示范区基本情况

渑池县位于河南省西部，地貌类型为丘陵山区，年均降水量为 662.4 毫米，多集中在 7—9 月，且年际、年周期内变化较大。全县耕地土壤有机质平均含量为 15.22 克/千克，全氮平均含量为 0.96 克/千克，有效磷平均含量为 13.7 毫克/千克，速效钾平均含量为 157 毫克/千克。土壤肥力在全省属中等水平，主要农作物有小麦、玉米、花生、大豆、甘薯等，主要经济作物有辣椒、花椒、烟草、西瓜、冬凌草、丹参等，果蔬类主要有苹果、葡萄、杏、桃、梨、草莓等。

近年来，渑池县以增加农民收入为目标，以调整结构为主线，以加快农业产业化为主要措施，积极推进传统农业向现代农业的转变，积极推进高产创建、高标准粮田建设、高效节水灌溉等农业项目的开展，在保证粮食安全生产的前提下，确立以"双椒一药"为主导产业的产业化发展模式，宣传鼓励群众大力发展经济作物种植，并制定了一系列的发展奖励措施，以实现农民增收、农业增效。

2018 年渑池县承担了河南省土肥站安排的水肥一体化集成模式示范项目，项目区通过示范推广滴灌、微喷灌、涌泉灌水肥一体化技术，配套水肥一体化、物联网设备及相关物资，集成以水肥一体化、物联网等技术为主的综合高效节水技术模式，取得了显著的经济、生态和社会效益，引领带动了项目区周边水肥一体化快速发展。

二、技术集成研究及成果

(一) 技术集成研究

河南省渑池县 2018 年水肥一体化集成模式示范项目在黄梨和葡萄种植区建立了涌泉灌、微喷灌水肥一体化示范区，配套水肥一体化设备，集成水肥一体化技术模式，并在项目区设置土壤墒情及肥力监测点，开展了黄梨、葡萄水肥一体化试验，通过试验与示范相结合、定点监测与动态观察相结合开展多项技术的集成应用研究。

(二) 研究成果

1. 试验、示范及推广研究 对涌泉灌、微喷灌、滴灌、土壤墒情监测、秸秆覆盖、测土配方施肥、科学管理等多项技术进行组装配套，并依据土壤墒情监测和肥力检测结果，结合黄梨、葡萄不同生育时期的需水、需肥规律，进一步优化灌溉与施肥制度，在项目区通过田间灌溉施肥系统，不仅有效提高了土壤蓄水和保墒能力，还实现了农田水分和肥料利用率双提高，取得了显著效益。

2. 核心示范区建设 禾盛农业示范区：主管道采用 PVC 给水管，1.0 兆帕承压，管直径为 90 毫米，铺设时地埋深度为 60 厘米；支管道采用 PVC 给水管，1.0 兆帕承压，管直径为 75 毫米，铺设时采用地埋方式，平行于主管道，地埋深度为 60 厘米；毛管道选用 PE25 给水管，承压 10 千克，垂直支管道平行于果树种植行方向铺设，铺设间距为 2 米，单条铺设长度不超过 75 米；灌水器选用涌泉灌套装，含有 18 厘米地插、毛细管、旁通、反丝管、涌泉滴头，每棵梨树安装一套灌水器。青峰松葡萄专业合作社示范区：主管道采用 PVC 给水管，1.0 兆帕承压，管直径为 90 毫米，铺设时地埋深度为 60 厘米；支管道采用 PVC 给水管，1.0 兆帕承压，管直径为 75 毫米，铺设时采用地埋方式，平行于主管道，地埋深度为 60 厘米；毛管道选用 PE25 给水管，承压 10 千克，垂直支管道平行于葡萄树种植行方向铺设，铺设间距为 3 米，单条铺设长度不超过 45 米；灌水器选用倒挂微喷头套装，两棵葡萄树间安装 1 套灌水器。五丰家庭农场示范区：主管道采用 PVC 给水管，1.0 兆帕承压，管直径为 90 毫米，铺设时地埋 60 厘米；支管道采用 PVC 给水管，1.0 兆帕承压，管直径为 75 毫米，铺设时采用地埋方式，平行于主管道，地埋深度为 60 厘米；灌水器选用 PE16 内镶圆柱式滴灌管，滴头间距为 30 厘米，滴灌管间距为 3.5 米。鸿达农业示范区：主管道采用 PVC 给水管，1.0 兆帕承压，管直径为 50 毫米，铺设时地埋深度为 60 厘米；支管道采用 PVC 给水管，

1.0 兆帕承压，管直径为 50 毫米，铺设时采用地埋方式，平行于主管道，地埋深度为 60 厘米；毛管道选用 PE25 给水管，承压 10 千克，垂直支管道平行于果树种植行方向铺设，桃树铺设间距为 3 米，梨树铺设间距为 2 米，单条铺设长度不超过 70 米；灌水器选用涌泉灌套装，套装含有 18 厘米地插、毛细管、旁通、反丝管、涌泉滴头，每棵果树安装一套灌水器。项目总投资 90 万元。

3. 集成了水肥一体化技术模式　在项目区集成了以涌泉灌、微喷灌、滴灌水肥一体化和农业物联网技术为主，以增施有机肥、测土配方施肥、秸秆覆盖、果园生草、软体集雨窖等技术为辅的物联网水肥一体化技术模式，改善了果园土壤理化性状，提高了土壤有机质含量，增强了土壤蓄水保墒能力，提高了水肥利用效率，达到了节本增效的目的。

4. 经济效益显著　通过调查（表 9-8），黄梨涌泉灌水肥一体化示范区平均亩产 2 754 千克，对照区平均亩产 2 385 千克，亩增产 369 千克，增产率为 15.5%，亩增收 4 230 元，450 亩黄梨示范区合计增收 190.35 万元。葡萄微喷灌水肥一体化示范区平均亩产 1 612 千克，对照区平均亩产 1 365 千克，亩增产 247 千克，增产率为 18.1%，亩增收 6 188 元，550 亩葡萄示范区合计增收 340.34 万元。

表 9-8　渑池县示范区经济效益数据

作物	示范区亩产量 （千克）	对照区亩产量 （千克）	增产率 （%）	亩增收 （元）	总增收 （万元）
葡萄	1 612	1 365	18.1	6 188	340.34
黄梨	2 754	2 385	15.5	4 230	190.35

5. 节水效果显著　黄梨涌泉灌水肥一体化示范区较对照区各土层土壤含水量平均提高了 0.95%、0.65% 和 0.17%，葡萄微喷灌水肥一体化示范区较对照区各土层土壤含水量平均提高了 0.97%、0.68% 和 0.17%，说明采用秸秆覆盖节水种植技术较常规种植技术土壤蓄水能力强、无效蒸发少、土壤墒情好，具有显著的抗旱保墒能力。

通过计算可知（表 9-9），黄梨涌泉灌水肥一体化示范区与对照区相比，水分生产率由 8.50 千克/米³ 提高到 11.26 千克/米³，提高了 2.76 千克/米³；水分生产效益由 23.0 元/米³ 提高到 44.0 元/米³，提高了 21.0 元/米³；黄梨涌泉灌水肥一体化示范区平均亩节水量为 76.26 米³。450 亩示范区合计节水 343 160 米³。葡萄微喷灌水肥一体化示范区与对照区相比，水分生产率由 4.80 千克/米³ 提高到 6.46 千克/米³，提高了 1.66 千克/米³；水分生产效益由

46.7元/米³提高到78.4元/米³，提高了31.7元/米³；葡萄微喷灌水肥一体化示范区平均亩节水量为86.50米³。550亩示范区合计节水47 574.50米³。

表9-9　渑池县示范区节水效益数据

作物	区域	水分生产率（千克/米³）	水分生产效益（元/米³）	亩节水量（米³）	总节水量（米³）
葡萄	示范区	6.46	78.4	86.50	47 574.50
	对照区	4.80	46.7		
黄梨	示范区	11.26	44.0	76.26	34 316.00
	对照区	8.50	23.0		

6. 节肥效果明显　在水肥一体化模式下，水肥一体化示范区肥料利用率明显提高。黄梨涌泉灌水肥一体化示范区平均每亩减少施用氮肥1.85千克，与对照区相比，实现亩节省氮肥投入15.5%，450亩示范区合计减少氮肥施用量830千克。葡萄微喷灌水肥一体化示范区平均每亩减少施用氮肥1.5千克，与对照区相比，实现亩节省氮肥投入18%，550亩示范区合计减少氮肥施用量815千克。

总之，通过水肥一体化集成模式示范项目的实施，进一步强化了项目区当地种植户的科技种田意识，避免了用水、用肥及生产管理的盲目性和不科学性，提高了农田水肥利用率，减少了农田环境污染。

三、主要技术应用面积及总体成效

（一）主要技术示范区面积

建立黄梨涌泉灌水肥一体化示范区450亩，葡萄微喷灌水肥一体化示范区550亩，示范带动周边5 000亩。

（二）总体效益

1. 经济效益　通过项目实施，完成目标任务的100%。黄梨涌泉灌水肥一体化示范区平均亩产2 754千克，对照区平均亩产2 385千克，亩增产369千克，增产率为15.5%，亩增收4 230元，450亩示范区合计增收190.35万元。葡萄微喷灌水肥一体化示范区平均亩产1 612千克，对照区平均亩产1 365千克，亩增产247千克，增产率18.1%，亩增收6 188元，550亩示范区合计增收340.34万元。

2. 社会效益　通过项目实施：①促进了当地水、土资源合理配置及种植业结构调整，对实现农业增效和农民增收、发展现代高效节水农业起到了推动作用。②通过发展水肥一体化，有效推动了涌泉灌、微喷灌、滴灌水肥一体化、农业物联网，增施有机肥，测土配方施肥，果园生草，秸秆覆盖，软体集雨窖等综合农田节水技术的推广应用。③通过开展现场示范和技术观摩，提高了示范区广大种植农户的科学种田素质，增强了节水节肥意识，提高了水肥资源利用率。

3. 生态效益　从节水效果看，水肥一体化示范区较对照区显著提高，对减少地下水采用、改善生态环境、合理利用农业和生态自然资源效果明显。同时，还明显提高了农田肥料利用率，提高了土壤保水、蓄水、集水能力，减少了农业面源污染，改善了作物品质，提高了农产品竞争力，对发展绿色农业和可持续农业具有显著的促进作用。

四、技术观测方法及结果

（一）材料与方法

1. 基本情况　示范区位于渑池县西部陈村乡池底村、黄花村和英豪镇槐营村，交通便利，地势平坦。土壤类型属褐土土类，典型褐土亚类，黄土质褐土土属，厚层红黄土质褐土性土土种，成土母质为午城黄土；地下水位通常为45米，最高30米，最低50米；耕层厚度为40厘米，侵蚀程度为无，土质为壤土，肥力水平中等，土壤化验结果为：有机质19.9克/千克，全氮0.91克/千克，有效磷13.3毫克/千克，速效钾135毫克/千克，pH为7.96。自然降水变率大，年均降水量为662.4毫米，蒸发量大，阶段性旱灾频繁发生。

2. 农田节水技术模式　根据渑池县降水量少、空间分布不均的特点，坚持"留住天上水，用好地表水，浇好关键水，施好关键肥"的原则，在示范区推广以涌泉灌、微喷灌、滴灌水肥一体化和农业物联网技术为主，以增施有机肥、测土配方施肥、果园生草、秸秆覆盖、软体集雨窖等技术为辅的物联网水肥一体化技术模式。

3. 观测方法　每个示范区设置固定监测点4个、土壤墒情及肥力监测点10个，对项目区农事情况、土壤墒情、土壤肥力、作物生长情况、作物产量、产品品质、作物水分利用率和生产效益等项目进行观察记载，收获后进行分析总结。

（1）固定点观察和农户调查。从2018年10月开始，认真做好固定点的观察记录，每月26日开始，对示范区田间各项操作进行调查，调查内容包括施肥、耕作、除草、病虫害防治、灌水、收获、产量及收入等。

（2）土壤墒情监测。从2018年10月开始，每月10日、25日取样测试，如遇一般降雨，则在雨后3天取样，如遇大雨，则在雨后5天取样。取样深度为0～20厘米、20～40厘米、40～60厘米。在项目区和非项目区地块分别取样测试，并做好对比。在葡萄关键生育时期或干旱影响严重季节增加监测次数，每5天取一次样。根据监测结果，依据果树需水、需肥规律及长势适时灌溉、施肥。

（3）土壤肥力监测。果树冬季施肥前、翌年收获后在项目区田地取样，取样深度为0～20厘米，检测项目包括有机质、全氮、有效磷、速效钾、pH。根据检测结果和作物需肥规律实施科学配方施肥。

（4）开展节水农业技术试验研究。在项目区开展果树种植示试验，划分示范区和对照区。研究在不同水肥管理条件下，水肥一体化对葡萄、黄梨生长发育及产量的影响，揭示水肥一体化在葡萄、黄梨上的实际效果，为滴灌、微喷灌、涌泉灌施肥水肥一体化在果树上的大面积推广应用提供科学依据。

（二）结果与分析

1. 产量与经济效益　通过调查，示范区黄梨平均亩产2 754千克，对照区平均亩产2 385千克，亩增产369千克，增产率15.5%，亩增收4 230元，450亩黄梨示范区合计增收190.35万元。示范区葡萄平均亩产1 612千克，对照区平均亩产1 365千克，亩增产247千克，增产率18.1%，亩增收6 188元，550亩葡萄示范区合计增收340.34万元。

2. 农艺性状与产品品质　采用涌泉灌、微喷灌、滴灌水肥一体化技术模式的黄梨、葡萄示范区田间表现为植株长势较强、耐旱性好、抗病性强、叶色浓绿，产量和产品品质均有不同程度的提高。

3. 水分生产率

（1）作物蒸腾蒸发量（ET，毫米）。作物蒸腾蒸发量即作物生长过程中所消耗的水量。

$$ET=P+M+W+\Delta S-D-\Delta T$$

式中：P——作物生长期间的降水总量，毫米；

　　　M——作物生长期间的灌溉水总量，毫米；

　　　W——作物生长期内地下水补给量，毫米，地下水埋深大于2米时可以忽略不计（为零）；

　　　ΔS——作物生长期内地表水流入量与流出量的差值，毫米，在平原区一日降水量小于100毫米时为零；

　　　D——水分深层土壤渗漏量，毫米，在节水灌溉模式下为零；

　　　ΔT——土壤水蓄变量，毫米，作物收获后土壤蓄水量与播种前土壤蓄水量之差。ΔT＝土壤容重×土层厚度×土壤含水量变化（收获后－播种前）×10。

因此，上述公式可简化为

$$ET=P+M-\Delta T$$

根据表9-10计算：

黄梨示范区蒸腾蒸发量＝348.8＋30－11.8＝367毫米＝244.7米³/亩

黄梨对照区蒸腾蒸发量＝348.8＋90－17.4＝421.4毫米＝280.9米³/亩

葡萄示范区蒸腾蒸发量＝348.8＋30－4.4＝374.4 毫米＝249.6 米³/亩

葡萄对照区蒸腾蒸发量＝348.8＋90－11.9＝426.9 毫米＝284.6 米³/亩

表 9-10　土壤容重及墒情监测记载

项目	时间	0～20 厘米土层 (1.25 克/厘米³)	20～40 厘米土层 (1.44 克/厘米³)	40～60 厘米土层 (1.49 克/厘米³)
葡萄示范区土壤 含水量（%）	2018-10-25	18.66	18.28	17.63
	2019-09-05	18.36	18.13	17.32
葡萄对照区土壤 含水量（%）	2018-10-25	18.63	18.27	17.54
	2019-09-05	17.54	17.26	17.15
黄梨示范区土壤 含水量（%）	2018-10-25	18.36	17.68	17.63
	2019-09-05	18.05	17.56	17.32
黄梨对照区土壤 含水量（%）	2018-10-25	18.23	17.67	17.54
	2019-09-05	17.72	17.54	17.23

注：土壤分层后面括号内的内容为土壤容重。

（2）水分生产率（千克/米³）。

水分生产率＝农作物产量/作物蒸腾蒸发量

黄梨示范区产量为 2 754 千克，黄梨对照区产量为 2 385 千克。

黄梨示范区水分生产率＝11.26 千克/米³

黄梨对照区水分生产率＝8.50 千克/米³

葡萄示范区产量为 1 612 千克，葡萄对照区产量为 1 365 千克。

葡萄示范区水分生产率＝6.46 千克/米³

葡萄对照区水分生产率＝4.80 千克/米³

（3）水分生产效益（元/米³）。

水分生产效益＝经济效益/作物蒸腾蒸发量

黄梨示范区生产成本［亩投入 120（肥料）＋60（整地）＋500（租地）＋500（修剪）＋20（施肥）＋1 200（套袋）＋60（打药）＋10（除草剂）＋30（浇 1 水）＋500（采摘）］为 3 000 元，亩收入为 13 770 元，经济效益为 10 770 元；黄梨对照区亩收入为 9 540 元，亩成本为 3 090 元，经济效益为 6 450 元。葡萄示范区亩收入为 22 568 元，经济效益为 19 568 元；葡萄对照区亩收入为 16 380 元，亩成本为 3 090 元，经济效益为 13 290 元。

黄梨示范区水分生产效益＝44.0 元/米³

黄梨对照区水分生产效益＝23.0 元/米³

葡萄示范区水分生产效益＝78.4 元/米³

葡萄对照区水分生产效益＝46.7 元/米³

（4）单位面积节水量（米³/亩）。

黄梨单位面积节水量＝作物产量×（1÷常规技术模式水分生产率－1÷节水技术模式水分生产率）＝2 634×（1÷8.5－1÷11.26）＝76.96 米³/亩

450 亩黄梨示范田节水量合计 34 180.63 米³。

葡萄单位面积节水量＝作物产量×（1÷常规技术模式水分生产率－1÷节水技术模式水分生产率）＝1 612×（1÷4.8－1÷6.46）＝86.3 米³/亩

550 亩葡萄示范田节水量合计为 47 463.8 米³。

总之，黄梨示范区水分生产效率提高了 2.77 千克/米³，水分生产效益提高了 21 元/米³，亩节水量为 76.96 米³，示范区总节水量为 34 180.63 米³。葡萄示范区水分生产效率提高了 1.66 千克/米³，水分生产效益提高了 31.7 元/米³，亩节水量为 86.3 米³，示范区总节水量为 47 463.8 米³。

4. 土壤墒情变化情况　在示范区设立土壤墒情监测点，从监测情况看，示范区较对照区土壤蓄水能力增强，地表蒸发量减少，土壤保墒效果好，抗旱效果显著。其中 0～20 厘米土层土壤含水量提高 0.97%，20～40 厘米土层土壤含水量提高 0.68%，40～60 厘米土层土壤含水量提高 0.17%。

5. 需要注意的问题　①项目区的水井单井出水量都不大，持续灌溉能力差，对灌溉效率有较大影响；②物联网水肥一体化系统使用及维护专业性要求较高，园区需安排专人负责；③水肥一体化技术要求较高，必须严格执行操作规程，按照黄梨、葡萄需水、需肥规律，按时按量施肥浇水；④防治病虫害所用农药必须慎重，不能使用对果树有害和农药残留对人体有害的农药，严把产品质量关。

五、技术创新及发展前景

项目实施过程中，在开展试验研究的基础上，结合当地实际，选择适合当地的现有成熟单项技术进行集成配套，并大面积示范推广，以期尽快形成规模。

在渑池县黄梨、葡萄示范区，选择近年来推广效益较好、深受当地群众欢迎的以涌泉灌、微喷灌、滴灌为主的节水灌溉技术，配套农业物联网、土壤墒情监测、测土配方施肥、秸秆覆盖、果园生草、科学管理等技术，集成创新了黄梨、葡萄水肥一体化集成技术模式。

通过水肥一体化技术的应用，提高了项目区农田水肥资源利用效率，提高了果树产量，减少了面源污染，改善了农业生态环境，提高了经济、社会和生态效益。周边乡村果树种植户纷纷来项目示范区参观学习，有效推动了县域水肥一体化技术发展，对实现渑池县"一控两减三基本"发展目标以及农业增效、农民增收、发展绿色农业起到了积极的促进作用，应用前景广阔。

第三节　河南省汝州市水肥一体化技术示范

一、示范区基本情况

汝州市位于河南省中西部，耕地总面积为 96 万亩，属传统农业市，主要农作物有小麦、玉米、花生、大豆等，全市耕地土壤有机质平均含量为 29.21 克/千克，全氮平均含量为 1.63 克/千克，有效磷平均含量为 34.29 毫克/千克，速效钾平均含量为 191.93 毫克/千克。

粮食生产是汝州市农业生产的重中之重，小麦、玉米是汝州市的两大作物，占全市粮食总产的 90% 以上，花生、大豆等其他经济作物合计约占全市粮食总产的 10%。近几年来，通过农业综合开发，农业基础设施得以修复和完善，加上先进农业技术的推广和普及、农作物新品种的引进和推广，小麦、玉米产量大幅度提高。

2018 年汝州市承担了河南省土肥站安排布置的水肥一体化集成模式示范项目，项目区通过示范推广以喷灌水肥一体化物联网技术为主的综合高效节水技术模式取得了显著的经济、生态和社会效益，项目区及周边很多种植户均表示要扩大应用面积。

二、技术集成研究及成果

（一）技术集成研究

河南省 2018 年水肥一体化集成模式示范项目主要在小麦上示范推广喷灌水肥一体化物联网技术，开展了小麦水肥高效利用试验、锌肥试验、全程节水试验，通过试验与示范相结合、定点监测与动态观察相结合进行多项技术的集成应用研究。

（二）研究成果

通过对喷灌水肥一体化、测墒灌溉、秸秆覆盖、农业物联网、机械深松耕、秸秆覆盖、抗旱品种等多项技术进行组装配套，并依据土壤墒情监测和肥力检测结果，结合小麦不同生育时期需水、需肥规律，进一步优化灌溉与施肥制度，在项目区借助田间水肥一体化物联网系统，为冬小麦实施精准灌溉和精量施肥，不仅提高了土壤蓄水和保墒能力，而且实现了农田水分和肥料利用率双提高，取得了显著效益。

1. 经济效益显著　通过调查（表 9-11），示范区小麦平均亩产 389 千克，对照区平均亩产 331 千克，亩增产 58 千克，增产率为 17.5%，亩增收 142.68 元，2 150 亩示范区合计增收 30.68 万元。由于前茬作物大豆播种晚、成熟晚，加上项目施工占用时间，项目区小麦播种延迟（11月上旬播种），导致产量与适期播种相比较低，但项目示范区比对照区仍明显增产。

表 9-11　汝州市示范区经济效益数据

作物	示范区亩产量（千克）	对照区亩产量（千克）	增产率（%）	亩增收（元）	总增收（万元）
小麦	389	331	17.5	142.68	30.68

2. 节水效果显著　从监测结果看，示范区较对照区 0～20 厘米、20～40 厘米土层土壤含水量平均提高了 1.62% 和 1.77%，采用机械深耕和秸秆覆盖节水种植技术较常规种植技术土壤蓄水能力强、无效蒸发少、土壤墒情好，具有显著的抗旱保墒作用。

通过计算可知（表 9-12），示范区与对照区相比，小麦田平均亩节水量为 58 米^3，实现亩节水 36.3%。2 150 亩示范区合计节水 124 700 米^3。

表 9-12　汝州市示范区节水效果数据

作物	亩节水量（米^3）	亩节水率（%）	总节水量（米^3）
小麦	58	36.3	124 700

3. 节肥效果明显　在水肥一体化模式下，小麦田肥料利用率明显提高。示范区平均每亩减少施用纯氮 2.8 千克，与对照区相比，实现每亩减少氮肥投入 25.5%。2 150 亩示范区合计减少氮肥施用量 13.1 吨。

总之，通过水肥一体化集成模式示范项目实施，进一步强化了项目区农民的科技种田意识，避免了农民用水、用肥及生产管理的盲目性和不科学性，提高了农田水肥利用效率，减少了农田环境污染。

三、主要技术应用面积及总体效益

（一）主要技术示范区面积
建立示范区 2 150 亩。

（二）总体效益
1. 经济效益　通过项目实施，建立示范区 2 150 亩，完成目标任务，示范带动周边 10 万亩。示范区小麦平均亩产 389 千克，对照区平均亩产 331 千克，示范区较对照区增产 17.5%，亩增收 142.68 元。实现每亩节水 58 米^3，节水 36.3%。示范区平均每亩减少施用纯氮 2.8 千克，与对照区相比，实现每亩减少氮肥投入量 25.5%。2 150 亩示范区合计减少氮肥施用量 13.1 吨，项目区节肥增收2.62 万元。

2. 社会效益　通过项目实施：①促进了当地水、土资源的合理配置及种植业结构的调整，对实现农业增效和农民增收、发展现代高效节水农业起到了推动作用；②通过发展水肥一体化，有效推动了喷灌水肥一体化、测墒灌溉、秸秆覆盖、农业物联网、机械深松耕、选用抗旱品种等综合农田节水技术的推广应用；③通过现场示范和技术观摩提高了全市种植农户对水肥一体化技术的认识，增强了节水节肥意识，有利于今后大面积推广。

3. 生态效益　通过项目实施，亩节水量为 58 米^3，示范区总节水量为 124 700 米^3，对减少地下水采用、改善生态环境、合理利用农业和生态自然资源效果明显。同时，还明显提高了农田肥料利用率，提高了土壤保水、蓄水、集水能力，减少了农业面源污染，改善了作物品质，提高了农产品竞争力，对发展绿色农业和可持续农业具有显著的促进作用。

四、技术观测方法

1. 基本情况　项目区位于汝州市官中村，示范区在河南省园欣轩生态园，耕地 2 150 亩。土壤为砂姜黑土，土壤有机质 16.4 克/千克，全氮 1.65 克/千克，有效磷 10.5 毫克/千克，速效钾 135 毫克/千克。种植制度为一年两熟，主要种植模式为小麦—大豆。自然降水变率大，降水量小，蒸发量大，阶段性旱灾频繁发生。

2. 农田节水技术模式　根据汝州市降水量较少、空间分布不均的特点，在小麦示范区推广以喷灌水肥一体化技术为主，以测墒灌溉、机械深松耕、秸秆覆盖、增施有机肥、选用抗旱品种、农业物联网等技术为辅的水肥一体化技术模式。

3. 田间观测方法　设置固定观察点及农户调查点 3 个、土壤墒情及肥力监测点 2 个，对项目区农事情况、土壤墒情、土壤肥力、作物生长情况、作物产量、作物品质、作物水分利用率和生产效益等项目进行观察记载，收获后进行分析总结等。

（1）固定点观察和农户调查。从 2018 年 11 月开始，认真做好固定点的观察记录，每月 22 日开始对固定农户进行调查，调查内容包括施肥、耕作、除草、病虫害防治、灌水、收获、产量及收入等。

（2）土壤墒情监测。从 2018 年 11 月开始，每月 10 日、25 日自动监测土壤墒情。在项目区和对照区地块分别取样测试，并进行对比。在作物关键生育时期或干旱影响严重季节增加监测次数。根据监测结果，依据作物需水规律及长势适时灌溉。

（3）土壤肥力监测。小麦播种前、收获后在项目区田地取样，取样深度为 0～20 厘米，检测项目包括有机质、全氮、有效磷、速效钾。根据检测结果和作物需肥规律实施科学配方施肥。

(4) 开展节水农业技术试验研究。在项目区开展水肥高效利用试验示范、锌肥试验示范、全程节水试验，研究在不同水肥管理条件下，喷灌水肥一体化对小麦生长发育及产量的影响，揭示喷灌水肥一体化在小麦上的使用效果，为喷灌水肥一体化技术在粮食作物上的大面积推广应用提供科学依据。

(5) 土壤墒情变化情况。在示范区设立土壤墒情监测点，从监测情况看，示范区较对照区土壤蓄水能力增强，地表蒸发量减少，土壤保墒效果好，抗旱效果显著。其中 0～20 厘米土层土壤含水量提高 1.62 个百分点，20～40 厘米土层土壤含水量提高 1.77 个百分点。

(6) 土壤容重变化情况。秸秆还田、加深耕层、增施有机肥等技术措施对 0～20 厘米、20～40 厘米土壤的容重有一定的降低作用。据对监测点土壤容重的监测可知，项目区 0～20 厘米、20～40 厘米土层土壤容重分别比对照区降低了 0.04 克/厘米^3、0.09 克/厘米^3。

(7) 需要注意的问题。①由于固定式喷灌在田间每隔 18 米留有一个排出水口，对田间整地造成一定影响，对农作物种植、机械化收获都存在不同程度的影响。②秸秆还田技术条件要求较高，必须严格执行操作规程，使用秸秆腐熟剂或增加氮肥用量，否则易对小麦造成危害。③加深耕层必须与施肥方法改进相结合，盲目加深耕层易造成小麦减产。

五、主要技术规范

根据汝州市土壤类型、气候条件和生产实际，在项目区冬小麦上示范推广以喷灌水肥一体化物联网技术为主，以测墒灌溉、机械深松耕、秸秆覆盖、增施有机肥、抗旱品种、农业物联网等技术为辅的物联网水肥一体化技术模式。①作物秸秆还田与机械深松耕技术相结合，提高土壤蓄水和保墒能力。②在开展土壤墒情监测和肥力监测的基础上，优化灌溉和施肥制度，通过应用喷灌施肥技术提高农田水肥利用效率。③通过物联网与水肥一体化技术相结合实现了农田灌溉与施肥的智能化管理，提高了水肥一体化技术含量。④通过采用耐旱品种和以水调肥技术促进项目区实现了生物节水。

1. 土壤墒情监测 在小麦全生育期开展土壤墒情监测，每月 10 日、25 日取样测定（如遇一般降雨，则在雨后 3 天取样；如遇大雨，则在雨后 5 天取样）。取样深度为 0～20 厘米、20～40 厘米，取样地点在项目区小麦田，在对照区地块取样做对比。遇到重大自然灾害或关键生育时期增加监测次数，通过开展墒情监测为项目区实施科学灌溉提供技术支撑。

2. 喷灌与施肥一体化 在土壤墒情监测和养分检测的基础上，根据小麦不同生育时期需水、需肥规律以及示范区土壤肥力状况、产量水平，结合水肥一体化技术节水节肥的特点，制定合理的灌溉与施肥制度。示范区苗期、拔节期和孕穗期土壤相对含水量≤70％时进行灌溉，每次灌水量为 17 米³/亩；灌浆期土壤相对含水量≤65％时进行灌溉，每次灌水量为 17 米³/亩。示范区施肥总量较对照区施肥总量减少 20％～30％，适当调整基追肥比例，追肥借助灌溉系统随水施用。

3. 灌溉施肥系统组装 示范区田间灌溉施肥系统包括水源、首部设备、输配水管网、灌水器四部分。水源采用水池水、井水；首部枢纽包括灌溉泵站、过滤器、施肥罐及测量装置，根据水源条件选择适宜的水泵；过滤器是灌溉水中物理杂质的处理设备与设施，示范区选用筛网过滤器加叠片过滤器；根据水源条件建造施肥罐，通过注肥泵将肥液注入灌溉管道系统；测量装置包括压力表和流量计，实时监测管道中的工作压力和流量，保证系统正常运行。示范区输配水管网包括干、支二级管道：干管采用聚氯乙烯（PVC）硬管，管径为 110 毫米，管壁厚 2.0 毫米，承压 1.0 兆帕，采用地埋方式；支管采用聚乙烯（PVC）硬管，管径为 75 毫米，管壁厚 1.8 毫米，承压 0.8 兆帕；固定式喷灌和伸缩式喷灌干管和支管采用地埋式，支管间距分别为 18 米、16 米；喷头与支管同向设置，间距为 18 米、16 米。

4. 机械深松耕技术 秸秆粉碎还田后，项目区统一采用深耕深松机进行整地，耕层由原来的 15～18 厘米加深到 20～23 厘米，然后适当耙糖镇压，做到上虚下实，既利于播种，又减少土壤水分蒸发，同时还能提高耕层蓄水能力。

5. 大豆秸秆覆盖技术 项目区大豆成熟后，先机械或人工收获，然后采用大型大豆秸秆粉碎机统一粉碎，秸秆碎度在 10 厘米以下。秸秆粉碎后在田间撒匀，秸秆覆盖可有效减少土壤表面水分蒸发，保持土壤水分。

6. 增施有机肥技术 采取优惠政策，鼓励项目区农民增施有机肥。一般每亩施用商品有机肥 80 千克，撒于已粉碎的秸秆上。①可以代替增施氮肥，直接调节碳氮比。②可以有效改善土壤理化性状，破除土壤板结层，达到抗旱保墒的目的。③增加土壤有机质含量，促进作物生长发育，提升产品品质。④能够减少土壤表层蒸发，提高耕层保墒能力。

7. 应用耐旱品种 在项目区统一选用耐旱小麦品种进行推广，减少耕层水分消耗。

8. 以水调肥技术 在小麦上增施钾肥，不仅可以提高产量、改善品质，还能增强小麦的抗旱能力。因此，在项目区实施测土配方施肥，适当调节氮肥、磷肥、钾肥施用比例，既可以防止作物旺长、减少水分消耗，又可以增强小麦的抗旱能力，提高水分利用率。在小麦生长后期叶面喷施磷酸二氢钾，预防倒伏和干热风，促进小麦灌浆期生长，增加粒重。

六、技术创新及发展前景

项目实施过程中，在开展试验研究的基础上，结合当地实际，选择适合当地的成熟单项技术进行集成配套，并大面积示范、推广，以期尽快形成规模。

在汝州市小麦项目区，选择近年来推广效益较好的、受当地群众欢迎的喷灌节水技术，配套测墒灌溉、机械深松耕、秸秆覆盖、增施有机肥、抗旱品种、农业物联网等技术，集成创新了小麦喷灌水肥一体化物联网技术模式。

通过水肥一体化技术的应用，提高了项目区农田水肥资源利用效率，提高了小麦产量，减少了面源污染，改善了农业生态环境，经济、社会和生态效益显著。周边乡村纷纷表示将进一步扩大应用面积，有效推动了汝州市水肥一体化技术的应用，对农业增效、农民增收起到了积极作用，应用前景广阔。

第四节　山东省济南市莱芜区水肥一体化技术示范

水肥一体化是一项利国利民的技术，是资源节约、环境友好现代农业的"一号技术"，是政府倡导减肥增效的主要抓手，是当前最受农民欢迎的技术。山东省济南市莱芜区有水肥一体化设备厂家100多家，生产技术力量雄厚，年产量约占全国的1/3。多年来，莱芜区利用政策优势，发挥当地资源优势，形成了产业振兴优势，打造了乡村振兴亮点。

一、莱芜区水肥一体化现状

（一）水肥一体化设备研发情况

莱芜区水肥一体化设备实现了从引进到研发、从低端到高端、从只灌水到水肥一体智能化控制、从摸索探讨到精准化集约化发展，在优化设计方法，产品研发与标准化，智能水肥一体化系统，施肥设备的多功能、低能耗及精准化，水肥一体化系统的信息化与智能化方面均有建树，切实提高了水肥利用率。灌水设备主要包括：主管、支管和滴灌带（喷灌或渗灌管）三级管网方式；文丘里施肥器、压差施肥罐、比例施肥器、智能反冲洗过滤水肥一体机；手动阀门分片操作、手机半自动控制、智能全自动化控制；叠片式过滤器、离心过滤器、砂石过滤器。这些灌水设备和施肥设备已全部实现本地化生产，肥水控制更精准，节省人工优势更加突出。目前莱芜区水肥一体化技术水平已提高到中级阶段，在诸多技术领域已达到或接近国际领先水平，如在大型温室装备及部分微观设备的自动化控制方面已处于国际领先水平，在微灌工程设计、技术规范等方面也接近国际领先水平。但莱芜区在水肥一体化技术的诸多方面还有待提高，如部分微灌产品的质量与国际领先水平差距较大、微灌面积占比较低、水肥一体化技术系统的管理方面尚存在不足及滴灌技术培训的投入与支持力度不足等。因此，推动水肥一体化技术的长足发展仍需要多方面的共同努力。

（二）水肥一体化技术推广现状

莱芜区水肥一体化推广起步早，源于莱芜区节水企业众多，距今约有 40 年的生产历史。2016 年山东省水肥一体化现场观摩在莱芜区召开，省领导多次到莱芜区调研督导，促进了莱芜区水肥一体化工作的推进。水肥一体化因节水节肥省工而受到农业新型经营主体的青睐。2017 年补贴推广 0.22 万亩，每个实施主体均在 200 亩以上。2018 年发展到 1.8 万亩，每个实施主体均在 100 亩以上。2019 年新发展 1.3 万亩，2020 年新发展 1.2 万亩，主体面积均在 50 亩以上。在项目实施过程中，针对重点作物、重点产业进行了政策扶持，主要集中在蔬菜、林果等经济作物上，主要技术模式是喷灌和滴灌，现累计补贴推广面积 4.3 万亩，服务对象主要是家庭农场、农民专业合作社和涉农公司。现水肥一体化技术已涵盖除凤城之外的所有镇（街道），成为最热门的农业技术。同时在水源缺乏地区，由于无法安装灌水和施肥设备，推广了施肥枪和液体肥加肥站，借助液体肥、喷雾器、施肥枪，弥补了这一缺陷，也实现了水肥一体化。莱芜区推广水肥一体化面积总计 6.5 万亩，建立液体肥加肥站 16 个。

水肥一体化技术在莱芜区的推广实现了 3 个满意：①政府满意。水肥一体化已成为减肥增效的主要抓手，减肥增效有了理论依据和技术支撑。②实施主体满意。水肥一体化节约人工 90% 以上，节水 60% 以上，节肥 40% 以上，不但解决了山地浇水难问题，大幅度增加了农民收入，而且节约了用工，解决了规模经营用工荒问题。③节水企业满意，莱芜区有节水企业 100 多家，扩大了内需，增加了技术研发力量，促进了水肥一体化技术的进步。

二、莱芜区水肥一体化的主要做法

（一）建立机制

创新推广机制，将水肥一体化技术推广和为新型农业经营主体服务有机结合。通过政策引导，优先选择在家庭农场、专业合作社、涉农公司等新型经营主体的规模化种植区推广水肥一体化技术。这些新型经营主体规模大、带动性强、影响力大、互动性强，通过水肥一体化技术推广，成功为他们解决了规模化生产成本中占 50% 的人工成本难题，极大地提高了人们实施水肥一体化技术的积极性，加快了水肥一体化的推广步伐。

（二）典型带动

榜样的力量是无穷的。在实施过程中，在区政府的正确领导下，各级各部门通力合作、优势互补，实现了农技农艺农械结合，树立了五福、明利、鑫隆、盛之牧等典型样板。水肥一体化技术对农民来说，新颖、实际、看得见、摸得着、示范效果直观、带动作用明显，使农民更愿意接受，在山区应用水肥一体化的效果更加显著，比对照增产 60%以上，避免了干旱减产，达到了省工、节水、减肥、增效的目的。

（三）培训交流

①积极参加培训。积极参加上级业务部门组织的水肥一体化培训，接受新的知识、新的政策。②加强与节水企业交流。目前莱芜区水肥一体化设备生产厂家有 100 多个，年产值为 20 多亿元，利税为 2 000 多万元。莱芜区节水企业多，在全国知名度高，产业链配套完整，品种规格齐全，产品销售面广。多与企业交流，可以及时了解企业节水灌溉器材、自动化控制、智慧农业、节水设备、工程设计施工等的最新动态，为推广取得第一手资料。③组织推广培训。在各农时，通过现场观摩、宣传培训、发放技术资料、技术咨询的形式，有针对性地对相关人员进行培训，保证了实施效果。

三、莱芜区水肥一体化技术应用效果

莱芜区实施水肥一体化技术，实现了 4 个转变：由大水漫灌转变为节水灌溉，由浇地转变为浇作物，由单一浇水转变为浇营养液，由传统施肥转变为水肥一体同施。其效果主要体现在以下 8 个方面：

1. 节水　水肥一体化技术可减少水分的下渗和蒸发，提高水分利用率。在露天条件下，滴灌施肥与传统灌溉相比，节水率达 50%左右。膜下滴灌亩节水 100～150 米^3，与大水漫灌相比，节水率在 70%左右。

2. 节肥　水肥一体化技术实现了平衡施肥和集中施肥，减少了肥料挥发和流失，减少了养分过剩造成的损失，具有施肥简便、供肥及时、易被作物吸收、提高肥料利用率等优点。比传统施肥节省化肥 20%～40%。

3. 节药　在温室大棚内应用滴灌技术，导致空气湿度的降低，在很大程度上抑制了作物病害的发生，减少了农药的投入，滴灌施肥每亩农药用量减少 15%～30%。

4. 省工　水肥一体化减少了中耕、追肥和防治病虫害等劳力投入，一般每亩每季节省劳力 4～6 个。设施栽培节省防治病虫害和中耕等投工 15～20 个。

5. 改善生态环境　采用水肥一体化技术：①地温比常规灌溉施肥技术提高，增强了土壤微生物活性，促进了作物对养分的吸收。②减轻了因灌溉造成的土壤板结和团粒破坏程度，使土壤容重降低、孔隙度增加，改善了土壤物理性质。③减少了水分下渗引起的土壤养分淋失和地下水的污染。④改善了田间小气候，增加了空气湿度，更有利于茶叶、生姜等喜湿露地作物生长发育。

6. 提高土地利用率　水肥一体化从水源到地头，不用修渠、打埝，提高土地利用率 5%～7%。

7. 增加产量，改善品质　水肥一体化技术可促进作物产量的提高和产品质量的改善，一般使作物增产 10%～30%。同时，使产品质量得到不同程度的改善。

8. 提高经济效益　水肥一体化技术经济效益包括增产、改善品质和节省投入的效益。

第五节　山东省蒙阴县水肥一体化技术示范

山东省临沂市蒙阴县作为全国"绿水青山就是金山银山"实践创新基地，始终坚持以绿色发展、产业振兴、生态富农、质量兴农为导向，通过机制创新、技术创新高标准开展水肥一体化技术推广工作，促进了耕地地力提升、优化了农业生态环境、改善了农业生产条件、提升了农产品品质，助力乡村振兴、生态富农、产业兴旺，做出了有益探索和成功实践。

一、蒙阴县水肥一体化发展现状

蒙阴县因地处蒙山之阴而得名，全县总面积 1 605 千米^2，属于泰沂山脉，境内有大小山峰 520 多座、河流 178 条、水库 103 座，蒙山是山东省第二高山，云蒙湖是山东省第二大水库。全县果园面积 105 万亩，其中蜜桃 71 万亩、苹果 6 万亩、板栗 25 万亩、其他杂果 3 万亩，水资源相对匮乏。近年来，全县广泛开展化肥减量增效技术推广工作，全域推进水肥一体化技术应用，积极落实《关于加快推进全县节水农业和水肥一体化的意见》（蒙办字〔2017〕29号）要求，因地制宜，深挖潜力，积极探究，不断实践，提升优化水肥一体化技术，解决了困扰果农的水肥利用技术难题，改善了山地丘陵果园缺水现状，保障了优势产业的高质量发展。截至 2020 年底，全县累计建立水肥一体化技术标准示范区 2.8 万亩，辐射带动 30 万亩，全县水肥一体化技术覆盖率达到96%，技术服务及时，示范平台规范，示范效益显著，整体趋势向好，发展前景广阔。

二、取得的成绩

（一）降低了化肥施用量

通过水肥一体化技术推广应用，大幅降低了化肥的施用量，提高了肥料的利用率，节约了水资源，有效减轻了农业面源污染。目前，综合配套水肥一体化等实用生产新技术、新模式已经成为当地群众的自觉行动，为美丽乡村建设发挥了积极的作用。通过水肥一体化技术的推广应用，每亩化肥施用量减少

10 千克以上，化肥总用量较实施前减少 15％以上。由于水肥一体化技术的积极推广和高效应用，全县化肥施用量每年可减少 1 000 吨，2020 年度比 2016 年度下降了 6％。

（二）促进了果业产业节本增效

通过水肥一体化技术推广应用，实施水肥同步、精准施肥，使果园生态环境得到显著改善、土壤有机质显著提高，每亩化肥施用量降低 20％，产量提高 25％，质量指标提高 20％，比大水漫灌节水 80％、节约人工 90％。每亩果园肥料、用水、用工的投入减少生产成本 400 元，每亩蜜桃增产 300 千克，每亩苹果增产 400 千克。

（三）提升了果园生产条件

始终坚持"高标准、高起点"，通过水肥一体化技术推广应用，不断提升优化果园标准化生产条件，达到"园区配套智能化，规模建设标准化，水肥同步精准化"的目的，逐步打造了一批高质量的水肥一体化技术集成示范平台，建立了一批标准化示范基地：蒙阴街道红地农业示范园、蒙阴县垛庄镇聚利果品示范园、垛庄镇金葵农业示范园、野店镇新大地示范园、高都镇风伟果品示范园等，引领带动了全县水肥一体化技术的示范推广。

（四）提高了农产品质量

通过水肥一体化技术的科学配比、精准施肥、水肥同步，使果品优果率提高了 5％以上，其中蜜桃糖度提高了 12％、苹果糖度提高了 15％。丰富了蒙阴苹果、蒙阴蜜桃提质增效的有效途径，提高了果品的地域品牌知名度和市场综合竞争力。水肥一体化技术成熟应用 3 年以上的垛庄镇聚利果品示范园、金葵农业示范园和野店镇新大地示范园区的蜜桃、苹果已进入北京、上海、广州等地，成为首批"长三角"农产品定点直供基地。

三、经验做法

（一）创新推广服务机制

坚持"全天候、全时制、全覆盖"的推广路子，在全县范围内构建了"网格式"水肥一体化技术服务体系。目前已经形成了以县局-乡镇-村居-合作社-家庭农场-基地园区为主，以专业服务合作社为辅，以科研院校团队为专业技术支撑的技术推广格局，开展水肥一体化技术推广精准服务。已有中国农业大学、中国农业科学院、山东农业大学、山东省农业科学院、山东省水利科学研究院、山东省水利灌溉试验站、山东合泰检测有限公司等专业团队在蒙阴县组织专家开展一系列水肥一体化技术服务。先后组织水肥一体化技术专题的专家座谈会 6 期、项目论证会 4 期。将水肥一体化技术推广工作纳入乡镇年度考核，以管理促进服务。

（二）夯实技术服务根基

为实现水肥一体化技术推广"最后一公里"的高质量衔接，解决村级人员匮乏、技术落后、服务不及时等问题，自 2017 年以来，面向乡镇、村，瞄准果农生产需求，先后举办水肥一体化专业技术培训 60 余期，培训村级技术人员 2 000 人次，其中农民高级讲师 6 人、中级讲师 26 人、从事水肥一体化专业安装的技术服务队伍 21 支（200 余人）。

（三）提升精准服务内容

瞄准群众不断发展的实际需求，持续提升精准服务的质量，先后开展水肥一体化条件下节肥、节水增效试验 12 次，设置试验示范园区 16 处，申请节水节肥专利 2 项，发表专业论文 2 篇，形成了可复制可推广的实用技术 2 项。围绕水肥一体化推广的实际需求，在全县范围内优化调整、合理配置自动墒情监测仪 12 台套、小型气象站 4 台，目前全县墒情监测已实现"联网全覆盖、数据全天候"。自 2017 年以来，积极开发节水节肥新技术、新模式，引导组织果农自建小型集雨设施。2020 年利用农业农村部旱作节水项目，经过考察论证成功实践新型软体集雨池，合理规划、科学定位，在蒙阴县苹果优势核心产区野店镇毛坪村、石泉村、新盛村、北晏子村、南晏子村丘陵果园新建软体集雨池 17 处，同步配套水肥一体化设备，集"抗旱保墒，集雨补灌"功能于一体。新型集雨池因材料新、施工快、无粉尘、无噪声、抗风化、耐腐蚀、强阻燃、维护方便等优点已成为蒙阴县丘陵果园节水抗旱的首选。

（四）培育壮大示范基地

水肥一体化技术推广始终坚持"示范引领、培育扶持、以大带小、以高带低"的工作思路，以党支部领办合作社为总抓手，优选自然基础条件好、自筹资金能力强、有凝聚力、科技意识高的实施主体，集中资金、人员、技术等各方面的优势，高点定位，整合力量，集中打造，提高了资金的利用效率。截至 2020 年底，全县已发展 500 亩水肥一体化标准示范园区 6 个、千亩水肥一体化标准示范园区 6 个、2 万亩集中连片的水肥一体化示范园区 1 个。其中蒙阴街道红地农业示范园、蒙阴县垛庄镇聚利果品示范园、垛庄镇金葵农业示范园、野店镇新大地示范园、高都镇风伟果品示范园、野店镇南晏子蚂蚁合作社园区、野店镇毛平水连家庭农场园区因配套齐全、技术前沿、果品品质优良、效益显著的突出优势，已成为周边地区水肥一体化精品示范园区，成为引领产业振兴的模板。蒙阴县先后承担市、县观摩培训 12 次，成为示范水肥一体化新技术、展示水肥一体化综合效益的窗口、平台。

（五）托管技术服务平台

充分利用了社会中介专业水肥一体化技术服务组织，倡导基地、果农、合作社等实施主体针对技术不足的问题开展托管服务。依托蒙阴县江河农资服务队、金丰公社、中化水肥一体化服务队、新超水肥一体化服务队、县供销社农资服务队、蚂蚁果品合作社、宏利合作社等条件成熟的专业服务队，利用他们技术、车辆、人员的优势条件，不断挖掘水肥一体化及时跟踪服务的能力，组织开展季节性、区域性专业服务，解决了体制内技术服务不足的问题。

（六）规范项目建设质量

严格项目实施流程，公开项目遴选标准，公示项目实施条件，公正论证考察，严格资金管理，科学统筹规划，高标准完成绩效考核。先后完成水肥一体化工程示范项目 2 项、旱作节水农业技术推广项目 1 项。通过项目建设带动，建设水肥一体化精品示范园区 6 处，建设精品水肥一体化技术示范园区 6 000余亩。截至 2020 年底，全县水肥一体化投资累计超过 1 000 万元，对服务乡村振兴、培育扶持壮大农业产业基地、落实"四减四增"工作、助推产业振兴发挥了显著的作用。

第六节　山东省寿光市水肥一体化技术示范

寿光市位于潍坊市西北部，北临莱州湾。南北长 60 千米，东西宽约 48 千米，总面积为 2 072 千米^2。耕地面积为 154 万亩，年降水量为 590 毫米，人均水资源占有量为 228 米^3，不足全省人均占有量的 2/3，属我国北方严重缺水地区。全市蔬菜种植面积 60 多万亩，蔬菜生产过程中部分菜农在肥水管理上仍沿用大肥大水灌溉的方法，不仅造成水资源和肥料的浪费，还导致蔬菜产品质量的下降，使土壤和地下水受到污染，直接危及农产品质量安全。水肥一体化是将灌溉与施肥融为一体的农业新技术，是农业绿色发展的重要措施之一。寿光市委市政府高度重视水肥一体化工作，从 2007 年开始重点在设施蔬菜上宣传推广，随着成本的降低，近几年又扩展到胡萝卜等露天蔬菜及粮食作物上，水肥一体化技术应用面积迅速增加，节水节肥成效显著。截至目前，寿光市已累计推广水肥一体化技术 21.8 万亩，经济、社会及生态效益显著。

一、强化组织领导，明确目标任务

为了加大水肥一体化技术推广力度，成立了由分管农业的副市长任组长，农业农村局、财政局、各镇（街道）政府主要负责人为成员的领导小组，领导小组下设办公室，办公室设在农业农村局，农业农村局局长兼任办公室主任，具体领导全市水肥一体化技术推广工作。同时，依托农业技术专家成立了技术指导小组，主要负责全市水肥一体化技术推广、宣传和培训工作，为该项技术的推广提供了技术支撑。为加快水肥一体化的推广进程，2017 年市政府专门下发了《关于进一步加强水肥一体化推广工作的通知》，落实了推广面积，明确了目标责任。2019 年市政府又下发了《关于进一步提升蔬菜品质的实施意见》，将推广水肥一体化技术作为蔬菜品质提升的重要措施进行强调。

二、强化宣传培训，提高认识水平

水肥一体化是一项新技术，在基层农技人员和农民中存在认识程度低和有推广技术瓶颈的问题，因此，充分利用传统和现代宣传培训手段，强化水肥一体化的宣传培训。①强化技术培训。邀请中国农业大学和青岛农业大学的专家及省、市土肥专家对现有的技术队伍、基层农技人员和农民进行了专门培训。同时，每年都会召开两次以上的水肥一体化技术现场会，并结合全市蔬菜标准化培训工作举办各类技术培训班 15 期以上，培训农民技术员 500 余人次。还组织专家和技术人员到村到户，面对面地进行现场技术指导，及时解决技术推广中出现的问题。提高了农民对水肥一体化技术的认识，解决了技术推广中遇到的难题。②强化技术宣传。通过广播、电视、设立标志牌、悬挂条幅、印发明白纸和宣传彩页及现场参观等形式广泛宣传节水、节肥的重要意义。据统计，每年都制作水肥一体化技术宣传片，印发水肥一体化技术推广宣传彩页 2 000 余份、明白纸 10 000 余份。通过宣传培训提高了基层技术人员和农民的节水、节肥意识，营造了社会广泛关注、共同支持水肥一体化技术推广的良好氛围。

三、搞好试验示范，提供技术支持

为探索水肥一体化技术参数、为推广水肥一体化技术提供技术保障，自2007 年开始，在省市业务部门的指导下，联合中国农业大学和青岛农业大学的专家每年都针对寿光市设施蔬菜现状安排大量的试验，共在 7 个镇（街道）的 52 个村建立了试验示范点，先后开展了"规模化设施蔬菜水肥一体化技术研究""规模化设施蔬菜土壤退化与修复技术研究"等 11 个课题的研究，先后荣获山东省科技进步奖和潍坊市科技进步奖。通过这些试验示范，基本摸清了寿光市不同水肥一体化技术模式的技术参数，为该技术的推广提供了科学依据。

四、强化示范建设，发挥引领作用

为大力推广水肥一体化技术，截至 2016 年，寿光市按照蔬菜区域生产布局，按照高标准、高成效、可复制、可推广的要求，在蔬菜主产区建设了面积在 500 亩以上的水肥一体化高、中档示范区 12 处。其中，在寿光市蔬菜产业集团现代农业示范区水肥一体示范点建设了 20 000 米^2 的智能全自动水肥一体化设施、温室专用环境监测控制系统，欣欣基地引进全套全自动以色列设备进行示范推广，这些措施对智慧农业的发展起到了很好的示范引领作用。2017年在稻田镇和纪台镇的设施蔬菜上又设立两处水肥一体化技术推广示范点，筛选了7家水肥一体化生产和经销企业的滴灌设备进行了安装示范，示范区全面展示了不同种植模式、不同水肥一体化模式，便于农民因地制宜、合理选用水肥一体化技术及装备。同时在示范区树立了大型宣传标示牌，详细介绍了水肥一体化应用技术模式，进一步增强了示范、带动作用。2018年以来，在寿光农发集团蔬菜生产示范区、寿光农业高新技术集成示范区、寿光市盛田果蔬专业合作社建立了设施蔬菜水肥一体化示范区1 600多亩，在营里镇9个粮食专业合作社和家庭农场建立了粮田水肥一体化示范区6 900多亩，对周边地区水肥一体化技术的推广起到了辐射带动作用。

五、多方筹集资金，加大支持力度

水肥一体化是一项先进技术，但前期投资较大，农民认识程度不高，推广进程较慢。为加快技术推广，多方筹集资金，购置节水节肥设备，免费为示范棚安装，通过以点带面，引导农民使用水肥一体化技术。几年来通过争取上级项目资金、本级财政资金和企业投入，筹集资金近千万元，以设备和补贴等形式鼓励支持水肥一体化技术的推广。借助农业农村部设施蔬菜水肥一体化高效节水技术示范推广项目，投资160万元，在寿光大西环蔬菜产业集团现代农业示范园建设了2万米^{2}的智能全自动水肥一体化设施；结合耕地地力提升项目投入资金160万元，按照补贴50%的标准示范推广以色列水肥一体化技术600余亩；在寿光中兴蔬菜生产基地、春晓农业公司蔬菜基地、神农现代农业基地、亿嘉农化蔬菜基地、寿光市睿农蔬菜生产基地、寿光市孙家集街道等示范推广水肥一体化设施3 000余亩。2018年，借助上级水肥一体化工程示范项目资金200万元，在设施蔬菜和粮食作物上推广水肥一体化面积7 200余亩；2019年，根据寿光市政府办公室关于进一步提升蔬菜品质的实施意见，市财政投入400万元，在设施蔬菜上推广水肥一体化面积1 300余亩。

六、因地制宜，推广适宜技术模式

根据寿光市蔬菜和粮食生产实际，在蔬菜上推广了喷灌带和滴灌施肥两种节水节肥技术模式，在粮食上推广了以滴灌施肥为主的模式。

（一）喷灌带技术

目前，寿光市主要推广蔬菜大棚喷灌带技术，该技术具有投资少（一般每亩成本为700元，设备可连续使用6年左右），安装、操作简单，对水源和肥料要求不高、不易堵塞管道、较易被农民接受等优点。

（二）滴灌技术

相对于微喷模式，滴灌模式投资较大，对水源（需安装变频泵）和肥料（必须是水溶性肥料）要求严格，但该技术自动化程度高、节水节肥效果更好。

通过推广水肥一体化技术，寿光市水肥资源利用率得到了进一步提高，经济效益、环境效益明显。①提高了水肥利用率，一般节水 30%～60%，节肥 30%～50%。②增产增收，设施蔬菜平均亩增产 460 千克左右，增产率达 10%～20%。③水、肥供应及时，农事操作简便。大水漫灌一般 2～3 天不能下地操作，而水肥一体化则可以浇水、施肥和管理同时进行。④每季节省施肥用药劳力 10～15 个。⑤降低棚内湿度，减轻病虫害，减少农药使用量 15%～30%。⑥冬季能提高棚温和地温，促进农作物根系生长。⑦节省渠道占地。⑧蔬菜生长一致，产品品质好、商品率高。⑨减少了土壤养分淋失，减轻了地下水污染。

第七节　山东省烟台市福山区水肥一体化技术示范

水肥一体化是近几年来迅速发展起来的一项将微灌与施肥结合在一起的现代先进农业技术，节水、节肥效果显著，生产成本大幅度降低，同时还能减少施肥对环境造成的污染、保护生态环境。山东省委省政府、市委市政府高度重视该项技术的推广普及与应用，把发展水肥一体化作为推进农业供给侧结构性改革、促进农业可持续发展、加快现代农业发展的重大举措，并将水肥一体化新增面积纳入对各级政府的科学发展观的考核。福山区委办公室、区政府办公室印发《关于加快发展节水农业和水肥一体化的实施方案》，在财政上给予大力支持，福山区农业农村局连续 3 年制定了《关于切实加强水肥一体化建设的实施意见》（2018—2020），并顺利完成各项任务。

福山区 2010 年起承接农业部农田节水示范建设任务，自 2014 年水源地保护工作开展以来，更加注重发展水肥一体化。截至目前，共建设水肥一体化面积 7 万余亩。

2017 年起省里试点先建后补新模式发展水肥一体化技术示范项目，福山区承担了 2 000 亩的试点建设任务。2018 年起全面采取"先建后补"模式，3 年间财政共投资 4 300 余万元建设水肥一体化面积 4.8 万亩。项目建设按照申报—建设—验收程序，验收合格后，予以公示，公示期满无异议下发补助资金。此模式获得农民群众的普遍认可与好评。

该模式的优点：①因地制宜，自由度较高。前几年大面积发展水肥一体化时，经测量设计，招投标程序已经将福山区大部分成方连片地区水肥一体化建设完毕。目前福山区实际主要种植模式还是一家一户的分散经营，偶有个别情况较好的村可以实现灌溉一统。该模式可以因地制宜，对于集中连片的，采用"一统二分"模式，把果园分成若干方，轮流灌水施肥，概括起来就是"大池统管，农户分用，果树轮灌，施肥自由"，保证分散农户的水肥一体化操作，有效解决了资源利用和安装费用的问题。对于作物不统一、地块零散的纯散户，也可以嫁接原有管路，配备施肥阀，农户可以自由控制利用水肥一体化管路。②企业参与，后续服务到位。2018 年经专业农资企业参与的建设，均享受农技人员免费到田间地头服务，服务内容：指导农事操作、果树修剪、用肥用药；指导行间种植鼠茅草，覆盖后省去除草，提高结果质量；微喷安装村示范园免费测土，根据土壤状况与作物长势做出专业测土配方施肥方案；大樱桃春天修剪与夏剪，传授小树丰产技术与老果园改造技术；与样板村共建"农业村级服务站"，专业农技人员定期坐诊服务；高品质大樱桃高价回收。③各司其职，有效运行。项目主管部门提出严格建设管理要求，企业高标准建设并提供优质后续服务，农户享有长期质保和免费服务，建成农户受益、环境友好的多赢局面。

2019 年 3 月，为掌握全区水肥一体化技术推广应用情况，总结水肥一体化技术推广成效、存在问题和好的经验措施等，福山区农业农村局开展了为期一个月的水肥一体化技术推广应用情况调查。经调查，各镇（街道）对水肥一体化先建后补新模式的认可度极高，有强烈的意愿继续扩大水肥一体化面积。经统计，2019 年各镇（街道）水肥一体化意向发展面积 22 830 亩，其中福新办 1 700 亩、东厅办 2 500 亩、高疃镇 3 850 亩、张格庄镇 1 800 亩、门楼镇 5 130 亩、回里镇 7 850 亩。补助资金参照烟台市农业农村局、烟台市财政局联合行文《关于印发烟台市 2017 年水肥一体化技术示范项目实施方案的通知》（烟农〔2017〕52 号）中验收合格的基地每亩补助 900 元的标准予以补助，约需资金 2 055 万元。

第八节　辽宁省建平县水肥一体化技术示范

建平县位于辽宁省西部，是国家商品粮生产基地县，素有"中国杂粮之乡"的美誉。长期以来，针对十年九旱的气候特性，建平县在全县大力发展玉米水肥一体化技术。全县玉米播种面积 140 万亩，水浇地及膜下滴灌面积 80 万亩，水肥一体化技术面积 60 万亩。建平县长期探索滴灌条件下的玉米施肥模型，取得了一定的成果，为稳定粮食生产作出了贡献。

一、保水保肥的高肥力褐土区

保水保肥高肥力的土壤，采用一次性施肥技术，选择优质的缓释长效肥料，控制灌溉水量，使肥料的释放与作物需肥同步，并且不产生重力水，使肥水协调，促进作物的生长和产量的形成。

1. 施肥　施在种子附近或随种子施下的肥料选用磷酸二铵，用量为 10～15 千克/亩；长效肥选用 48％ 或 50％ 的长效缓释复合肥料，N 在 26％～28％、P_2O_5 在 8％～12％、K_2O 在 8％～10％，用量为 40～50 千克/亩，一次性施肥，不追肥。

2. 灌溉　滴水量的多少与作物的需水规律和根系的深度有关，一般播种期滴水量为 10.0 米³/亩、苗期滴水量为 12.5 米³/亩、拔节期滴水量为 15.0 米³/亩、抽雄期滴水量为 18.0 米³/亩、成熟期滴水量为 20.0 米³/亩。

二、保水保肥能力一般的中低肥力褐土区

保水保肥能力一般的中低肥力土壤，即使是施用长效肥料，肥料在土壤里保存的时间也较短，肥料利用率也偏低，满足不了作物的高产需求，作物生长旺盛时期表现为"脱肥"，因此适合开展水肥一体化技术的应用。磷钾肥溶解度小、在土壤中移动缓慢，因此可以在底肥中全部施入。

1. 施肥　全部磷钾肥、30％ 的氮肥作底肥，70％ 的氮肥作追肥在玉米拔节期、大喇叭口期分两次水肥一体化施入。具体用量为：底肥施用磷酸二氢铵 15～20 千克/亩、氯化钾 10～15 千克/亩，拔节期、大喇叭口期水肥一体化施入速溶尿素 10.0～12.5 千克/亩。

2. 灌溉　一般播种期滴水量为 8 米³/亩、苗期滴水量为 10 米³/亩、拔节期滴水量为 12.5 米³/亩、抽雄期滴水量为 18 米³/亩、成熟期滴水量为 18 米³/亩。

三、注意事项

（1）追肥时期为玉米的拔节期、大喇叭口期。

（2）肥料加入量不得超过施肥罐体积的 60％。

（3）滴灌开始的半小时和最后半小时不得加入肥料，以洗清管路。

（4）肥料必须是速溶于水的。

（5）肥料浓度最好不要超过 0.1％。

第九节　辽宁省喀左县水肥一体化技术示范

喀左县是全国蔬菜大县、国家级蔬菜出口安全生产示范区，番茄为喀左县主栽作物，全县基本实现了水肥一体化管理，为北方城市供菜基地和出口基地的产品质量提升提供了坚实保障。

一、品种选择

选择抗逆性强、抗病、耐低温、耐贮运、植株长势强的无限生长型品种。选择工厂化幼苗。番茄幼苗生理苗龄达到4～5片真叶，日历苗龄25～30天时即可定植。亩定植2 000～2 200株。

二、整地及定植

一般在6—8月休闲季节采用石灰氮进行土壤消毒。7月定植。定植前亩基施优质农家肥5～8米³或商品（含生物）有机肥400～800千克，同时基施36％（18-6-12）碳基复合肥或相近配方的蔬菜专用肥35～45千克、硼肥1千克、锌肥1千克。将有机肥和无机肥混合拌匀，均匀撒施，然后旋耕起垄，单垄定植，垄距1米，株距33厘米。亩保苗2 000～2 200株。定植时可结合水肥一体化浇定植水，定植水中可适量加入促根的肥料，如氨基酸特效生根壮苗剂，以利促根。定植5～7天后灌缓苗水，如果棚内高温干旱，可浇大沟。

三、水肥一体化

采用膜下微喷灌水肥一体化技术模式，该模式是利用铺在地表的塑料薄膜下的微灌带使水分均匀分布在根系土层内，不产生大量积水乱流现象，这种方式不仅减少了水分的浪费，还减少了水分的蒸发。

1. 部件组成　系统包括供水设备、输水管、微喷带、专用接头、吸肥器、过滤、三通、堵头等部件。

2. 安装要点

（1）安装前准备。首先施足底肥，防止后期脱肥；然后平整土地，将铺设微灌带和输水管的畦面或地面整平，避免凹凹不平给软管输水带来困难。

（2）安装主管。在水源与输水管的接口处安装过滤网防止杂质进入水中，然后铺设输水管并在前部与吸肥器连接，做到水肥并施，顺畦延伸至前屋面底端，由于棚室中水源一般在中部，所以利用三通变相沿底端贯穿整个棚室。

（3）布置微喷带。在畦面（或垄间）铺设微灌带，将其尾端封住，使微孔向上。根据微灌带的位置用剪刀剪出相应的安装孔。

（4）安装接头。将与安装孔数量相等的内接头从输水管两端塞入管内，依次移至各孔处挤出。套上胶垫，拧紧外接头。

（5）连接微灌带。将微灌带放在接头尾部的套圈内，用力套在接头上。整理水管，再覆上地膜，并将输水管尾部封死，另一头与水源连接即可使用。

3. 施肥灌水　缓苗后到坐果前，保持见干见湿，并适当中耕，坐果后保持水分的均匀供应。番茄是喜钾喜钙的作物，对肥水的需求一般随着植株的生长而逐渐增加。以钾肥为主，并根据秧苗长势适当配施氮磷肥。第一次追肥灌水在第一穗果长到鸡蛋黄大小时进行，一般每亩施用平衡肥 7.5～10.0 千克，每层果膨果时都要追一次高钾肥。在叶面追肥方面，苗期每 7～10 天在叶面喷施一次。开花期喷施磷酸二氢钾，缺硼和钙的棚室适当喷施硼、钙 2～3 次。结果期可喷施含钾的叶面肥。坐果后要及时补钙，每次亩冲施 5 千克钙肥，20 天一次，冲施 2～3 次。

第十节　甘肃省敦煌市棉花膜下滴灌水肥一体化技术示范

一、技术背景

敦煌市位于甘肃省河西走廊最西端，地处甘肃、青海、新疆交汇处，总面积 3.12 万千米²，其中绿洲面积 1 400 千米²，总人口 18 万人，农村人口 10 万人，辖 8 个农村乡镇、56 个行政村。常年播种面积 25 万亩左右。种植作物以葡萄、棉花、蜜瓜、温室蔬菜为主，兼种小麦、玉米等其他作物。农田灌溉基本上靠党河水和地下水，干旱缺水是本市的突出问题，也是制约经济社会发展的首要瓶颈。水资源短缺严重制约着农业生产的可持续发展。敦煌市年均降水量 42.8 毫米，蒸发量 2 397 毫米。党河是敦煌市农牧业灌溉的唯一河流，随着人口的发展，耕地草场扩大，灌溉面积日益增加，敦煌市农田灌溉面积由新中国成立初期的 13.35 万亩增加到现在的 37.82 亩，地表水用量增加。为了保证农作物的适时灌溉和解决城乡人畜饮水困难问题，从 20 世纪 70 年代中期到现在，敦煌市共新打机井 1 200 眼，每年开采地下水量达 4 123 万米³，其中农业补充灌溉提取地下水 2 375 万米³，城乡工业、人畜饮水提取地下水 1 748 万米³。地下水的大量开采使境内地下水的补给量每年仅为 26 277 万米³，而排水量高达 33 698 万米³，均衡差为 −7 421 万米³，地下水呈负均衡状态。据敦煌市水电局水资源办公室观测，1982—1992 年敦煌市平均每年地下水位下降 0.18～0.20 米，共下降 2 米，1991—2001 年又下降了 4.33 米。自 20 世纪 70 年代以来，敦煌市地下水位平均以每年 0.4 米的速度急剧下降，千古名泉月牙泉正面临着干涸的危险。

传统的灌溉方式导致灌溉水的有效利用率低，造成水资源的浪费。棉花是敦煌农业的传统作物，随着近年来农作物种植结构的不断调整，用水高峰期相对集中，轮期加长，不能适时灌水成为影响棉花生产可持续发展的重要因素。而实施棉花膜下滴灌水肥一体化技术不仅可以节水增产，还可以有效抑制地下水位的下降和耕作层土壤盐分的积累，是实现水资源可持续利用和农业可持续发展的一项革命性措施。

二、技术来源

多年来，为了逐步缓解水资源紧缺矛盾、提高水资源的利用率，推进农业增产和农民增收，在农业农村部、甘肃省农业农村厅、甘肃省耕地质量保护总站的项目资金和政策的支持下，敦煌市委市政府高度重视农田节水工作。2003年敦煌市从新疆天业（集团）有限公司首次引进棉花膜下滴灌技术，在敦煌市良种场进行试验示范，示范面积 300 亩，由市农牧局、市良种场、市农业技术推广中心、市农机局共同投资建设。该技术利用管道系统供水，使灌溉水呈滴状，缓慢均匀、定时定量地滋润作物根系，使作物的主要根系周围的土壤始终保持松散状态，重点示范推广膜下滴灌—膜双管节水栽培新技术，各项技术组装配套。项目总投资 18 万元，其中首部 3 万元、主管 3.3 万元、支管和副管1.29 万元、毛管 4.81 万元，亩均一次性投入 413 元，折旧后每年亩投资189.8 元。

三、技术评价与效益分析

（一）技术评价

1. 节水效果　棉花膜下滴灌是按照棉花生长发育的需求，将水通过滴灌系统及时向棉花根区有限的土壤空间供给，由过去的浇地变为现在的浇作物，从而可以避免深层渗漏和地表流失；同时在地膜覆盖条件下，土壤水分蒸发大大减少，因而节水效果显著。示范区全生育期滴水 10 次。每次亩用水量为$25\sim30$ 米^3。全年亩用水量为 322.25 米^3，较大田漫灌（年亩用水量为660 米^3）亩节水 337.75 米^3，节水 51.2%。

2. 节肥效果　根据棉花需肥特点，利用施肥装置将追肥随水施入，满足棉花生长所需养分条件，亩施肥料 20 千克，比漫灌亩减少 10 千克，节肥率为 33.3%。

3. 增产效果　田间调查表明，膜下滴灌棉田单株结铃 7.7 个，比漫灌多0.75 个，平均亩产籽棉 354.45 千克，比漫灌亩增产 41.2 千克，增产 13.2%。

4. 化控效果　棉花膜下滴灌节水系统将药剂和水控相结合，随水滴入助壮素化控 2 次，亩用量分别为 0.25 克和 1.00 克，并根据植株长势进行水控，全生育期比漫灌减少化控 2 次，降低了生产成本。

5. 生产成本　据调查，棉花膜下滴灌比漫灌亩减少成本开支 78.87 元。①水费：膜下滴灌亩耗电 100.59 千瓦·时，折合电费 65.38 元，比漫灌（亩水费 109 元）降低 43.62 元。②化肥：膜下滴灌棉田亩平均投入 122 元，比漫灌（亩投入 135 元）降低 13 元。③农药：膜下滴灌棉田亩均投入 6.75 元，比漫灌（亩投入 9 元）降低 2.25 元。④人工：膜下滴灌棉田实现了浇水、施肥、化控一体化，减少了劳动用工，比漫灌棉田亩节省劳动用工 20 元。

（二）效益分析

1. 增产增收　膜下滴灌棉田比漫灌棉田亩增产籽棉 41.2 千克，按每千克 6.3 元计算，亩增加经济收入 259.56 元。

2. 节约成本　膜下滴灌棉田比漫灌棉田亩节约成本 78.87 元。

3. 增收节支　膜下滴灌棉田比漫灌棉田亩增产增收 259.56 元，节约成本 78.87 元，增收节支合计 338.43 元，除去膜下滴灌系统当年的设备投入 189.80 元，膜下滴灌棉田比漫灌棉田亩增收 148.63 元。

示范结果表明，棉花膜下滴灌技术具有明显的节水、节肥、增产效果，经济效益显著，通过该技术的推广普及，有利于缓解敦煌市水资源短缺的矛盾，遏制土壤盐渍化，从而使农业生态环境向良性循环发展，产生良好的经济效益、社会效益和生态效益。

（三）示范推广

2003 年在敦煌市良种场示范 300 亩，当年籽棉亩产 352.4 千克，比常规漫灌亩增产 41.2 千克，增产 13.2%。

2004 年继续在敦煌市良种场示范种植 300 亩，同时在吕家堡雷家墩村示范 300 亩。当年示范区棉花亩产籽棉 370.2 千克，比常规棉田亩增产 41.4 千克，增产 13.5%。

2005 年敦煌市在转渠口乡转渠口村、黄渠乡常丰村、吕家堡雷家墩村、肃州镇板桥村、郭家堡大泉村、良种场开展了示范。示范面积达到 1 650 亩。当年核心示范区转渠口乡转渠口村六组、黄渠乡常丰村五组 400 亩膜下滴灌棉田平均亩产籽棉 366.1 千克，比常规灌溉亩增产 12.1%。

2006 年全市推广棉花膜下滴灌节水技术近 98 个点共 2 万亩。根据敦煌市农业技术推广中心对 8 个植棉乡镇滴灌示范点的初步调查，滴灌棉田棉花平均株高为 76 厘米，比常规灌溉棉田棉花降低 4 厘米；第一果枝高度平均为 20.4 厘米，降低了 3.2 厘米；果枝层数平均为 8.4 层，增加了 0.1 层；单株结铃平均为 7.1 个，增加了 0.9 个，亩结铃数增加 11 520 个；鲜铃重平均为 24 克，增加了 1.5 克。从以上调查结果可以看出，滴灌棉田整体长势好于常规灌溉棉田，表现在滴灌棉田长势稳健、叶色正常、通风透光好，结铃早、铃多、铃大，个体和群体发育协调，株高和第一果枝高度明显降低，果枝数、结铃数、鲜铃重都有所增加。

2009 年全市推广棉花膜下滴灌节水技术 4.31 万亩，以棉花膜下滴灌为主的高效农田节水技术稳步推进。

（四）增产机理

棉花膜下滴灌水肥一体化在敦煌连续 4 年的试验示范，表现出节水、节肥、节药、增产、减少劳动用工等诸多优点。根据多年多点跟踪调查统计，4 年示范产量平均增幅为 13.3%，显示出极大的增产潜力。初步总结归纳出该技术的增产原因：①膜下滴灌栽培条件下地温相对较高，经全生育期测定，从 5 月起滴灌平均地温高于常规灌溉 2℃左右。②铃重增加。据测定，常规灌溉铃重下部为 6 克左右，7～8 层为 3.5 克，而膜下滴灌下部铃重 6 克，7～8 层铃重 5.6 克。③可根据棉花需要适时灌水，确保棉花正常健壮生长。④水控作用有利于塑造合理的株型，使棉花生长整齐、通风透光好。⑤施肥均匀，肥料利用率提高。常规灌溉结合灌水追肥 3～4 次，而膜下滴灌追肥 7 次，并且随水均匀滴施，肥料集中在根系周围，下渗流失少，提高了肥料利用率。

（五）技术研究

多年来，围绕棉花膜下滴灌技术，敦煌市先后开展了适宜品种筛选试验、灌溉制度试验、全程化学调控、施肥制度等多项试验，初步总结了一套适合敦煌市棉田应用的膜下滴灌水肥一体化技术。

2015 年，为进一步优化敦煌市棉花膜下滴灌施肥制度，由甘肃省土肥站牵头，由甘肃省农业科学院土壤肥料与节水农业研究所和敦煌市农业技术推广中心具体承担实施，在敦煌市开展了优化施肥对膜下滴灌棉花产量的影响试验。

1. 试验目的　针对膜下滴灌技术在棉花生产中应用时存在的水肥一体化技术相对滞后、缺乏与棉花需肥规律高度吻合的施肥措施，过量施肥、投肥结构不合理现象普遍等问题，根据棉花的生长发育特点和养分需求规律，研究基于棉花膜下滴灌水肥一体化技术的肥料用量和运筹措施，明确氮肥减量对棉花产量水平及肥料利用的影响，有效提高了肥料利用率，减轻了过量施肥对农田环境的负面影响，充分发挥了水肥一体化技术的自身优势，为水肥一体化技术在棉花生产中的快速推广应用提供了技术支撑。

2. 试验设计与方法

（1）试验地点。试验于 2015 年 4—10 月在敦煌市黄渠乡的效谷农场进行。试验地海拔为 1 139 米，多年平均降水量为 42 毫米。试验地耕层土壤肥力状况见表 9-13。

表 9-13　试验地耕层（0～20 厘米）土壤肥力状况

土层深度 （厘米）	有机质 （%）	碱解氮 （毫克/千克）	有效磷 （毫克/千克）	速效钾 （毫克/千克）	全盐 （%）	pH
0～20	0.68	46.23	4.93	118.33	0.46	8.25

（2）试验设计。试验采用大区无重复设计，共设 4 个处理：①常规施肥，每亩施 N 20 千克、P_2O_5 18.4 千克、K_2O 4.5 千克；②优化施肥 1，每亩施 N 17 千克、P_2O_5 6 千克、K_2O 4.5 千克；③优化施肥 2，每亩施 N 14 千克、P_2O_5 6 千克、K_2O 4.5 千克；④优化施肥 3，施肥量同优化施肥 2，但肥料品种不同于优化施肥 2，为 PUR（磷酸脲，N 含量为 17%，P_2O_5 含量为 44%）和 SUR（磷酸脲，N 含量为 25%）。各处理施肥方式、施肥时间均相同。试验区面积为 553.2 米^2。具体施肥时期及施肥比例见表 9-14。

表 9-14　棉花不同生长阶段的养分分配（千克/亩）

肥料运筹	基肥			出苗—初花期			初花—吐絮期			吐絮—成熟期		
	N	P_2O_5	K_2O	N	P_2O_5	K_2O	N	P_2O_5	K_2O	N	P_2O_5	K_2O
用肥比例（%）	0	0	0	15	15	15	80	70	75	5	15	10

不同处理施肥情况见表 9-15。

表 9-15　不同处理施肥情况

处理	基肥 肥料种类（千克/亩）	肥料种类	追肥（千克/亩）					
			Ⅰ	Ⅱ	Ⅲ	Ⅳ	Ⅴ	追肥合计
常规施肥	棉花专用肥（N∶P∶K=15∶15∶15） 35	尿素 磷酸二氢钾	6.6 2.5	6.6	7.2	7.2	4.4	34.5
优化施肥 1	棉花专用肥（N∶P∶K=15∶15∶15） 30	尿素	4.2	4.2	7.8	7.8	3.1	27.1
优化施肥 2	棉花专用肥（N∶P∶K=15∶15∶15） 30	尿素	3.6	3.6	5.7	5.7	2.2	20.8
优化施肥 3	棉花专用肥（N∶P∶K=15∶15∶15） 30	PUR SUR	PUR∶1.5 SUR∶6	SUR∶6	PUR∶2 SUR∶10	SUR∶10	SUR∶3	PUR∶3.5 SUR∶35

（3）试验方法。每个处理种植 4 带，带长 92.2 米，带宽 1.5 米，用幅宽 1.45 米的地膜实施地面覆盖，覆盖后保持膜面宽 1.2 米，膜间距为 30 厘米，膜上种植 4 行棉花，实施宽窄行种植，即种植规格为 10 厘米＋66 厘米＋10 厘米，株距为 9.5 厘米，种植密度为 18 714 株/亩，滴灌带铺设在地膜下的宽行中。

（4）灌水。各处理生育期灌水定额相同，均为 260 米^3/亩，具体水量分配见表 9-16。

表 9-16　试验灌水分配

灌水分配	出苗—现蕾期	现蕾—吐絮期	吐絮—成熟期
灌水次数（次）	1	6	3
灌水频度（天）	3	5～10	10～15
当次滴水量（米³）	20	30	20
阶段灌水量（米³）	20	180	60

（5）供试材料。试验供试棉花品种：天云 1668、金棉 7 号混播。

试验用氮肥、磷肥、钾肥均为速效水溶性复合肥或单质肥料。

3. 试验结果分析

（1）不同施肥处理对棉花产量的影响。不同施肥处理对棉花产量有重要影响，优化施肥 1 产量显著高于优化施肥 2 和优化施肥 3，比常规施肥增产 51.52 千克/亩，增幅为 14.72％，比优化施肥 2 和优化施肥 3 分别增产 96.19 千克/亩和 107.42 千克/亩，增幅分别达到 31.51％和 36.53％（图 9-1）。

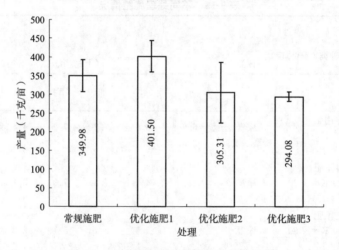

图 9-1　不同施肥处理对棉花产量的影响

（2）施肥对棉花株高及产量因素的影响。各施肥处理株高变化与产量表现一致，产量高的处理株高也较高。其中优化施肥 1 株高最高，为 71.53 厘米，分别比其他处理高 4.40～6.30 厘米，其次为常规施肥处理，优化施肥 3 株高最低。果枝层数受施肥的影响不明显，在 8.00～8.53 层变化，具体表现为优化施肥 2＞常规施肥＞优化施肥 3＞优化施肥 1。单铃重和结铃数是影响棉花产量水平的重要因素，优化施肥 1 产量最高，是因为其单铃重在所有处理中最高，单株结铃数仅略低于常规施肥处理，但高于其余两个处理，也处在相对较高水平，常规处理单株结铃数高于其他处理，单铃重也处在相对较高水平，因此产量也较高（表9-17）。

表9-17　不同处理对棉花株高及产量因素的影响

处理	株高（厘米）	果枝层数（层）	单株结铃数（个）	单铃重（克）
常规施肥	67.13	8.40	5.82	5.48
优化施肥1	71.53	8.00	5.80	5.53
优化施肥2	66.27	8.53	4.53	5.43
优化施肥3	65.23	8.07	5.52	5.23

（3）不同施肥条件下的棉花经济效益比较。施肥水平对膜下滴灌棉花的种植效益影响较大，其中优化施肥1产值、纯收益和产投比均高于其他处理，与常规施肥相比，产值增加 288.53 元/亩，增收 233.73 元/亩，产投比提高0.14。分析其增收原因，主要是由节本和增产引起的，一方面由于棉花增产，致使产值增加；另一方面，与常规施肥相比每亩地减施氮肥 3 千克、磷酸二氢钾2.5 千克，肥料投入减少 48.2 元/亩，降低了生产成本。与对照相比，优化施肥 2 和优化施肥 3 产值下降，纯收益减少，产投比降低。表明膜下滴灌棉花水肥一体化技术在应用过程中施肥要适度，过量减施氮肥会使棉花明显减产而造成产值的大幅度下降，使纯收益减少（表9-18）。

表9-18　不同施肥处理每亩经济效益比较

处理	肥料（元）	灌溉水（元）	人工（元）	地膜（元）	种子（元）	滴灌设备（元）	产值（元）	纯收益（元）	产投比
常规施肥	185.00		980.00				1 959.90	469.70	1.32
优化施肥1	136.80		1 083.00				2 248.43	703.43	1.46
优化施肥2	127.05	135.20	890.00	50.00	45.00	95.00	1 709.74	367.49	1.27
优化施肥3	184.90		868.00				1 646.83	268.73	1.20

　　注：表中肥料成本计算时参照的价格为尿素 1.50 元/千克；棉花专用肥 3.20 元/千克；硫酸脲 2.10 元/千克，磷酸脲 4.40 元/千克，磷酸二氢钾 10.00 元/千克；灌溉水价 0.52 元/米³。农产品产值计算时参照的棉花价格（当地市场收购价）为 5.60 元/千克。

4. 小结

（1）试验结果表明，在棉花膜下滴灌水肥一体化技术栽培模式下，施肥量为 N 17 千克/亩、P_2O_5 4.5 千克/亩、K_2O 4.5 千克/亩时，棉花产量最高，种植收益最好。与常规施肥处理相比，增产 51.52 千克/亩，增收233.73 元/亩。

（2）在棉花水肥一体化栽培模式下，现在的施肥体系仍需改进和完善，适度减施氮肥有利于棉花增产和种植增效，同时也可降低肥料淋溶对农业生态环境的污染风险。但氮肥施入量偏低会导致棉花显著减产和种植效益下降。

四、技术要点

（一）施足底肥、合理追肥

每亩施 5 000 千克优质农家肥，化肥折合尿素 25～30 千克、磷酸二铵 20～25 千克、硫酸钾 6～10 千克。于播种前 3 天用播种机深施于 6～10 厘米土层。

水肥同步，使棉花生长发育各阶段养分合理供应，根据灌水期确定施肥时期。根据作物不同生长期的需肥特点和营养诊断确定肥料养分浓度。推荐化肥用量全生育期每亩滴施水溶性肥料 13～18 千克，视苗情长势确定施肥量。从 6 月中下旬滴第二次水开始随水滴施，至 8 月下旬结束，共 7 次。追肥：苗期肥（6 月中下旬开始）分两次施入。每次施高氮型水溶肥 2～3 千克。花铃期肥（7 月上旬开始到 7 月下旬结束），分 5 次施入，以平衡性和高钾型水溶肥为主。第一次施 3～4 千克，第二次施 2～3 千克，第三次施 2～3 千克，第四次施 2 千克左右，最后一次施 2 千克左右。

（二）规范种植、科学灌溉

采用膜下一膜二管种 4 行棉花方式，宽窄行种植，种植规格为 10 厘米＋66 厘米＋10 厘米，膜间行距为 66 厘米，株距为 9.5 厘米，亩保苗 1.6 万～1.8 万株。播种深度为 2.0～2.5 厘米，覆土厚度为 1.0 厘米。将滴灌带设置于宽行中，滴灌带的毛面向上，即流道向上。播种、铺管、覆膜一次性完成，并压好膜，拉直并连接好滴灌带。

棉花膜下滴灌全生育期灌水 8～12 次、亩灌水 200～250 米^3。头水滴灌时间不能太迟，以 6 月上中旬为宜，第一次灌水要充足，地表土层渗透均匀，地面不能有存水和流动水出现。棉花花铃期要适当缩短灌水间隔，增加灌水量。苗期水（蕾期）：现蕾初期到开花（6 月上中旬至 6 月下旬）灌水 2～4 次，灌水间隔 8～10 天，每次灌水 15～30 米^3。花铃期：7 月上旬至 8 月中下旬灌水 8 次、灌水间隔 5～7 天，每次灌水 20～30 米^3。吐絮期灌水：9 月上旬灌最后一次水，灌水量为 20 米^3。

第十一节　甘肃省敦煌市葡萄水肥一体化技术示范

一、技术背景

敦煌市地处甘肃省河西走廊最西端，甘肃、青海、新疆交汇处，总面积 3.12 万千米^2，其中绿洲面积 1 400 千米^2，耕地面积 37.78 万亩，总人口 18 万人，农村人口 10 万人，辖 8 个农村乡镇、56 个行政村。常年播种面积 25 万亩左右。种植作物以葡萄、棉花、蜜瓜、温室蔬菜为主，兼种小麦、玉米等其他作物。农田灌溉基本上靠党河水和地下水，干旱缺水是该地区的突出问题，也是制约经济社会发展的主要瓶颈。水资源相对短缺严重制约着农业生产的可持续发展。近年来，随着葡萄种植面积的不断扩大，葡萄用水量在农业用水总量中所占比例也逐年加大。在葡萄上试验示范水肥一体化节水技术模式显得尤为重要。敦煌市葡萄农艺节水以垄作沟灌为主，该技术模式与常规漫灌相比，节水率为 20%。为了进一步挖掘节水潜力，更新升级农艺节水技术措施，在农业农村部、甘肃省农业农村厅、甘肃省耕地质量保护总站等部门的大力扶持下，敦煌市在葡萄上先后开展了小管出流节水技术模式、滴灌节水技术模式、微喷节水技术模式等多种水肥一体化技术模式，经过多年的试验示范，取得了一定成效。

二、技术模式

在机井出水管道上安装过滤器、施肥罐等首部系统，肥料在施肥罐中溶解后，通过吸肥泵加压被注入主管道，通过主管、支管进入微喷带（滴灌带等），再进入作物根部土壤，供作物生长。

2017 年在敦煌市七里镇桃源行家庭农场实施葡萄微喷水肥一体化技术 80 亩，通过一年的示范试验观测结果。葡萄应用微喷水肥一体化技术后，表现出以下优势：①节水，传统渠道灌溉地每亩次平均用水 100 多米^3，而微喷灌技术采用管道输水把水直接输送到作物的根部，满足作物全部需水要求，灌水质量高，加之微喷是局部灌溉，减少了部分土壤无效耗水，每亩次用水仅需 30 米^{3}左右，节水率为 50% 左右。②微喷灌可实现灌水、施肥"两结合"，大幅节约了劳动成本和水资源，切实提高了农药、肥料利用率。③灌溉时间短。微喷出水量较大，一般 4 个小时即可完成灌溉，膜下滴灌则需十几小时甚至 24 小时才能完成，轮灌期较长。从几年的试验示范情况来看，在葡萄上示范推广水肥一体化技术效果良好，应用前景广阔。

三、效益核算

2017—2018 年农业农村部在敦煌市实施了水肥一体化推广项目，由甘肃省土肥站主持承担，敦煌市农业技术推广中心协作实施。实施葡萄水肥一体化技术示范面积 80 亩。2018 年 9—10 月，敦煌市农业技术推广中心组织技术人员对桃源行家庭农场葡萄水肥一体化技术的应用效果进行了调查。经济效益核算情况如下：

（一）增产效果

葡萄水肥一体化技术与传统灌溉模式（垄作沟灌）相比，平均亩产为1 856.5千克，比传统灌溉模式增产129.6千克，增产率为7.5%，实现了亩增效益570.2元。

（二）节水效益

葡萄水肥一体化技术亩均用水量为440米^3，比传统灌溉模式亩均节水260米^3，节水率为37.1%，实现亩均节水效益33.8元。

（三）节肥效益

葡萄水肥一体化技术亩均用肥量为55千克，比传统模式亩均节肥25千克，节肥率为31.2%，实现亩均节肥效益100元。

（四）节省用工

根据敦煌市农业用工现状，按每工（日）值130元计算项目用工，按敦煌市的实际情况，水肥一体化项目用工主要是减少了灌水、追肥用工，一般可减少2~4个用工，相关用工按照3个用工（日）值进行计算，亩可省工（日）值390元。

（五）节本增效分析

综合计算，以上四项合计实现亩节本增效1 094元。

（六）水肥一体化设备管材投入成本

水肥一体化设备管材投入成本见表9-19。

表 9-19　敦煌市葡萄微喷水肥一体化技术设施设备投入成本核算

序号	名称	数量	单位	价格（元）	金额（元）	使用年限（年）	折旧后投入（元）
1	智能自动施肥灌溉机	1	台	48 000	48 000	8	6 000.0
2	变频恒压供水控制柜	1	台	20 000	20 000	8	2 500.0
3	离心式过滤器	1	台	3 000	3 000	8	375.0
4	母液桶	2	台	2 100	4 200	8	525.0
5	叠片过滤器	1	只	900	900	8	112.5
		3	只	800	2 400	8	300.0
6	止回阀	2	只	100	200	8	25.0
7	把手蝶阀	2	只	80	160	8	20.0
8	电磁阀	8	只	560	4 480	8	560.0
		16	只	350	5 600	8	700.0
9	法兰片	4	片	15	60	8	7.5
10	PVC管件及管材	1	批	800	800	3	266.7

（续）

序号	名称	数量	单位	价格（元）	金额（元）	使用年限（年）	折旧后投入（元）
11	PE 软管	1 700	米	3.8	6 460	3	2 153.3
12	PE 软管管件	1	批	300	300	3	100.0
13	微喷带	32 000	米	1	32 000	1	32 000.0
14	微喷带旁通	3 700	只	0.7	2 590	3	863.3
15	其他辅助材料配件及安装费等	1	批	5 000	5 000	3	1 666.7
合计					136 150		48 175.0

经核算，示范点控制面积 80 亩，一次性亩均投入 1 701.9 元，考虑折旧年均亩投入 438 元。

（七）综合效益

经核算，葡萄应用微喷水肥一体化技术亩均实现节本增效 1 094 元，考虑折旧年均投入 438 元，每年可实现亩净增收 786 元，综合效益非常明显。

四、敦煌市水肥一体化葡萄栽培技术概要

（一）栽植密度

株行距为 0.7 米×4.5 米，亩栽 212 株。

（二）开沟施肥

新植葡萄，定植沟最好前一年秋季或翌年的早春挖好，沟深、宽各 80 厘米。挖沟时表土与底土分开放置。回填施肥时，实行"三三制"回填施肥法：底层 20 厘米填入未腐熟的秸秆、麦草或树叶；中层 30 厘米填入混匀有机肥的表土；上层 20 厘米填入混匀过磷酸钙的土。施肥量根据肥料质量而定。一般亩施有机肥 3 000～5 000 千克、过磷酸钙 300～400 千克。有机肥以羊、鸡、马、猪粪为好，禁止施用人粪尿。若土壤黏重，回填时要加入适量的沙土进行改良。回填后灌一次透水。水干后修整成深 15～20 厘米、宽 80 厘米的定植沟。

（三）栽植

1. 栽植时间 4 月中下旬栽植。

2. 选择壮苗 一年生苗地颈粗度在 0.5 厘米以上，成熟蔓长 10～20 厘米，有饱满芽 2～3 个，有 20 厘米长的根 5 条以上。营养袋苗要求 4 叶 1 心，并经过适应锻炼。

（四）肥水管理

1. 根际追肥 结合滴水共追肥 10 次左右。定植当年，苗期滴水时，亩滴

施高氮型水溶性肥料 2～3 千克，共追肥 3 次；生育中期滴水时，亩滴施氮磷钾平衡型水溶性肥料 4 千克左右，共追肥 3 次；后期滴水时，亩滴施高钾型水溶肥料 4 千克左右，共追肥 2 次；立秋之后不再追肥。定植 2～3 年后：苗期滴水时，亩滴施高氮型水溶性肥料 4～5 千克，共追肥 3 次；生育中期滴水时，亩滴施氮磷钾平衡型水溶性肥料 5 千克左右，共追肥 3 次；后期滴水时，亩滴施高钾型水溶肥料 5 千克左右，共追肥 2 次；立秋之后不再追肥。

2. 叶面喷肥　新梢加速生长期（即开花前）开始，用 0.2％尿素＋0.2％磷酸二氢钾的混合液喷叶面，8 月中旬以后用 0.3％～0.4％的磷酸二氢钾喷叶面，每 10 天左右喷肥一次。

3. 根施基肥　施基肥在 9 月下旬埋土前完成，在距植株 50 厘米处挖宽 30 厘米、深 50 厘米的施肥沟，亩施优质腐熟的羊、鸡、马、猪粪 4 米^3＋磷肥 150～250 千克。施肥沟每年轮换位置。施肥量逐年增加。

4. 采用水肥一体化技术合理灌溉

（1）采用滴灌技术，滴水次数和水量因土质而异，渗漏大的沙土地、漏沙地应适当勤浇多灌，全年滴水 13 次左右；黏土地应薄浇浅灌，严禁因漫灌而积水，浇水过量时应注意排水，全年滴水 10 次左右。

（2）为减少田间蒸发、抑制杂草，有条件的可以在葡萄行间铺设地膜，以减少水分蒸发，提高水肥利用效率。

（3）定植后的幼苗新梢生长初期，第一、二次滴水，应及时用清水冲洗叶片上的泥土，防止幼苗受伤害。

（4）出土后在萌芽期，开花前、幼果膨大期、埋土前要及时滴水。其中，埋土前 15 天左右滴一次水，埋土后不再滴水。

第十二节　甘肃省定西市安定区马铃薯水肥一体化技术示范

安定区位于甘肃省中部，地理坐标为 104°12′48″—105°01′06″E，35°17′54″—36°02′40″N，南北长 82.9 千米，东西宽 73.3 千米，总土地面积 4 225 千米^2。属于陇中黄土高原丘陵沟壑区。境内沟壑纵横，梁峁起伏，地势由西南向东北倾斜。西南为山地，山地下部为小型内官营盆地。北部为丘陵，丘陵之间为河流切割成的沟谷阶地。安定区为温带大陆性气候，气候凉爽，雨热同季，土壤疏松透气，昼夜温差大，孕育出了金黄鲜亮、瓷实饱满、沙绵醇厚、干物质积累高、富含钾元素和多种维生素、畅销全国及世界各地、深受消费者喜爱的"甘味"名品"定西马铃薯"。马铃薯是定西市支持农业增效和促使农民增收的支柱产业，近 10 年来，定西市安定区马铃薯种植持续稳定在

100 万亩左右，2019 年种植面积达 19.21 万公顷，人均产业收入占全市人均收入的 23%。但由于地处干旱半干旱区，降雨稀少且时空分布不均，马铃薯产量水平低而稳。水肥一体化技术是实现定西马铃薯产量水平提升、维持产业可持续发展的重大支撑技术。选择应用适宜水溶肥、实现科学供肥是促使技术优势充分发挥的关键环节。以陇薯 7 号为试验材料，按照生产企业提供的水溶肥及其推荐量、施肥时期和次数开展不同水溶肥对马铃薯产量、效益及土壤肥力的影响研究，明确不同生产企业马铃薯水溶肥的肥效，筛选出适宜该区域马铃薯生产的高性价比水溶肥产品，为旱作区滴灌水肥一体化技术的推广应用提供技术支撑。

一、试验地点

试验于 2020 年 4—10 月在定西市安定区鲁家沟镇太平村进行。试验地地理坐标为 104°60′07″E，35°89′14″N，平均海拔 1 800 米，多年平均降水量为 300 毫米，试验地播前耕层（0～20 厘米）土壤肥力状况见表 9-20。

表 9-20 播种前耕层（0～20 厘米）土壤肥力状况

pH	盐分 （克/千克）	有机质 （克/千克）	碱解氮 （毫克/千克）	有效磷 （毫克/千克）	速效钾 （毫克/千克）
8.63	0.51	8.77	50.5	4.3	195

二、试验设计

试验采用大区无重复设计，共设 6 个处理，分别为：①当地农民常规施肥（简称当地施肥，下同）；②甘肃张掖市新大弓农化有限公司马铃薯专用水溶肥料（新大弓）；③甘肃星硕生物科技有限公司马铃薯专用水溶肥料（星硕）；④甘肃省农业科学院土壤肥料与节水农业研究所马铃薯专用水溶肥料（GSTF-P）；⑤河南科德宝农作物保护有限公司马铃薯专用水溶肥料（科德宝）；⑥上海绿乐生物科技有限公司马铃薯专用水溶肥料（绿乐）。大区面积 0.54 亩，长 50 米，宽 7.2 米，随机排列。

三、试验方法

（一）种植

每区种植 6 垄马铃薯，垄幅宽 120 厘米，垄高 30 厘米，垄宽 80 厘米，沟宽 40 厘米。用幅宽 140 厘米的黑色膜覆盖垄面，垄上种植 2 行马铃薯，株距为 35 厘米，垄面行间距为 30 厘米，亩保苗 3 200 株。每垄铺设 1 条滴灌带，敷设于膜下，位于垄面正中央。

（二）施肥

各处理播种前结合翻耕基施复合肥 30 千克（18-12-10，成本为 90 元/亩），追肥为不同品牌的马铃薯专用水溶肥，均通过滴灌系统施入，追肥量及追肥次数严格按厂家推荐量及施肥次数操作，纯养分投入及成本具体见表 9-21。

表 9-21　不同品种水溶肥推荐养分总量及投入

品种	养分总量（千克/亩）			投入（元/亩）	单价（元/吨）
	N	K$_2$O	合计		
当地施肥	3.6	6.7	14	290.0	6 200
新大弓	7.0	10.9	21	382.5	7 500
星硕	8.5	12.2	31	547.5	7 500
GSTF-P	6.8	6.5	17	253.8	5 100
科德宝	5.6	5.6	18	622.5	15 000
绿乐	7.9	5.3	20	445.5	9 000

（三）灌水

通过软体水窖提供水源，实施滴灌。各处理灌水量和灌水次数均相同，生育期灌水定额 80 米³/亩，滴水 8 次，单次滴水量 10 米³/亩。

四、供试材料

供试马铃薯品种为陇薯 7 号。试验肥料由各生产厂家提供。

五、结果与分析

（一）不同水溶肥处理马铃薯的产量表现

不同种类的水溶肥对马铃薯的产量均有较大的影响（表 9-22）。各水溶肥处理马铃薯产量在 1 607.3～2 083.5 千克/亩。其中新大弓处理产量为 2 083.5 千克/亩，GSTF-P 处理产量为 1 989.0 千克/亩，在所有水溶肥处理中分列 1、2 位，分别较当地施肥增产 29.6% 和 23.7%，二者之间的差异不显著，但较其他种类水溶肥增产，差异达显著水平。绿乐、星硕和科德宝处理产量在参试肥料中分列 3～5 位，分别比当地施肥增产 13.9%、12.7% 和 7.9%，与当地施肥的差异均达显著水平，但两两之间差异不显著。所有处理中，当地施肥产量最低，为 1 607.3 千克/亩，与其他水溶肥处理相比产量低 126.9～476.2 千克/亩，合 7.3%～22.9%。由以上结果可以看出，与当地施肥相比，各水溶肥施用后均具有较好的增产效应，但不同种类的水溶肥的增产效果差异明显。因此，生产中选择和应用适宜的水溶肥，对提升马铃薯的产量水平至关重要。

表 9-22　不同水溶肥对马铃薯产量的影响

处理	产量（千克/亩）	增产量（千克）	增产率（%）	位次
当地施肥	1 607.3c	—	—	6
新大弓	2 083.5a	476.2	29.6	1
星硕	1 811.0b	203.7	12.7	4
GSTF-P	1 989.0a	381.7	23.7	2
科德宝	1 734.2b	126.9	7.9	5
绿乐	1 830.7b	223.4	13.9	3

（二）不同水溶肥处理的种植效益比较

产值和投入直接决定种植收益的高低（表 9-23）。而产量是决定产值的关键因素，年度试验中，影响生产投入的主要因素是肥料成本。不同种类水溶肥应用于马铃薯生产后的产量效应差别较大，加之各水溶肥成本不同，在以上两方面因素的共同作用下，各处理的种植效益也存在明显差异。与当地施肥相比，所有水溶肥处理的产值均有所增加，但由于肥料成本差异较大，致使纯收益和产投比的变化趋势与产值不尽相同。其中 GSTF-P 的增收效果最好，纯收益较当地施肥增加 356.4 元/亩，产投比达到 1.47，在所有处理中最高。一方面是由于其产量较高，致使其产值也处于相对较高水平；另一方面，其肥料成本在所有处理中最低。与 GSTF-P 相比，尽管新大弓水溶肥产值较高，但因其肥料成本也增加较多，因此应用后的种植效益反而低于 GSTF-P。值得注意的是，受自身成本的影响，不是所有的水溶肥应用后都有利于提高马铃薯种植效益，与当地施肥相比，科德宝水溶肥尽管提高了马铃薯产量和产值，但由于肥料成本也大幅增加，致使其每亩纯收益反而减少 236.5 元。应用星硕水溶肥后，每亩纯收益也较当地施肥降低 179.4 元。因此，生产中再进行水溶肥选择时，一方面要考虑肥料的增产效果，另一方面还要考虑肥料自身成本，低成本高效才有利于增加种植效益。

表 9-23　不同种类水溶肥的种植效益比较

处理	产值（元/亩）	投入（元/亩）		纯收益（元/亩）	纯收益增加（元/亩）	产投比
		肥料	其他			
当地施肥	1 768.1	290.0	1 165	313.1	—	1.22
新大弓	2 147.6	382.5	1 165	600.1	287.0	1.39
星硕	1 846.2	547.5	1 165	133.7	−179.4	1.08
GSTF-P	2 088.2	253.8	1 165	669.4	356.4	1.47
科德宝	1 864.1	622.5	1 165	76.6	−236.5	1.04
绿乐	1 969.7	445.5	1 165	359.2	46.1	1.22

注：商品薯 1.1 元/千克，肥料投入按厂家提供的价格及肥料推荐用量计算，其他投入主要包括种子、地膜、农药、灌水、滴灌材料、机耕费、人工费等合计 1 165 元。

六、小结

(1) 年度试验结果表明，不同种类的水溶肥对马铃薯的产量影响较大，其中 GSTF-P 和新大弓两种水溶肥表现相对较好，与当地农民常规施肥相比，分别使马铃薯增产 23.7％和 29.6％，种植纯收益分别增加 356.4 元/亩和 287.0 元/亩，产投比分别提高 0.25 和 0.17，可在该区域大面积推广应用。

(2) 基础养分结果显示，供试土壤 pH 较高，中氮低磷钾丰富，土壤有机质含量低，保水保肥能力不强，其中磷是主要的养分限制因子。综合产量、效益两个方面，首选的水溶肥为 GSTF-P，其次为新大弓，绿乐居第三位，可替代当地水溶肥推广应用。该试验仅开展了一年，其他结果需要进一步验证。

七、存在的问题

(1) 年度试验播种偏晚（5 月上旬），加之参试品种陇薯 7 号为晚熟品种（生育期为 120 天左右），生长期不足，收获时部分处理仍未倒秧，在一定程度上影响了产量优势的发挥。

(2) 试验为第一年实施，受水源及供水系统的影响，难以做到按需施肥滴水，对试验结果也造成一定影响。

(3) 缺乏对马铃薯生育进程、养分吸收动态及薯块品质的深入系统检测。

第十三节　甘肃省榆中县甘蓝水肥一体化技术示范

榆中县地处黄土高原腹地、甘肃省中部地区，是我国陆域地理几何中心，属甘肃黄土高原西部丘陵河谷盆地区。地形从南到北为狭长形，略似长方形，南北长 96.9 千米，东西宽 66.4 千米，总面积 3 301.64 千米²。地势南高北低，中部呈凹状，山多川少，自南至北地形呈马鞍形，具有南部高寒阴湿山区、中部川塬盆地区和北部干旱山区 3 种截然不同的地貌类型。榆中县是全国无公害蔬菜生产示范基地县，也是"兰州高原夏菜"的发源地和主产区。全县蔬菜面积占兰州高原蔬菜总面积的 1/3，是兰州高原夏菜生产基地的最重要组成部分。全县 200 个行政村，2 万亩以上集中连片长期稳定生产基地 7 个，蔬菜合作社或企业 86 个，近 7 万农户从事高原夏菜的种植，涉及农业人口 24 万人，占全县农业总人数的 61.1％。主要种植在南部高寒阴湿山区、中部川塬盆地区，海拔在 1 600～2 600 米，种植面积约 34 万亩，县域内年平均蒸发量为 1 406.8 毫米，常年平均降水量约为 400 毫米，季节分布极不均匀，全县水资源严重短缺，人均多年平均水资源占有量只有 411 米³。近年来，榆中县积极探索发展旱作节水农业技术途径，进行了多种旱作节水技术模式的有效利用和有益尝试，现就高原夏菜甘蓝实施膜下滴灌水肥一体化的示范成效进行总结，以期在高原夏菜生产上大面积推广。

一、材料与方法

（一）供试材料

于 2020 年 7 月在甘肃康源现代农业有限公司蔬菜种植基地开展示范。示范区排灌方便，土壤类型为黑垆土，肥力中等偏下，肥力均匀。耕层土壤 pH 为 8.24，有机质 13.4 毫克/千克，碱解氮 93 毫克/千克，全氮 0.956 毫克/千克，有效磷 74.3 毫克/千克，速效钾 135 毫克/千克。前茬为甘蓝，亩产 7 280 千克。

（二）示范方法

1. 种植模式 甘蓝采用起垄膜下滴灌栽培，株行距为 0.22 厘米×0.4 厘米，亩株数为 7 500 株，田间管理均保持一致，品种：中甘 21 号，底肥 N 为施入总量的 30%，P_2O_5 为施入总量的 60%，K_2O 为施入总量的 30%，追肥用水溶肥。

2. 滴灌施肥首部系统 水源：采用 5.5 千瓦潜水泵抽取蓄水池水，水质纯净甘甜。过滤器：选用离心式过滤器。施肥器：选用文丘里施肥罐，容积为 25 升。

3. 肥料选择 膜下滴灌水肥一体化所用肥料应具备养分含量高、水溶性好的特点。本示范所用的追施肥料为水溶肥（30-10-10、20-10-30）。

4. 示范设计 本示范设两个处理，大区示范，不设重复。处理 1 为膜下滴灌水肥一体化示范区 16 亩（20 个钢架大棚），处理 2 为常规大水漫灌对照区 3 亩（6 个钢架大棚）。

处理 1：膜下滴灌水肥一体化，追肥 3 次，分别为定植后 1 周、莲座期、结球初期。追肥为定植后 1 周、莲座期追施水溶肥（30-10-10）5 千克，结球初期追施水溶肥（20-10-30）10 千克。

处理 2：常规大水漫灌，追肥 2 次，分别为莲座期和结球初期，追肥为莲座期追施水溶肥（30-10-10）10 千克，结球初期追施水溶肥（20-10-30）10 千克。

根据当地灌溉及底肥+追施的常规施肥方法进行施肥。示范地甘蓝常规施肥为：亩施纯 N 7.2 千克、P_2O_5 5 千克、K_2O 5.7 千克。示范田甘蓝 2020 年 5 月中旬育苗，7 月 12 日进行整地、施肥、铺设滴灌带，7 月 16 日定植，定植后各处理灌缓苗水。

处理 1 和处理 2 甘蓝分别于 9 月 10 日和 9 月 8 日收获，采收时每处理随机抽 15 株进行田间调查与测产。除不同的灌溉和施肥方式外，其他管理措施均一致。

二、结果与分析

(一) 不同灌溉施肥方式对甘蓝生物学性状的影响

根据田间土壤墒情和施肥需要，分别对两个处理进行了差异化的管理措施，2个处理田间水肥管理见表9-24。从表9-24可以看出，甘蓝采用膜下滴灌水肥一体化技术处理较常规大水漫灌处理增加了灌溉次数，但减少了灌溉用水总量，每亩节约用水31米³。膜下滴灌水肥一体化是根据土壤墒情以及甘蓝水肥需求，借助施肥装置和灌溉系统通过滴灌带将水肥溶液滴于甘蓝根部土壤，精准控制了灌水量和施肥量，充分发挥了水肥耦合效应，这对有效节约水资源、提高水肥利用效率起到重要作用。

表 9-24　不同灌溉施肥处理的水肥管理

处理		7月16日	7月23日	8月5日	8月12日	8月19日	8月30日	9月6日	合计
处理1	亩灌水量（米³）	10	8	8	10	15	8	8	67
	亩施肥量（千克）	0	5	0	5	10	0	0	20
处理2	亩灌水量（米³）	18	30	0	0	30	0	20	98
	亩施肥量（千克）	0	10	0	0	10	0	0	20

(二) 不同灌溉施肥方式对甘蓝生物学性状的影响

膜下滴灌水肥一体化技术改善了甘蓝生物学性状。由于施肥条件差异，处理1和处理2植株生长期有了明显变化。由于处理1适时养分供应，叶面积较处理2大，有效促进了产量要素的提高（表9-25）。

表 9-25　不同处理农艺性状调查结果

处理	株高（厘米）	开展度（厘米）	生物量（千克）	单球重（千克）	净菜率（%）	横径（厘米）	纵径（厘米）	紧实度
处理1	23.7	45.4	1.58	1.00	63.1	14.7	14.8	紧实
处理2	23.0	44.7	1.50	0.93	61.8	14.7	14.6	较紧实

注：表中数据为两个处理多点调查的平均数。

处理1与处理2相比，甘蓝的开展度增加0.7厘米，株高增加0.7厘米，生物重增加0.08千克，单球重增加0.07千克，净菜率增加1.3%。说明膜下滴灌水肥一体化技术的处理较常规大水漫灌处理增强了甘蓝总体长势。

（三）不同灌溉施肥方式对甘蓝产量的影响

膜下滴灌水肥一体化技术增加了甘蓝的产量。由表 9-26 中可以看出：膜下滴灌水肥一体化处理与常规大水漫灌处理相比，平均亩增产 581.0 千克，增产率为 7.6%。

表 9-26　不同处理的甘蓝亩产量

处理	生物产量（千克）	净重产量（千克）	增减幅度（千克）	增减率（%）
处理1	13 118.6	8 272.3	581.0	7.6
处理2	12 440.8	7 691.3	—	

（四）不同灌溉施肥方式对甘蓝经济效益的影响

从表 9-27 可以看出：考虑到铺设滴灌带增加的物料成本和灌水次数，采用膜下滴灌水肥一体化技术的处理 1 与常规大水漫灌的处理 2 相比，每亩成本增加了 270 元，但相应减少了灌溉和施肥用工投入，用水量也减少了 31 米³。总体投入膜下滴灌比大水漫灌减少了 37.7 元。

表 9-27　不同灌溉施肥方式亩成本投入核算对比

处理	滴灌设施成本（元）	用水量（米³）	水费（元）	电费（元）	施肥次数（次）	灌水次数（次）	施肥灌溉人工费（元）	合计（元）
处理1	270	67	107.2	6.7	3	7	105	488.9
处理2		98	156.8	9.8	2	4	360	526.6

注：相同的管理措施不做比较分析；水费 1.6 元/米³，每千瓦·时电计价 0.55 元；每千瓦·时电可抽 5.5 米³ 水；滴灌施肥、灌溉人工费每次每亩 15 元；常规大水漫灌施肥和灌溉人工费每次每亩 90 元。

从表 9-28 可以看出：采用膜下滴灌水肥一体化技术的处理 1 比常规大水漫灌处理 2 每亩增产 581 千克，增加销售收入 697.2 元。增加的滴灌物料成本与增加的甘蓝销售收入两者核算后，采用膜下滴灌水肥一体化技术的处理 1 与常规大水漫灌的处理 2 相比，亩增效益为 734.9 元。

表 9-28　不同灌溉施肥方式亩经济效益对比

处理	成本（元）	产量（千克）	甘蓝单价（元/千克）	产值（元）	增加收益（元）
处理1	488.9	8 272.3	1.2	9 926.76	734.9
处理2	526.6	7 691.3	1.2	9 229.56	

三、结论

（1）与常规大水漫灌相比，膜下滴灌水肥一体化不但节约了水资源，还有明显的增产效果。采用膜下滴灌水肥一体化技术与常规大水漫灌施肥相比，每亩节约灌溉用水 31 米³，还明显促进了甘蓝总体长势，并且亩均增产 581.0 千克，增产率为 7.6%。

(2) 与常规大水漫灌相比，膜下滴灌水肥一体化可以提高甘蓝生产的经济效益。采用膜下滴灌水肥一体化技术与常规大水漫灌相比，虽然增加了滴灌设备物料成本，但相应减少了灌溉和施肥用工投入，并且由于根据甘蓝的需求进行灌溉施肥，促使了水肥耦合，提高了肥料利用率，增加了甘蓝产量，每亩增加经济效益 734.9 元。

总的来说，采用铺设滴灌带水肥一体化技术，不但节约了水资源，而且具有显著的增产效果，省时省工，经济效益增加明显，在高原夏菜生产上具有较好的推广应用价值。

附　　录

附录一　阿拉善玉米"干播湿出"无膜浅埋滴灌
　　　　水肥一体化高产技术

1. 概述

　　阿拉善左旗生态环境独特，光热资源丰富，昼夜温差大，年≥10℃的积温为2 998.0~3 426.2℃，年日照时数为3 300小时，年平均降水量为75~400毫米，年蒸发量为2 400~2 900毫米，年均气温为8.4℃，无霜期为120~180天，适合多种农作物生长发育，各大农业灌区和农业园区水、空气、土壤洁净无污染，具有发展无公害、绿色、有机农产品得天独厚的自然条件，是农作物生长的理想之地。全旗农作物播种面积稳定在29万亩左右，其中粮食播种面积为22万亩、经济作物面积为5.5万亩、其他农作物播种面积为1.5万亩。

　　阿拉善玉米生产存在以下问题：玉米播种时受灌水影响，不能适时播种；玉米播种质量差，出苗不均匀；风沙大，导致滴灌带错位；受倒春寒影响出苗慢、粉种；施肥量、用水量过大，生产成本居高不下等。针对以上问题，研究形成"干播湿出"无膜浅埋滴灌水肥一体化高效节水技术。"干播湿出"无膜浅埋滴灌水肥一体化技术就是在前茬作物收获后进行深耕翻或不耕翻，无须灌水条件下翌年春天在干地上把糖镇压后直接播种施肥，同时铺设滴灌带，滴灌带浅埋3~4厘米，播种后适时滴出苗水的种植技术。

　　通过该项技术的推广应用，使阿拉善左旗春播玉米不违农时，解决了大水漫灌造成的春播出苗水用时太长、生育期缩短、不能正常成熟的难题。通过滴灌的应用，大大地减少了用水量，提高了水资源利用率，避免了土壤板结。

　　在播种前完成"精量播种、秸秆还田、增施有机肥、深松深耕、浅埋滴灌水肥一体化、化肥侧深施、病虫害统防统治、全程农业机械化"8项技术作业，提高了播种质量，降低了生产成本，深入推广了科学施肥技术，提高了肥料利用率，实现了化肥减量增效，提高了农产品品质，走高产高效、优质环保可持续发展之路，促进了粮食增产、农民增收和生态环境安全。

2. 技术要点

2.1 播前整地

播前进行旋耕、耱地、镇压，清除杂草和根茬，做到地面平整无坷垃，上层土壤疏松、颗粒碎小，下层土壤紧实，为提高播种质量创造良好的土壤环境。旋耕宜浅，旋耕深容易造成播种过深，不利于出苗。

2.2 品种选择

选择高产、优质、耐密、抗逆性强，株型紧凑、节间小、植株小，籽粒灌浆、脱水快，苞叶蓬松快，果穗脱粒快，生育期比大水漫灌长 7 天，适合机械收获的品种。

2.3 施肥

根据有机无机并重，氮肥、磷肥、钾肥及微肥配合施用的原则进行施肥。农家肥 2 000 千克/亩，氮肥（N）18.3 千克/亩，磷肥（P_2O_5）11.5 千克/亩，钾肥（K_2O）3.5 千克/亩，硫酸锌 1 千克/亩。农家肥在秋季随着耕翻施入地块中，磷肥、钾肥与硫酸锌肥作种肥与种子分层同播，氮肥作为追肥在玉米苗期、拔节期、大喇叭口期、灌浆期分别随水滴施，用量为 2.28 千克/亩、6.86 千克/亩、6.86 千克/亩、2.28 千克/亩。

2.4 播种

5～10 厘米耕层土壤温度稳定在 10℃左右时即可播种，一般在 4 月上中旬。苗全、苗齐、苗匀、苗壮是玉米丰产的基础，也是播前和播种时的主攻目标。因此在播前进行种子精选，去掉大小、破碎、损伤的籽粒，保留大小一致、完好无损的籽粒。播种时选用精量联合作业播种机，播种、施肥、铺滴灌带、覆土一次性完成。必须做到播深一致（4～5 厘米）、播行直；机车慢行、速度均匀，无断行、无浮籽和漏播重播，高质量播种。采用大小行种植，大行距为 60～65 厘米、小行距为 35～40 厘米，中等肥力地块亩保苗 5 500 株，高肥力地块亩保苗 6 500 株。滴灌带铺设在小行内，铺直，浅埋 3～4 厘米土。

2.5 滴水

全生育期滴水 13 次，分布各关键时期，滴水量遵循两头少、中间多的原则。播种后及时滴出苗水，苗全苗齐是关键，出苗水一定要滴好，30 米³/亩左右，之后 7～10 天也就是玉米芽尖顶土时地表已结成干皮，应及时补滴一水保证出苗。拔节前滴第 3 水、拔节期滴第 4 水、小喇叭口期滴第 5 水、大喇叭口期滴第 6 水、抽穗期滴第 7 水、吐丝期滴第 8 水、开花授粉期滴第 9 水、灌浆期滴第 10 水、乳熟期滴第 11 水、蜡熟期滴第 12 水、完熟期滴第 13 水。

2.6　田间管理

2.6.1　苗期管理

苗期管理主攻目标是控制肥水，适当地控制地上部生长，促进根系向下深扎，提高根系的吸收能力，为以后株壮、穗大、粒多打下良好基础。在玉米苗3～5叶期，用烟嘧磺隆或硝磺草酮类除草剂安全剂量均匀喷雾进行苗后除草。追肥以氮肥为主，苗期追施氮肥（N）2.28千克/亩作为提苗肥。病虫害防治以防治地老虎为主，每亩用麦麸4～5千克加入90%敌百虫30倍液150毫升拌匀成毒饵于傍晚撒施于地面诱杀或用2.5%溴氰菊酯乳油3 000倍液于幼虫1～3龄期傍晚喷苗周土表。

2.6.2　中后期管理

穗期田间管理的主攻目标是促秆壮穗，保证植株营养体生长健壮、果穗发育良好，达到茎粗、节短、叶茂、根深、生长整齐，力争穗大、粒多。在拔节期、大喇叭口期分别追施6.86千克/亩氮肥（N），以促进叶片茂盛、茎秆粗壮、果穗小花分化，实现穗大粒多。病虫害防治以防治双斑萤叶甲为主，用10%氯氰菊酯乳油3 000倍液在清晨或傍晚喷雾。

花粒期田间管理的主攻目标是保护中、上层叶片，保证授粉良好，防止后期早衰倒伏，提高光合强度，促进籽粒灌浆、粒多和粒重，实现丰产。在灌浆期追施2.28千克/亩氮肥（N），增强叶片光合作用，促进籽粒灌浆、防止后期植株脱肥早衰，提高千粒重。病虫害防治以防治双斑萤叶甲、红蜘蛛、黏虫为主，双斑萤叶甲用10%氯氰菊酯乳油3 000倍液在清晨或傍晚喷雾防治；红蜘蛛用1.8%阿维菌素乳油4 000倍液或15%哒螨灵乳油2 000倍液喷雾防治，高温干旱时，及时滴水控制虫情发展；黏虫用4.5%高效氯氰菊酯乳油3 000～4 000倍液喷雾防治。

2.7　适时收获

果穗包叶枯黄、松散，籽粒变硬、乳线消失、黑色层形成，籽粒含水量低于35%时粒重最大、产量最高，为最佳收获期，进行机械收获。

2.8　注意事项

随着"干播湿出"无膜浅埋滴灌水肥一体化高效节水技术的大力推广应用，其节水、省工、高效、增产、优质的优点是有目共睹的。但是，在多年的应用中，也出现了很多问题，在生产中应采取相应措施避免以下几方面问题的发生。

2.8.1　整地质量差

在整地中常常出现地面不平整、坷垃大的现象。地面不平整，播种后株行出现坡度，滴水时水向低处渗透，造成高处缺水干旱，影响正常生长；坷垃大造成播种时播深不一致、跳籽、浮籽，缺苗断垄。因此，要借助早春雨墒或返潮及时进行旋耕、耙耱、镇压，做到上虚下实、表面土粒松散，为提高播种质量创造良好环境。

2.8.2 种植的行距不当

有的农户在播种时不注意行距调整，基本上是等行距种植，不利于节水。种植时应调整播种机械行距，采用宽窄行种植，原则上窄行 30～40 厘米，实际种植中窄行能调到 33～35 厘米为理想的行距。

2.8.3 播种后及时滴水

在生产中农户往往由于播种后忙于其他事务，3～5 天甚至 7 天以后才滴出苗水，这样导致墒情好的地方先发芽出苗，墒情差的地方后发芽出苗，出苗不匀。因此，播后要及时滴水，促使出苗一致，避免出现大小苗、大苗欺小苗。

2.8.4 跑水冒水现象严重

输水管道安装不严密，滴水时泄压、滴水不均匀，导致滴水时间长、浪费水、长势不均匀甚至减产。提高输水管道安装质量，避免跑、冒、漏现象导致的泄压、滴水不均匀。

2.8.5 合理分配水量

在滴水时需要合理分配有限的水，前后期滴水量分配要少，7 月、8 月气温高时，滴水量分配要高，这样才能实现经济用水。

3. 应用效果

阿拉善左旗自 2016 年推广应用"干播湿出"无膜浅埋滴灌水肥一体化高效节水技术以来，目前已累计推广 72.8 万亩，由大水漫灌时亩均用水量 620 米³ 下降到现在的亩均用水量 380 米³，节水 38.7%，每亩减少水电费 62.7 元，可节省水电费 4 564.56 万元；可省肥料费用 35.00 元，化肥利用率提高了 12.5 个百分点，节本增效 2 548.0 万元；平均亩产量可增加 30 千克以上，亩增收 51.00 元，可节本增效 3 712.8 万元。实现节水、节肥、增效 30% 的目标。

附录二　内蒙古水稻旱作膜下滴灌水肥一体化技术

1. 概述

水稻旱作又称水稻膜下滴灌，突破传统水稻"水作"方式，将水稻栽培与膜下滴灌技术相结合，采用专用播种机播种，一次性完成覆膜、铺滴灌管、播种、覆土等程序，整个生育期灌水追肥均采用膜下滴灌水肥一体化技术，需滴水、随水施肥，提高了水肥利用效率，实现了节水、节肥、减药、增产、增效的目的。

2. 技术要点

2.1　播前准备

2.1.1　地块选择

选择地势平坦、土质肥沃、土壤 pH≤7.5、土壤盐分含量≤0.3%、前茬对水稻没有药害、有灌溉系统的地块。

2.1.2　种子选择

选择比当地的插秧水稻品种早熟 7～10 天、米质好、抗性强、产量较高的品种。在≥10℃的活动积温为 2 400～2 500℃的地区，选择生育期不超过 135 天的品种；在≥10℃的活动积温为 2 300～2 400℃的地区，选择生育期不超过 130 天的品种；在≥10℃的活动积温为 2 200～2 300℃的地区，选择生育期不超过 125 天的品种。

2.1.3　种子处理

播前要处理种子，提高种子的发芽率和芽势。首先清除秕谷、草籽和杂物，然后在晴天阳光下晒种 3～4 天，再用盐水洗种，每 50 千克水加食盐 10 千克充分搅拌溶解后加入稻种，捞除漂浮的秕谷和杂物后用清水将稻种洗净，再用咪鲜胺浸种 5～7 天，捞出晾干即可播种。

2.1.4　整地

整地要细致，深翻深度在 30 厘米以上，用旋耕犁旋耕两遍，做到土面平整、土壤细绵、无坷垃、无根茬，为覆膜、播种创造良好条件。

2.1.5　施底肥

结合整地，用施肥机将底肥施入，亩施入腐熟的农家肥 2～3 米³、水稻配方肥 20 千克左右。

2.2 覆膜播种

种植模式为直播两膜8行（附图2-1）。地膜选择厚0.016毫米、宽170厘米的黑膜。土壤5厘米土层温度稳定达到10℃时为最佳适宜播种时间。一般每亩播种量在8～10千克，用水稻旱作专用播种机播种，覆膜、铺滴灌管、播种、覆土一次完成，每次播8（4×2）行，大行距24厘米，在大行间铺滴灌管，小行距12厘米，穴距12厘米，每穴播种15粒左右，播种深度不超过3厘米。

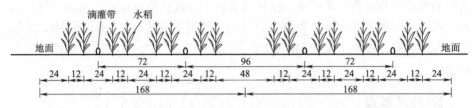

附图2-1　水稻旱作覆膜铺滴灌带播种示意图（单位：厘米）

2.3 水肥一体化技术

2.3.1 灌溉制度

水稻灌溉制度根据旱作水稻的需水规律、降水量、农田土壤墒情和水稻生长状况进行适当调整，采用膜下滴灌灌溉方式。

土壤墒情监测按照《农田土壤墒情监测技术规范》（NY/T 1782—2009）的规定执行；建设地下输水管网、田间出水栓、水量计量设施和田间管带工程符合《微灌工程技术标准》（GB/T 50485—2020）的要求。滴灌灌溉系统首部设有逆止阀、排气阀、压力表、水表、水嘴、过滤器、施肥罐。过滤器的作用是将水中的固体大颗粒、藻类、漂浮物沉淀过滤，防止这些污物进入滴灌系统堵塞滴头或在系统中形成沉淀；施肥罐的作用是使易溶于水并适于根施的肥料在施肥罐内充分溶解，然后再通过滴灌系统输送到作物根部。

在水稻的整个生育期，发芽出苗期和苗期需水少，拔节以后逐渐增加，分蘖期仍需较多的水分，结实期需水量达到最高峰，以后才显著减少。水稻整个生育期5—9月共滴水6～8次，总需水量约为300米³/亩（附表2-1、附表2-2）。

附表2-1　水稻旱作需水量

项目	5月	6月	7月中旬	8月下旬	9月上旬	总计
需水量（米³/亩）	75.90	75.00	75.90	85.90	33.64	307.94

附表 2-2　水稻旱作灌溉制度

灌水日期	灌水次数（次）	灌溉定额（米³/亩）
5 月	1	38.75
6 月	2	77.50
7 月	2	77.50
8 月	2	77.50
9 月	1	38.75
合计	8	310.00

2.3.2　施肥制度

施肥制度按照目标产量、作物需肥规律、土壤养分含量和灌溉施肥特点制定，包括施肥量、施肥次数、施肥时间、养分配比、肥料品种等。水稻旱作膜下滴灌水肥一体化施肥制度的制定坚持以下原则：①选用水溶性好的含氨基酸肥料，这类肥料能被作物的根系和叶面直接吸收利用，提高水稻产量，改善产品品质。②降低施肥量，滴灌施肥肥料直接作用于作物根区，能提高肥料利用率。水稻整个生育期内结合滴水追肥 2 次，分蘖前期 3～4 叶期亩追施新型高效水溶性肥料氨基酸液体肥 3 千克（或尿素 5 千克），6～7 叶期亩追施氨基酸液体肥 4 千克（或尿素 5 千克＋氯化钾 2.5 千克），在水稻孕穗期看叶色决定是否追施氮肥。

2.4　田间管理

2.4.1　除草

由于覆黑色地膜，膜下不长草，只在行间和苗眼长草，行间杂草可通过中耕犁中耕除草，苗眼少量杂草可人工除草，尽量不要用除草剂。如需要化学除草可在杂草三叶期前用苯达松＋氰氟草酯叶面喷施除草。

2.4.2　促早熟措施

在水稻灌浆期每亩用磷酸二氢钾 0.2 千克对水 25.0 千克叶面喷施。

2.5　适时收获

一般水稻 95％以上颖壳呈黄色、谷粒定形变硬、米粒呈透明状时即可收割。如天气晴好或条件允许，最好分段割晒，可有效提高千粒重，增加产量，也可避免灾害造成损失。

2.6　回收残膜

水稻收获后，依托企业回收田间残膜以旧换新。

3. 应用效果

水稻旱作使用膜下滴灌水肥一体化技术，结合滴水追施氮钾肥，灌溉水利用系数可达 0.9，比常规水稻种植灌溉节水 60％以上、节肥 20％以上；水稻旱作覆膜种植省时省工，免去了扣棚、育秧、插秧等环节，全程机械化，降低了各种成本，抗旱、抗倒伏、抗病能力强，降低了农药使用量，出米率高，增产增收率可达 10％以上。

附录三　大兴安岭南麓浅山丘陵区大豆垄上
四行膜下滴灌水肥一体化技术

1. 概述

大豆垄上四行膜下滴灌水肥一体化技术是在大豆常规膜下滴灌技术的基础上优化衍生出来的新技术，将原来的大小垄种植方式（小行距 40 厘米、大行距 80 厘米）改变为 90 厘米垄作，垄上 4 行苗带，行距为 10 厘米-30 厘米-10 厘米，滴灌带铺设于 30 厘米行间。该技术通过缩小行距、扩大株距优化群体结构，提高了光能利用效率，充分挖掘了作物增密潜力。通过地膜覆盖，增温保墒提高作物出苗率，同时抑制田间草害的发生，减少了农药的施用。通过滴灌实现水肥一体化，提高了水肥利用效率。

2. 技术要点

2.1　播前准备
2.1.1　选地
选用地势平坦、土层深厚、土质疏松、肥力中上等、土壤理化性状良好、保水保肥能力强的川甸地，或水平垄向的山根地和坡度在 15°以下的缓坡地，要求土壤中无石头或少量石块直径小于 10 厘米。

2.1.2　轮作选茬
与禾本科作物实行 3 年以上轮作，麦茬、玉米茬、糜茬比较适宜，不宜选绿豆茬和向日葵茬。

2.1.3　整地
前茬作物秸秆离田后，使用深松整地联合机一次性完成行间深层松土、旋耕整地、镇压等作业，深松深度达 30 厘米以上，作业后要田面平整，不得破坏土壤结构层，要土壤细碎、没有漏松、深浅一致、上实下虚，达到待播状态。

2.1.4　种子处理
播前精选种子，剔出破碎粒、病斑粒、虫食粒和其他杂质，精选后的种子用 1 000～2 000 倍的钼酸铵溶液浸泡 6～20 小时，之后将种子晾干使用大豆专用种衣剂进行包衣处理。

2.1.5　地膜选择
选择幅宽为 1.7～1.8 米，膜厚≥0.012 毫米的 PE 膜或≥0.009 毫米的生物质降解膜。

2.1.6　播种密度

耐密品种、积温较低地区播种 2.8 万～3.2 万粒/亩，一般品种、积温较高地区播种 2.4 万～2.8 万粒/亩。

2.2　播种

当耕层 5 厘米以上土壤温度稳定在 8℃时，使用专用覆膜机一次性完成起垄、铺管、覆膜、播种、施肥等作业，机械作业幅宽为 1.8 米，每幅两苗床，苗床间距为 40 厘米，每床 4 苗带，苗带间距为 10 厘米-30 厘米-10 厘米，滴灌带铺设于 30 厘米行间，幅间距为 60 厘米；播种时每亩施用配方肥（N-P_2O_5-K_2O：12-18-18）16～18 千克、商品有机肥（有机质≥30%，N＋P_2O_5＋K_2O≥4%）40 千克作基肥；播种时均匀喷施除草剂，亩用 96% 异丙甲草胺 100～150 毫升＋75% 噻吩磺隆 2.0～2.5 克，对水 10～12 千克，与起垄、覆膜同步进行；播种后沿地膜每隔 1～2 米横压土腰带，防止大风揭膜。

2.3　田间管理

2.3.1　引苗

出苗后及时放出压在地膜下的幼苗，避免高温灼伤，注意放苗孔要小，及时用细土封严放苗孔。

2.3.2　化学除草

针对裸露的地表采取苗后茎叶除草，在杂草 3～4 叶期进行，亩用 20.8% 氟胺烯禾啶乳油 125～150 毫升，对水 7～10 千克喷施，或亩用 48% 异噁草松 50 毫升＋25% 氟磺胺草醚水剂 100 毫升＋15% 精吡氟禾草灵 50 毫升（或 30% 烯草酮 20 毫升），对水 7～10 千克喷施。

2.3.3　追肥

在开花初期和结荚期，利用滴灌设施，按照 7:3 的比例每亩追施含氨基酸水溶肥（N＋P_2O_5＋K_2O≥180 克/升，氨基酸≥100 克/升，微量元素含量 Zn＋B≥20 克/升）6 千克。

2.3.4　控旺

在开花初期和结荚期亩用 30% 矮壮·多效唑悬浮剂 40～50 克，对水 15 千克喷施（可配合杀虫剂和含硼、钼等的微肥一起喷施）。

2.3.5　病虫害防治

灰斑病防治：在结荚初期和鼓粒期亩用 50% 多菌灵可湿性粉剂或 40% 多菌灵胶悬剂 500～1 000 倍液 15 千克喷雾。双斑萤叶甲防治：及时铲除田边、地埂、渠边杂草，破坏其生存环境，选用 20% 氰戊菊酯乳油 2 000 倍液、25% 氰戊·辛硫磷 1 000～1 500 倍液或 2.5% 氯氟氰菊酯乳油，间隔 5～7 天再喷施一次，严禁在中午高温时间作业。

2.4　适时收获

在大豆"摇铃"（叶片全部脱落、豆荚变成黑褐色、豆粒完全归圆、豆粒水分在 15％～16％）时收获，田间损失不超过 5％，破碎粒不超过 3％。

2.5　滴灌带及残膜回收

大豆收获后，人工或采用机械回收滴灌带及残膜，减轻对土壤的污染。

3. 应用效果

与露地直播相比较，采用垄上四行膜下滴灌水肥一体化技术后，大豆平均亩增产 15％～20％，亩减少化肥施用量达 10％以上，亩减少农药使用量达 45％以上，亩节水 40％以上。

附录四 山西省新绛县日光温室蔬菜水肥一体化技术

1. 概述

新绛县是蔬菜生产大县，全县蔬菜种植面积为18.6万亩。20世纪90年代初，围绕日光温室生产，从促进经济可持续发展的战略高度出发，坚持政策、科技、资金综合投入，目前全县共发展日光温室3.8万亩，主要生产番茄、黄瓜、茄子等，一般每年生产两茬，蔬菜已成为该县优势产业和广大农民致富的主导产业之一。但传统大水大肥种植模式的弊端日益显现，带来了效益增长的瓶颈，已不适应绿色农业的新发展理念。为了解决日光温室存在的问题，新绛县积极探索适合日光温室的水肥一体化技术模式。

2. 日光温室水肥一体化技术要点

2.1 日光温室蓄水池建设

由于井水流量及用水时间难以控制，不能定时定量定温满足日光温室蔬菜生长需求，因此，在每个温室耳房旁建1个12～15米³的蓄水池或新型软体集雨窖，并配套小型潜水泵1台，随时供作物滴灌使用。

2.2 设备安装及调试

按中型温室长80米、宽10米，种植行距宽窄行平均1.3米布设滴灌带，温室管网由干、支二级组成，主管道东西布置，选用PE管材，支管道选用温室滴灌管，每栋温室需滴灌带1 035米，滴灌带30厘米一个孔，孔径大小视种植蔬菜品种确定，一般番茄、黄瓜、茄子等以中型孔径为宜。室外与室内管网连接用PVC管，每栋温室需直径160毫米的PVC管10米，室内管网入口处与滴灌带之间用直径32毫米的PE管连接，每栋温室需PE管83米，PE管与滴灌带之间由滴灌带旁通连接，每栋温室需滴灌带旁通70只。

2.3 灌水定额、时间、次数的确定

根据不同作物的需水规律、土壤质地或土壤水分测定结果确定灌水次数、灌溉时间、灌溉量。番茄全生育期可以灌水10～12次，每次每亩灌水量约12米³，滴孔间浸润直径刚好重合3～5厘米时停止灌溉，灌溉一次的时间约为2小时。第一次灌水在定植7～10天后进行，第二次灌水在第一花序开始结果时进行。以后每隔10天灌一次水。盛果期以后可以15～20天进行一次灌溉，衰果期可以停止灌水。结合灌水进行施肥，实现水肥同步。

2.4 施肥量和追肥时期的确定

有机肥和磷肥及 60％的钾肥一次底施，定植后 7～10 天，结合浇水每亩 N 3 千克，进入开花结果期每亩每次追 N 3 千克、K_2O 2 千克，连追 3～4 次。

3. 应用效果

日光温室水肥一体化技术效果主要表现在"两增四节两改"。

（1）"两增"。增加产量和耕地。可促进作物产量提高和产品质量的改善，作物一般增产 10％～30％。温室内由明渠灌水变为滴灌，一栋温室可增加耕地 20 米^2。

（2）"四节"。节水节肥节药节工。与大水漫灌式的常规灌溉方式相比，水肥一体化的水分生产率提高了 1.75 倍，节水 30％～50％；亩均化肥用量（折纯）减少 15～20 千克，节肥 20％～30％；与常规灌溉相比减少了喷药次数，节药率为 37.1％；两茬温室蔬菜亩节工 20 个。

（3）"两改"。土壤物理性状得到改善，土壤板结明显减少、透气性增加，作物根系更加发达；改善了蔬菜品质，优质蔬菜提高 15％。

4. 适用范围

适用于灌溉条件较好的日光蔬菜温室种植地区。

附录五　山西省屯留县辣椒膜下滴灌水肥一体化技术

1. 概述

膜下滴灌水肥一体化把滴灌技术与地膜覆盖栽培技术结合起来，借助压力灌溉系统，将可溶性固体肥料或液体肥料配兑而成的肥液与灌溉水一起，均匀、准确地输送到作物根部土壤，利用滴灌施肥的节水节肥作用，配合地膜覆盖的增温保墒作用，从而达到节水、节肥、增产、增收的目的。与传统灌溉和施肥相比，滴灌施肥具有节水、节肥、省工、高效、优质、环保等诸多优点，用水量一般为常规用水量的50%～60%，用肥量一般为常规用肥量的60%～70%；能降低土壤容重，增加孔隙度，增强土壤微生物的活性；减少养分淋失，降低土壤次生盐渍化，减少作物病害；减少农药用量；减少灌溉水的深层渗漏和地下水污染；有利于保持良好的土壤结构，减轻土壤退化；节省灌水、施肥时间及用工量；有利于提高作物产量与品质。

2. 技术要点

2.1　设施的安装与使用

水肥一体化系统一般包括4部分：供水系统、供肥系统、过滤混合系统和灌溉系统。供水系统由供水管网、过滤器及阀门组成，根据水源情况设计灌溉面积。供肥系统包括施肥器、阻塞阀、压力表、入口阀和出口阀等装置。过滤混合系统主要由筛网和过滤器等组成。灌溉系统由田间管网和滴灌管线组成。设备在辣椒苗移栽定植前安装铺设完毕，主管和支管在尾部打结封堵。

2.2　主要栽培技术

2.2.1　合理轮作倒茬

合理轮作倒茬是辣椒高产的基础。辣椒属于茄科作物，最好与非茄科作物轮作倒茬栽培，如十字花科类、豆类、禾本科作物及葱、蒜类等。辣椒倒茬不要与番茄、茄子、烟草、马铃薯、瓜类蔬菜等重茬，要至少3年内没种过此类作物。辣椒倒茬的最优茬口是葱、蒜茬，辣椒的土传病菌会被葱、蒜类蔬菜的根系分泌物杀死。葱、蒜类蔬菜的营养特性及吸肥比例也不同于辣椒，养分可以互补，尤其是中微量营养元素。

2.2.2　合理密植

辣椒栽培时定植过稀会导致辣椒植株不能封垄，易引起辣椒病毒病和辣椒日烧病的发生，还会直接导致辣椒总产量不高、效益低下。辣椒定植过密，尤其是在保护地种植密度过大，易使辣椒田间通风透光条件不好，导致田间湿度过大，导致辣椒各种病害的发生。所以，辣椒合理密植是辣椒高产的一项重要措施。合理密植时要看所栽辣椒品种的具体特性，如所栽辣椒品种植株高大、开展度大，需适当稀植，如辣椒株型矮而紧凑，可定植较密。

2.2.3　科学浇水施肥

辣椒是不耐涝的蔬菜，水淹后会造成大量死苗，是辣椒效益低下的重要原因。浇水、排水不当，会引起产量下降、效益降低。尤其是在坡度较大的辣椒地块浇水，低洼辣椒地块易发生沤根或感染疫病，上水头辣椒因干旱易发生病毒病而减产。

浇水做到以下几点：①多雨季节及时排水，标准是雨停畦水干。辣椒初花期不浇水，以防辣椒落花落果而徒长。②辣椒在坐果盛期小水勤浇，保持地面湿润，在追肥后尤其要浇水，以促进辣椒茎叶生长和果实膨大。③温度高时，辣椒在早晨、傍晚均可浇水，以降低地温。温度超过 30℃时中午严禁浇水。辣椒喜肥耐肥，追肥主要集中在开花结果期。追肥原则是轻施苗肥，稳施花蕾肥，重施膨果肥，勤施采果肥。氮多磷、钾、微肥少则辛辣味淡，氮少磷、钾、微肥多则辛辣味浓。

2.2.4　田间管理、适时整枝

中耕及时除草，改善土壤理化性状，促进根系生长，提高吸收功能，保证植株生长健壮，采收后清理病株残体，搂除枯枝落叶，集中处理，减少田间菌源。整枝可改善植株群体的通风透光性，不仅利于光合产物的制造和输送，还利于辣椒产量和商品性的提高，同时还利于防止病虫害的发生。

2.2.5　绿色防控

坚持"预防为主，综合防治"的植保工作方针，在示范区实施生物防治、生态控制、物理防治和化学调控等绿色防控新技术措施，提高防灾减灾的科技含量和综合效益。在示范区安装使用杀虫灯、性诱剂、色板等，既可以提高病虫害的防治效果，又可以减少化学农药的使用次数和使用量，还能提升蔬菜质量、保护生态环境。

3. 应用效果

采用膜下滴灌水肥一体化技术，比常规种植技术节水 45％、节肥 30％、增产 15％。

4. 适用范围

灌溉条件较好（有井、水库、蓄水池等固定水源）且水质好、符合微灌要求，并已建设或有条件建设微灌设施的蔬菜种植区域。

附录六 华北平原冬小麦微喷带水肥一体化技术

本技术主要应用于华北平原冬小麦主要种植区域。

一、系统组成

一般由水源、首部枢纽、输配水管网和微喷带等组成。

水源可就近选择水井、河流、塘坝、渠道、蓄水（窖）池等。

首部枢纽包括提水、加压、过滤、施肥和控制测量等设备。根据水源供水能力、耕地面积、灌溉需求等确定首部设备型号和配件组成；过滤设备采用离心＋叠片或者离心＋网式两级过滤；施肥设备宜采用注肥泵等控量精准的施肥装置。水泵型号的选择应满足设计流量、扬程要求，如供水压力不足，需安装加压泵。

要根据土壤质地、种植情况采用 N35、N40、N50 和 N65 等型号的斜 5 孔微喷带。微喷带通过聚氯乙烯（PVC）四通阀门或聚乙烯（PE）旁通开关与支管连接。微喷带工作的正常压力为 0.03～0.06 兆帕。

二、田间布设

主管道埋深为 70～120 厘米，每隔 50～90 米设置 1 个出水口。田间铺设的地面管道采用 PE 软管或涂塑软管，支管承压≥0.3 兆帕，间隔 80～120 米。田间布设微喷带时，要以地边为起点向内 0.6 米铺设第一条微喷带，微喷带铺设长度不超过 50 米，与作物种植行平行，间隔按照所选微喷带最大喷幅布置。具体可根据土壤质地确定，沙土选择 1.2 米，壤土和黏土选择 1.8 米。微喷带的铺设宜采用播种铺带一体机，铺设时确保微喷带喷口向上、平整顺直、不打弯。铺设完微喷带后，封堵微喷带尾部。

三、灌溉施肥制度

足墒播种后，春季肥水管理关键时期分别为返青期、拔节期、孕穗期、扬花期、灌浆期。冬小麦全生育期灌溉 4～5 次。

冬小麦施肥：目标产量在 500～550 千克/亩。在微喷带水肥一体化条件下，氮肥总用量的 30%用作基肥、70%用作追肥，以酰胺态氮或铵态氮为主。磷肥全部作基肥一次施入，或 50%采用水溶性磷肥进行追施。钾肥 50%底施，50%追施。后期宜喷施硫、锌、硼、锰等中微量元素肥料。小麦灌溉施肥总量和不同时期肥料用量按附表 6-1 进行。

附表 6-1　冬小麦不同生育时期微喷带灌溉施肥推荐量

生育时期	灌水量（米³/亩）	施肥量（千克/亩）		
		N	P_2O_5	K_2O
造墒/基肥	0～30	4.8～6.0	5～8	4～6
越冬期	0～20			
拔节期	15～20	2.4～3.6		
孕穗期	18～25	1.8～2.7		2～4
扬花期	18～20	1.0～1.6	5～8	2～4
灌浆期	15	0.8～1.1		
总计	66～130	10.8～15.0	10～16	8～12

注：在缺锌地区每亩通过底施或水肥一体化追施一水硫酸锌 2 千克/亩。

考虑到年际降水量的变异，具体每年的灌溉制度应根据农田土壤墒情、降水量和小麦生长状况进行适当调整，土壤墒情指标见附表 6-2。如含水量较低，可适当增加灌水量至适宜含水量。可配套土壤墒情监测。苗情监测方法：在冬前期、返青期、起身期、拔节期、孕穗期等主要生长时期，每个监测样点连续调查 10 株，对照附表 6-2 调查各生育时期的小麦苗情。

附表 6-2　冬小麦各生育时期的土壤墒情指标

监测深度和墒情状况	土壤相对含水量（%）					
	播种—出苗期	越冬期	返青—起身期	拔节期	扬花期	灌浆期
监测深度（厘米）	0～20	0～40	0～60	0～60	0～80	0～80
适宜	70～85	65～80	70～85	70～90	70～90	70～85
不足	65～70	60～65	65～70	65～70	65～70	60～70
干旱	55～65	50～60	55～65	55～65	60～65	55～60
重旱	<55	<50	<55	<55	<60	<55

四、操作方法

在施肥之前，先灌溉 1/4 左右的清水，然后打开施肥器的控制开关，使肥料进入灌溉系统，通过调节施肥装置的施肥器阀门，使肥液以一定比例与清水混合后施入田间。加肥时须控制好肥液浓度。施肥开始后，用杯子从离首部最近的喷头接一定量的肥液，用便携式电导率仪测定 EC 值，确保肥液 EC 值<5 毫西/厘米。施肥结束后继续用约 1/5 的清水灌溉，冲洗管道，防止肥液结晶堵塞灌水器，减少氮肥挥发损失。

附录七 华北平原冬小麦大型喷灌机水肥一体化技术

本技术模式采用大型喷灌机进行喷灌水肥一体化，适用于北京、河北、河南、山东等地的平原冬小麦种植区。

一、系统配置

系统由水源、首部枢纽、输配水管网和大型喷灌机等组成。水源一般为地下水或地表水，首部枢纽包括提水、加压、过滤、施肥和控制测量等设备。水泵型号应满足设计流量、扬程要求，供水压力不足时需安装加压泵。可采用中心支轴式或平移式喷灌机，根据水源供水能力、覆盖面积、地形、土壤、灌溉需求等确定型号配置。水源杂质较多时，地下水可安装离心式和网式组合过滤器，地表水可安装砂石和网式组合过滤器。施肥设备选型应与喷灌机配套，推荐采用柱塞泵等流量精准的施肥装置，保证注肥流量稳定。

二、水分管理

足墒播种后，灌越冬水 30 毫米（每亩 20 米³）左右。春季进入返青期后，根据土壤墒情监测结果，采用少量多次的方式进行灌溉。起身—拔节期土壤相对含水量低于 65％时灌溉，拔节中后期土壤相对含水量低于 70％时灌溉，灌浆期土壤相对含水量低于 65％时灌溉，灌溉上限土壤相对含水量一般不超过 90％，每次灌水定额为 30～40 毫米（每亩 20～25 米³）。缺乏墒情监测条件的可采用固定灌水时间间隔方式，每隔 10～14 天灌水 1 次，每次灌水 30 毫米（每亩 20 米³）左右。有降雨时，灌水定额需减去有效降雨量。

三、养分管理

氮肥施用量计算方法：目标产量与百千克籽粒需氮量的乘积减去土壤中的硝态氮含量，不同产量水平氮肥用量见附表 7-1；磷钾肥施用量以增产和培肥地力为目标，按照目标产量和土壤有效磷、速效钾含量分级计算，见附表 7-2、附表 7-3。1/3 氮肥和 1/2 磷、1/2 钾肥作底肥，剩余氮肥在返青期、拔节期、灌浆期按照 20％、55％、25％的比例追施，剩余磷肥在扬花期追施，剩余钾肥在孕穗期和扬花期各追 50％。追肥采用喷灌水肥一体化技术，每次灌水 20～30 毫米（每亩 13～20 米³），施肥后不宜进行大定额灌水压肥，可用少量清水冲洗管道。可根据土壤性质、基础肥力、作物长势等调整追肥次数和时间。喷灌施肥宜在无风或微风（风速小于 1.5 米/秒）条件下进行。

附表 7-1　冬小麦氮肥用量

目标产量（千克/亩）	氮肥用量（N，千克/亩）
300～400	8～11
400～500	11～14

附表 7-2　冬小麦磷肥用量

目标产量（千克/亩）	不同分级磷肥用量（P_2O_5，千克/亩）		
	7～14 毫克/千克	14～30 毫克/千克	>30 毫克/千克
300～400	5～6.5	3～4.5	0
400～500	5.5～8.5	4.5～5.5	0

附表 7-3　冬小麦钾肥用量

目标产量（千克/亩）	不同分级钾肥用量（K_2O，千克/亩）		
	<70 毫克/千克	70～100 毫克/千克	>100 毫克/千克
300～400	2.5～3.0	1.5～2.0	0
400～500	4.0～5.0	3.0～3.5	0

四、注意事项

根据肥料种类、施肥量、施肥罐容积等配制肥液，注意肥料搭配的相容性。中心支轴式喷灌机入机流量为 50～240 米³/时，平移式喷灌机入机流量为 80～350 米³/时。灌溉施肥前，根据作物需求调节施肥设备的注入流量和喷灌机的速度百分率。灌溉施肥结束后，及时清洗施肥装置及连接管道等附件，防止腐蚀。控制肥液浓度，一般为 0.2%～0.3%。

附录八　马铃薯圆形喷灌机水肥一体化技术

本技术模式采用大型喷灌机进行喷灌水肥一体化，适用于内蒙古中东部、东北西南部和河北北部等地的马铃薯种植区。

一、系统配置

圆形喷灌机水肥一体化系统由灌溉系统和施肥系统两部分组成，其中圆形喷灌机灌溉系统一般由水源、首部枢纽、输配水管网和喷灌机组组成；施肥系统由储肥桶（池）、搅拌器、注肥泵、管路及连接设备等组成。

圆形喷灌机水肥一体化技术肥液喷洒均匀性与灌水均匀性基本相同，取决于喷头类型与配置，需要根据种植作物类型、土壤特性、田块尺寸及地形等因素合理选配喷头。以地下水为水源时，可安装离心式和网式组合过滤器；以地表水为水源时，可安装砂石和网式组合过滤器。水泵型号的选择应满足设计流量、扬程要求，如供水压力不足，需安装加压泵或变频器。此外，注肥流量要稳定，施肥设备与喷灌机应协调工作，建议采用柱塞泵等注肥流量精准的施肥装置。

二、灌溉制度

灌水时应根据附表 8-1 的指标要求适时喷灌，但要注意中耕后 24 小时内不宜浇灌；喷灌后 36 小时内不灌溉，在高温季节应根据气象预报中的气温情况及时灌溉，以起到灌水和降温的双重作用。内蒙古每亩马铃薯的推荐灌溉定额是 $140\sim160$ 米^3，苗期和淀粉积累期灌水量小些、每次每亩灌水 $5\sim6$ m^3，块茎形成期和膨大期灌水量较大、每次每亩灌水 $15\sim20$ m^3，$5\sim7$ 天灌水一次。

三、施肥制度

马铃薯的施肥量可参照测土配方施肥技术，依据马铃薯的需肥规律、土壤供肥能力和肥料效应以及相应的产量进行综合分析。有条件的地区也可结合农家肥进行施肥。在水肥一体化技术条件下，建议减少底肥施入量、增加追肥量，并且选用水溶性较好的肥料作为追肥。在喷灌水肥一体化条件下建议磷肥 100％作基肥，钾肥 40％作基肥，氮肥 30％作基肥，剩余肥料可通过水肥一体化设备进行追施。根据丰产经验，在马铃薯芽条生长期中耕时施入硫酸钾镁，并在块茎膨大期叶面喷施硫酸锌和硫酸锰。

　　追肥视植株生长情况而定，早熟品种最好在苗期追肥，中晚熟品种现蕾期前后追施较好。追肥量应视化肥种类而定，氮肥一般追施尿素；钾肥溶解性略差，一般溶解好后放入施肥罐，最好追施硝酸钾或硫酸钾。若马铃薯生长后期表现出脱肥早衰现象，可用磷肥、钾肥或微肥进行叶面喷施，也有增产效果。对于沙质土，应利用喷灌系统少量多次追施效果更好，硫酸镁宜作基肥一次性施入，硫酸锌、硫酸锰宜作叶面肥喷施（附表 8-1、附表 8-2）。

附表 8-1　内蒙古马铃薯各生育时期土壤适宜含水量

生育时期	适宜土壤相对含水量下限（%）	适宜土壤相对含水量上限（%）	计划湿润层（厘米）	生育期灌水量占比（%）
苗期	65	90	40	10
块茎形成期	70	90	60	30
块茎增长期	70	90	60	50
淀粉积累期	60	80	60	10

附表 8-2　内蒙古马铃薯各生育时期施肥比例

生育时期	施肥比例（%）		
	N	P_2O_5	K_2O
苗期	10		5
块茎形成期	30		10
块茎增长期	20		25
淀粉积累期	10		20

注：基肥施 N 30%、P_2O_5 100%、K_2O 40%。

四、操作方法

　　根据肥料种类、施肥量、施肥罐容积等配制肥液，注意肥料的相容性。圆形喷灌机入机流量为 50～240 米³/时，平移式喷灌机入机流量为 80～350 米³/时。灌溉施肥前，要根据作物需求调节施肥设备的注入流量和喷灌机的速度百分率。灌溉施肥结束后，需要及时清洗施肥装置及连接管道等附件，防止肥液结晶腐蚀施肥设备。此外，要注意不同作物对肥液浓度有不同要求。一般来讲，薯类作物喷洒肥液浓度不宜高于 0.2%。在灌溉季节前应检查圆形喷灌机、水源井、电力配套等灌溉工程设备以及相应的施肥设备，并且统一由专人运行管理，定期保养，如遇故障应及时维修。

附录九　东北半干旱区春玉米膜下滴灌水肥一体化技术

本技术采用膜下滴灌进行水肥一体化，适用于东北半干旱区春玉米种植区。

一、系统配置

系统由水源、首部枢纽、输水管网、灌水器组成。设备选型应依据水源条件、土壤质地、种植模式等实际情况进行。水泵应满足设计流量和扬程。根据水源水质选配过滤器，一般可选用砂石过滤器进行一级过滤、选用网式过滤器进行二级过滤。根据水源供水能力及控制面积选择施肥器，推荐使用比例施肥泵、注肥泵等可精准调控施肥量的设备，有条件的地区可选用全自动灌溉施肥装置。

二、田间布设

干管采用直径为 75 毫米的 PE（聚乙烯）管，在 120～150 米处安装 75 毫米×63 毫米的四通，利用 63 毫米的球阀和 63 毫米的接头垂直垄向安装直径为 63 毫米的 PE 支管，在支管上每隔 20 米设 1 个分水口，用 63 毫米×32 毫米的三通、32 毫米的球阀、32 毫米×32 毫米的三通等部件连接直径为 32 毫米的 PE 辅管。在辅管上，利用打孔器按照按扣三通的口径大小打孔，安装按扣三通，连接滴灌带，注意滴头向上。支管单向布置不超过 150 米，双向布置不超过 300 米，支管间距不超过 150 米。滴灌带工作长度单向布置不超过 65 米，双向布置不超过 130 米。

采用滴灌覆膜播种机一次完成铺带、覆膜与播种。滴灌带铺放在大垄中间。大垄两侧开沟，沟深 8～10 厘米，膜平铺在垄上，铺平拉紧，膜两边放在沟内，覆土封严压实。每隔 1.5 米左右用半锹土将膜压实，防止大风掀膜（附图 9-1）。

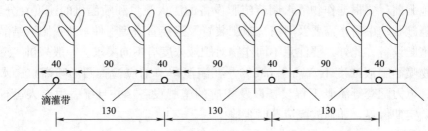

附图 9-1　田间布设滴灌带（单位：米）

三、水分管理

按照玉米需水量、降雨情况及土壤墒情确定灌溉制度。东北半干旱区玉米在产量水平为 800～1 000 千克/亩的情况下，全生育期需水 450 毫米左右，约 300 米³/亩。各生育时期需水量见附表 9-1。

附表 9-1　玉米主要生育阶段需水量

生育时期	需水量 （米³/亩）	占总需水量百分比（%）
播种—出苗期	5	1.7
出苗—苗期	15	5.0
苗期—拔节期	40	13.3
拔节—喇叭口期	45	15.0
喇叭口—抽雄期	50	16.7
抽雄—灌浆期	60	20.0
灌浆—乳熟期	55	18.3
乳熟—完熟期	30	10.0
全生育期	300	100.0

苗期一般不灌水，进行蹲苗，促进根系发育。土壤过于干旱，土壤相对含水量低于 60% 时滴一次保苗水，滴灌量为 5～10 米³/亩。

通过开展土壤墒情监测调控灌水量。不同生育时期土壤相对含水量低于附表 9-2 中的下限时进行灌溉。一般情况下玉米全生育期内滴灌 5 次，灌水定额应使土壤相对含水量达到 90% 左右。若该生育时期遇降水，土壤相对含水量高于下限，应采用最小的灌水量进行水肥一体化施肥。除播种期外，每次滴灌时都要结合施肥，做到水肥同步。

附表 9-2　各生育时期土壤相对含水量下限

生育时期	播种后	拔节期	大喇叭口期	抽雄期	灌浆期
监测深度（厘米）	20	40	60	60	60
土壤相对含水量下限（%）	60	70	75	80	80

四、养分管理

根据玉米目标产量、需肥规律及土壤肥力等确定施肥量、施用时期及分配比例。基肥在春耕起垄时施入，全生育期水肥一体化追肥 4～5 次，施用量见附表 9-3。可根据土壤肥力和玉米生长状况适当调整施肥总量和各生育时期追肥养分配比。注意增施有机肥，补充中微量元素肥料，每亩底施硫酸锌 1～2 千克或水肥一体化追施 1 千克。

附表 9-3　施肥建议

施肥时期	肥料类型	肥料养分配比	施肥量（千克/亩）
基肥	有机肥 掺混肥或复合肥	46%（24-12-10）	15～20
拔节期追肥	水溶肥	51%（27-12-12）	8～10
大口喇叭期追肥	水溶肥	51%（27-12-12）	12～15
抽雄期追肥	水溶肥	46%（36-5-5）	5～8
灌浆期追肥	尿素	N 46%	3
合计			43～56

五、注意事项

水肥一体化施肥前先滴清水 20～30 分钟，待土壤湿润后开始施肥。用电导率仪测定 EC 值，确保肥液 EC 值<5 微西/厘米。施肥结束后，继续灌溉 20～30 分钟，将管道中残留的肥液冲净，防止肥液结晶堵塞滴头。

图书在版编目（CIP）数据

主要粮经作物水肥一体化理论与实践/全国农业技术推广服务中心编著. —北京：中国农业出版社，2022.12

ISBN 978-7-109-29849-1

Ⅰ. ①主… Ⅱ. ①全… Ⅲ. ①粮食作物-肥水管理②经济作物-肥水管理 Ⅳ. ①S510.5②S560.5

中国版本图书馆 CIP 数据核字（2022）第 149507 号

中国农业出版社出版

地址：北京市朝阳区麦子店街 18 号楼
邮编：100125
责任编辑：魏兆猛　　文字编辑：郝小青
版式设计：杨　婧　　责任校对：吴丽婷
印刷：三河市国英印务有限公司
版次：2022 年 12 月第 1 版
印次：2022 年 12 月河北第 1 次印刷
发行：新华书店北京发行所
开本：700mm×1000mm　1/16
印张：18
字数：345 千字
定价：80.00 元
